张伯龙 主 编
薛云飞 王雪亮 副主编

化学工业出版社
·北京·

本书结合笔者多年的教学、实际工作经验，全面介绍了高压电工实际作业需要掌握的各项操作技能，包括：高压安全用具与技术 、变压器、电力电容器、高压电器、仪用互感器、继电保护装置与二次回路与保护、架空线路及电力电缆、接地、接零及防雷保护、高压电工操作技术、高压柜与倒闸操作、高压供电系统图解等。详细介绍了各类型高压电器的安全知识与操作技巧、经验，读者可以全面、快速掌握高压电工各项作业技巧和本领。

本书适合高压电工作业技术人员、初学者自学、培训，也可供相关专业院校师生参考。

图书在版编目（CIP）数据

高压电工技能快速学/张伯龙主编. —北京：化学工业出版社，2017.3（2024.1重印）
ISBN 978-7-122-28914-8

Ⅰ.①高… Ⅱ.①张… Ⅲ.①高电压-电工技术
Ⅳ.①TM8

中国版本图书馆CIP数据核字（2017）第014010号

责任编辑：刘丽宏　　文字编辑：陈　喆
责任校对：宋　玮　　装帧设计：刘丽华

出版发行：化学工业出版社（北京市东城区青年湖南街13号　邮政编码100011）
印　　装：北京科印技术咨询服务有限公司数码印刷分部
850mm×1168mm　1/32　印张11½　字数326千字
2024年1月北京第1版第11次印刷

购书咨询：010-64518888　售后服务：010-64518899
网　　址：http://www.cip.com.cn
凡购买本书，如有缺损质量问题，本社销售中心负责调换。

定　　价：39.80元

前 言

电气设备包括低压设备和高压设备。高压设备可以满足一些特殊的需要，但在使用时也存在着一定的危险。高压电工经常对 1kV 及以上的高压电气设备进行运行维护、安装、检修、改造、施工、调试等作业。这就要求从事电工作业的人员应达到较高的技术水平。为了使从业人员能顺利使用与维护高压设备，我们特编写了本书。

本书内容具有如下特点：

➢ 内容全面，体系完备，全面覆盖高压电工实际作业需要掌握的各项操作技能，包括：高压安全用具与技术、变压器、电力电容器、高压电器、仪用互感器、继电保护装置与二次回路与保护、架空线路及电力电缆、接地、接零及防雷保护、高压电工操作技术、高压柜与倒闸操作、高压供电系统图解等。

➢ 通俗易懂，实用性强。笔者结合了多年的教学及实际工作经验，重点介绍各类型高压电器的安全知识与操作技巧、经验，可使读者掌握多种电气设备的工作原理及操作技能。

本书可以为高压电工作业技术人员、初学者提供全面、安全的基础知识和技术指导，可供读者自学、培训使用，也可供相关专业院校师生参考。

本书由张伯龙任主编，由薛云飞、王雪亮任副主编，参加本书编写的还有许海洋、杨勇、杨兴成、蓝诗昆、张晓、刘新杰、张光明、杨猛、王于、贺文江、杨长生、赵习彬、吕杰、石恩明、张士俊、张猛、张彦、张俊坡、赵继军、房琼、邓江林、黄盼龙、黄文明、张伯虎等，本书在写作过程中还借鉴了部分专业技术资料，在此表示衷心的感谢。

由于水平有限，书中不足之处难免，恳请广大读者与同行不吝指教。欢迎关注下方二维码交流、反馈。

编者

一起学电工电子公众号

电工工具使用　指针万用表的使用　数字万用表的使用　电力系统中性点运行方式

电缆断线的检测　检测相线与零线　线材绝缘与设备漏电的检测　电流互感器接线方式

电压互感器的接线方案　气动操作隔离开关控制过程　电动操作隔离开关控制操作

目 录

第1章 高压电工工作基础 001

1.1 高压电工日常工作 ······ 001
1.1.1 发电厂和变电所的值班工作 ······ 001
1.1.2 高压设备的巡视 ······ 001
1.2 高压电工倒闸操作 ······ 002
1.2.1 倒闸操作及操作票 ······ 002
1.2.2 高压设备上工作的安全措施分类 ······ 004
1.2.3 保证安全的组织措施 ······ 004
1.2.4 技术措施 ······ 005
1.2.5 线路作业时配电所的安全措施 ······ 007

第2章 电力系统基础 009

2.1 电力系统与电力网的构成 ······ 009
2.1.1 电力系统 ······ 009
2.1.2 变电所与配电所 ······ 011
2.1.3 电力网 ······ 012
2.1.4 三相交流电网和电力设备的额定电压 UN ······ 012
2.1.5 电力系统的中性点运行方式 ······ 012
2.1.6 电源中性点直接接地的低压配电系统 ······ 014

2.1.7 电力负荷的分级及对供电电源的要求……… 019
2.2 电力系统中发电、供电及用户之间的关系与供电系统的分类 ……………………………………… 020
2.2.1 电力用户供电系统的组成……………………… 020
2.2.2 电气主接线的基本形式………………………… 021
2.2.3 变电所的主接线………………………………… 030
2.2.4 供配线路的接线方式…………………………… 033
2.2.5 识读电气主电路图的方法……………………… 037
2.2.6 识图示例………………………………………… 044

第3章 高压安全用具 049

3.1 绝缘安全用具 …………………………………… 049
3.1.1 常用绝缘安全用具……………………………… 049
3.1.2 一般防护用具…………………………………… 050
3.2 检修安全用具 …………………………………… 056
3.2.1 绝缘安全用具…………………………………… 056
3.2.2 电气安全用具检验、保管和实验……………… 058
3.3 高压安全用具试验与保管 ……………………… 060
3.3.1 安全用具的使用和保管………………………… 060
3.3.2 安全用具的试验………………………………… 061

第4章 变压器 062

4.1 变压器的作用、种类和工作原理 ……………… 062
4.1.1 变压器的用途和种类…………………………… 062
4.1.2 变压器的工作原理……………………………… 063
4.2 电力变压器的主要结构及铭牌 ………………… 064
4.2.1 电力变压器的结构……………………………… 064
4.2.2 电力变压器的型号与铭牌……………………… 072
4.3 变压器的保护装置 ……………………………… 074
4.3.1 变压器的熔丝保护……………………………… 074
4.3.2 变压器的继电保护……………………………… 075

4.4 变压器的安装与接线 …………………………………… 076
4.4.1 杆上变压器台的安装接线 ………………………… 076
4.4.2 落地变压器安装……………………………………… 091
4.5 变压器的试验与检查 …………………………………… 091
4.5.1 变压器的绝缘油……………………………………… 092
4.5.2 变压器取油样………………………………………… 093
4.5.3 变压器补油…………………………………………… 094
4.5.4 变压器分接开关的调整与检查……………………… 094
4.5.5 变压器的绝缘检查…………………………………… 096
4.6 变压器的并列运行 ……………………………………… 098
4.6.1 变压器并列运行的条件……………………………… 098
4.6.2 变压器并列运行条件的含义………………………… 099
4.6.3 变压器并列运行应注意的事项……………………… 100
4.7 变压器的检修与验收 …………………………………… 100
4.7.1 变压器的检修周期…………………………………… 100
4.7.2 变压器的检修项目…………………………………… 101
4.7.3 变压器大修后的验收检查…………………………… 101

第5章 电力电容器 103

5.1 电力电容器的结构与补偿原理 ………………………… 103
5.1.1 电力电容器的种类…………………………………… 103
5.1.2 低压电力电容器的结构……………………………… 103
5.1.3 电力电容器的型号…………………………………… 104
5.1.4 并联电容器的补偿原理……………………………… 104
5.1.5 补偿容量的计算……………………………………… 105
5.1.6 查表法确定补偿容量………………………………… 105
5.2 电力电容器的安装 ……………………………………… 106
5.2.1 安装电力电容器的环境与技术要求………………… 106
5.2.2 电力电容器搬运的注意事项………………………… 108
5.2.3 电容器的接线………………………………………… 108
5.3 电力电容器的安全运行 ………………………………… 109
5.3.1 新装电容器组投运条件……………………………… 109

5.3.2　电力电容器组的投入和退出运行…………… 110
5.3.3　电容器组运行检查……………………………… 110
5.3.4　电力电容器的保护……………………………… 112
5.3.5　电力电容器的常见故障和排除………………… 113

第6章　高压电器　115

6.1　高压隔离开关 ………………………………………… 115
6.1.1　高压隔离开关的结构……………………………… 115
6.1.2　高压隔离开关的型号及技术数据………………… 116
6.1.3　高压隔离开关的技术性能………………………… 117
6.1.4　高压隔离开关的用途……………………………… 117
6.1.5　高压隔离开关的安装……………………………… 117
6.1.6　高压隔离开关的操作与运行……………………… 118
6.1.7　高压隔离开关的检修……………………………… 119
6.2　高压负荷开关 ………………………………………… 119
6.2.1　负荷开关的结构及工作原理……………………… 119
6.2.2　负荷开关的型号及技术数据……………………… 121
6.2.3　负荷开关的用途…………………………………… 122
6.2.4　负荷开关的维护…………………………………… 122
6.3　高压户外型熔断器 …………………………………… 125
6.3.1　户外型高压熔断器的结构及工作原理………… 125
6.3.2　跌开式熔断器的型号及技术数据………………… 127
6.3.3　跌开式熔断器的用途……………………………… 127
6.3.4　跌开式熔断器的安装……………………………… 127
6.3.5　跌开式熔断器的操作与运行……………………… 128
6.4　高压开关操动机构与簧操动机构 …………………… 128
6.4.1　高压开关操作机构………………………………… 128
6.4.2　簧操动机构………………………………………… 129
6.5　高压开关的联锁装置 ………………………………… 134
6.5.1　装设联锁装置的目的……………………………… 134
6.5.2　联锁装置的技术要求……………………………… 135
6.5.3　联锁装置的类型…………………………………… 135

第7章 仪用互感器 141

7.1 仪用互感器的构造工作原理 …… 141

7.1.1 仪用互感器的构造工作原理…… 141

7.1.2 电压互感器的构造和工作原理…… 141

7.1.3 电流互感器的构造和工作原理…… 142

7.2 仪用互感器的型号及技术数据 …… 143

7.2.1 电压互感器型号及技术数据…… 143

7.2.2 电流互感器的型号及技术数据…… 149

7.3 仪用互感器的极性与接线 …… 157

7.3.1 仪用互感器极性的概念…… 157

7.3.2 仪用互感器极性测试方法…… 157

7.3.3 电压互感器的接线方式…… 158

7.3.4 电流互感器的接线方式…… 160

7.3.5 电压、电流组合式互感器接线…… 162

7.4 电压互感器的熔丝保护 …… 162

7.4.1 电压互感器一次侧（高压侧）熔丝熔断的原因…… 163

7.4.2 电压互感器一、二次侧熔丝熔断后的检查与处理方法…… 163

7.5 电压互感器的绝缘监察作用 …… 166

7.5.1 中性点不接地系统一相接地故障…… 166

7.5.2 绝缘监察作用…… 170

7.6 电流互感器二次开路故障 …… 173

7.6.1 电流互感器二次开路的后果…… 173

7.6.2 电流互感器二次开路的现象…… 174

7.6.3 电流互感器二次开路的处理方法…… 174

第8章 继电保护装置与二次回路与保护 175

8.1 继电保护装置原理及类型 …… 175

8.1.1 继电保护装置的任务…… 175

8.1.2 对继电保护装置的基本要求…… 176
8.1.3 继电保护装置的基本原理及其框图…… 178
8.1.4 保护类型…… 179
8.2 变、配电所继电保护中常用的继电器 …… 182
8.2.1 感应型 GL 系列有限取时限电流继电器 …… 184
8.2.2 电磁型继电器…… 186
8.3 继电保护装置的操作电源及二次回路继电保护装置的操作电源与二次回路 …… 187
8.3.1 交流操作电源…… 187
8.3.2 直流操作电源…… 189
8.3.3 继电保护装置的二次回路…… 190
8.4 电流保护回路的接线特点 …… 194
8.4.1 三相完整星形接线…… 194
8.4.2 三相不完整星形接线（V 形接线） …… 195
8.4.3 两相差接线…… 196
8.5 继电保护装置的运行与维护 …… 197
8.5.1 继电保护装置的运行维护工作的主要内容…… 197
8.5.2 继电保护装置运行中的巡视与检查…… 197
8.5.3 继电保护及其二次回路的检查和校验…… 198
8.5.4 运行中继电保护动作的分析、判断及故障处理…… 199
8.6 电流速断保护和过电流保护 …… 202
8.6.1 电流速断保护…… 202
8.6.2 过电流保护…… 202
8.6.3 主保护…… 204
8.6.4 后备保护…… 205
8.6.5 辅助保护…… 205

第9章 架空线路及电力电缆 206

9.1 架空线路的分类、构成 …… 206
9.1.1 架空线路的分类…… 206

9.1.2 架空线路的构成…………………………………… 206
9.1.3 主要材料………………………………………… 207
9.2 架空线路的安装要求 ………………………………… 214
9.2.1 10kV及以下架空线路导线截面的选择 …… 214
9.2.2 架空线路导线的连接…………………………… 216
9.2.3 导线在电杆上的排列方式……………………… 218
9.2.4 10kV及以下架空线路导线固定的要求 …… 219
9.2.5 10kV及以下架空线路同杆架设时横担之间的距离及安装要求…………………………… 220
9.2.6 10kV及以下架空线路的档距、弧垂及导线的间距……………………………………………… 221
9.2.7 架空线路的交叉跨越及对地面距离………… 221
9.2.8 电杆埋设深度及电杆长度的确定…………… 222
9.2.9 10kV及以下架空线路拉线安装的规定 …… 223
9.3 架空线路的检修 ……………………………………… 224
9.3.1 检修周期………………………………………… 224
9.3.2 一般性维修项目………………………………… 225
9.3.3 停电清扫检查内容……………………………… 225
9.3.4 户外柱上变压器的检查与修理……………… 226
9.4 电力电缆 ……………………………………………… 226
9.4.1 电线电缆的种类………………………………… 226
9.4.2 电力电缆………………………………………… 227
9.5 电力电缆线路安装的技术要求 ……………………… 241
9.5.1 电缆线路安装的一般要求……………………… 241
9.5.2 直埋电缆的安装要求…………………………… 243
9.5.3 电缆线路竣工后的验收………………………… 243
9.6 电力电缆的运行与维护 ……………………………… 244
9.7 电缆线路常见故障及处理 …………………………… 245
9.7.1 电缆线的故障…………………………………… 245
9.7.2 终端头及中间接头的故障……………………… 245

第10章 接地、接零及防雷保护 247

10.1 接地与接零 ………………………………………… 247

10.1.1　接地装置 …… 248
10.1.2　接地电阻、接地短路电流 …… 249
10.1.3　接地种类 …… 251
10.1.4　电气设备接地故障分析 …… 251
10.2　接地方式的应用与安装 …… 255
10.2.1　工作接地的应用 …… 255
10.2.2　保护接地的应用 …… 257
10.2.3　保护接零的应用 …… 258
10.2.4　重复接地的应用 …… 260
10.2.5　接地电阻值的要求 …… 262
10.2.6　接地体选用和安装的一般要求 …… 262
10.2.7　接地线选用和安装的一般要求 …… 264
10.2.8　接地线连接的一般要求 …… 265
10.2.9　人工接地体的布置方式 …… 265
10.2.10　土壤高电阻率（$\rho>5\times10^4\Omega\cdot$cm）地区降低接地电阻的技术措施 …… 268
10.3　防雷装置 …… 269
10.3.1　接闪器 …… 269
10.3.2　避雷器 …… 271
10.3.3　引下线 …… 274
10.3.4　接地装置 …… 274
10.4　线路及变压器的防雷措施 …… 275
10.4.1　架空线路的防雷措施 …… 275
10.4.2　变、配电所的防雷措施 …… 276
第11章　高压电工操作技术 278
11.1　绝缘电阻的测试方法 …… 278
11.1.1　变压器、电压互感器绝缘电阻的测试方法 …… 278
11.1.2　并联电容器绝缘电阻测试 …… 280
11.1.3　阀型避雷器绝缘电阻测试 …… 281

11.1.4 母线系统绝缘电阻测试 …………………… 283
11.1.5 电力电缆绝缘电阻测试 …………………… 285
11.2 断路器导电回路电阻测试方法 …………………… 286
11.2.1 准备工作 …………………… 286
11.2.2 标准 …………………… 287
11.2.3 使用器材 …………………… 287
11.2.4 采用直流双臂电桥测试断路器接触电阻的接线方法 …………………… 287
11.2.5 操作步骤 …………………… 287
11.2.6 注意事项 …………………… 288
11.2.7 处理 …………………… 288
11.3 接地电阻和土壤电阻率的测量方法 …………………… 289
11.3.1 接地电阻的测量 …………………… 289
11.3.2 土壤电阻率的测量 …………………… 291
11.4 高压系统接地故障的处理 …………………… 292
11.4.1 单相接地故障的分析判断 …………………… 292
11.4.2 处理步骤及注意事项 …………………… 292
11.5 高压电度计量装置的故障判断和测试技术 …………………… 293
11.5.1 高压电度计量装置常见故障的种类 …………………… 294
11.5.2 高压电度计量装置的故障判断 …………………… 294
11.5.3 用三相高压电度表测算电路测试技术 …………………… 297
第12章 高压柜与倒闸操作与高压供电系统图解 301
12.1 倒闸操作的基本概念 …………………… 301
12.1.1 电气设备的状态 …………………… 301
12.1.2 倒闸操作的主要内容 …………………… 302
12.1.3 倒闸操作的必备条件 …………………… 302
12.1.4 倒闸操作的基本要求 …………………… 303
12.2 倒闸操作的技术要求 …………………… 304
12.2.1 隔离开关的使用 …………………… 304
12.2.2 高压断路器的操作 …………………… 306
12.2.3 在倒闸操作中继电保护及自动装置的投、

退要求 …………………………………… 307
12.2.4 并、解列的操作 ……………………………… 308
12.2.5 母线倒闸操作 ………………………………… 309
12.2.6 操作票的填写和规定 ………………………… 309
12.3 110kV 常用的供电系统图图解 ………………………… 323
12.3.1 有两台主变压器的降压变电所的主电路 … 323
12.3.2 有一台主变附备用电源的降压变电所
主电路 …………………………………… 324
12.3.3 组合式成套变电所 …………………………… 326
12.3.4 低压配电线路 ………………………………… 326
12.4 识读供配电系统二次电路图 ………………………… 328
12.4.1 二次设备 ……………………………………… 328
12.4.2 二次设备电路图及其特点 ………………… 329
12.4.3 集中式（整体式）二次电路图和分开式
（展开式）二次电路图 ………………………… 331
12.4.4 识读二次电路图的方法和步骤 …………… 336
12.4.5 识图示例 ……………………………………… 337

参考文献 351

第1章 高压电工工作基础

1.1 高压电工日常工作

1.1.1 发电厂和变电所的值班工作

电气设备分为高压和低压两种：高压设备对地电压在 250V 以上者，低压设备对地电压在 250V 及以下者。

不论高压设备带电与否，值班人员不得单独移开或越过遮栏进行工作，若需移开遮栏时，必须有人在场，并符合表 1-1 的安全距离。

表 1-1 设备不停电时的安全距离

电压等级/kV	安全距离/m	电压等级/kV	安全距离/m
10 及以下(13.8)	0.70	154	2.00
20～35	1.00	220	3.00
44	1.20	330	4.00
60～110	1.50	500	5.00

1.1.2 高压设备的巡视

经企业领导批准允许单独巡视高压设备的值班员和非值班员，在巡视高压设备时，不得进行其他工作，不得移开或越过遮栏。

雷雨天气，需要巡视室外高压设备时，应穿绝缘靴，并不得靠近避雷器和避雷针。

高压设备发生接地时，室外不得接近故障点 8m 以内，进入以上范围人员必须穿绝缘靴，接触设备的外壳和架构时，应戴绝缘手套。

巡视配电装置，进出高压室，必须随手将门锁好。

高压室的钥匙最少有三把，由配电值班人员负责保管，按值移交。一把专供紧急时使用，一把专供值班员使用，其他可以借给许可单独巡视高压设备的人员和工作负责人使用，但必须登记签名，当日交回。

1.2 高压电工倒闸操作

1.2.1 倒闸操作及操作票

操作必须听从值班调度员或值班负责人命令，受令人复通无误后执行。发布命令应准确、清晰、使用正规操作术语和设备双重名称，即设备名称和编号，发令人使用电话发布命令前，应先和受令人互报姓名。调度值班员发布命令的全过程（包括对方复诵命令）和听取命令的报告时，都要录音并作好记录。倒闸操作由操作人填写操作票。担任值班，操作票由发令人用电话向值班员传达，值班员应根据传达，填写操作票，复诵无误，并在“监护人”签名处填入发令人的姓名。每张操作票只能填写一个操作任务。

停电拉闸操作必须按照断路器（开关)—负荷侧隔离开关（刀闸)—母线侧隔离开关（刀闸）的顺序依次操作，送电合闸操作应按与上述相反的顺序进行。严防带负荷拉合刀闸。为防止误操作，高压电气设备都应加装防误操作的闭锁装置（少数特殊情况经上级主管部门批准，可加机械锁)，闭锁装置的解锁用具（包括钥匙）应妥善保管，按规定使用，机械锁要一把钥匙开一把锁，钥匙要编号并妥善保管，方便使用，所有投运的闭锁装置（包括机械锁）不经值班调度员或值长同意不得退出或解锁。

下列项目应填入操作票内：应拉合的断路器（开关）和隔离开

关（刀闸），检查断路器（开关）和隔离开关（刀闸）的位置，检查接地线是否拆除，检查负荷分配，装拆接地线，安装或拆除控制回路或电压互感器回路的熔断器（保险），切换保护回路和检验是否存在电压等。操作票应填写双重名称，即设备名称和编号。

操作票应用钢笔或圆珠笔填写，票面应清楚整洁，不得任意涂改。操作人和监护人应根据模拟图板或接线图核对所填写的操作项目，并分别签名，然后经值班负责人审核签名。特别重要和复杂的操作还应由值长审核签名。

开始操作前，应先在模拟图版上进行核对模拟预演，无误后，再进行设备操作。操作前应核对设备名称、编号和位置，操作中应认真执行监护复诵制。发布操作命令和复诵操作命令都应严肃认真，声音洪亮清晰。必须按操作票填写的顺序逐项操作，每操作完一项，应检查无误后做一个“、”记号，全部操作完毕后进行复查。

倒闸操作必须由两人执行，其中对设备较为熟悉的一人作监护，单人值班的变电所倒闸操作可由另一人执行。特别重要和复杂的倒闸操作，由熟练的值班员操作，值班负责人或值长监护。

操作中存在疑问时，应立即停止操作并向值班调度员或值班负责人报告，弄清问题后，再进行操作，不准擅自更改操作票，不准随意解除闭锁装置。

用绝缘棒拉合隔离开关（刀闸）或经传动机构拉合隔离开关（刀闸）和断路器（开关），均应戴绝缘手套，雨天操作室外高压设备时，绝缘棒应有防雨罩，还应穿绝缘靴，接地网电阻不符合要求的，晴天也应穿绝缘靴，雷电时，禁止进行倒闸操作。

装卸高压熔断器（保险），应戴护目镜和绝缘手套，必要时使用绝缘夹钳，并站在绝缘垫或绝缘台上。

断路器（开关）遮断容量应满足电网要求，如遮断容量不够，必须将操作机构用墙或金属板与该断路器（开关）隔开，并设过错方控制，重合闸装置必须停用。

电气设备停电后，即使是事故停电，在未拉开有关隔离开关（刀闸）和做好安全措施以前，不得触及设备或进入遮栏，以防突然来电。

在发生人身触电事故时，为了解救触电人，可以不经许可，立即断开有关设备的电源，但事后必须立即报告上级。

下列各项工作可以不用操作票：①事故处理；②拉合断路器（开关）的单一操作；③拉开接地刀闸或拆除全厂（所）仅有的一组接地线。上述操作应计入操作记录簿内。

操作票应先编号，按照编号顺序使用，作废的操作票，应注明“作废”字样，已操作的注明“已执行”的字样。上述操作票保存三个月。

1.2.2 高压设备上工作的安全措施分类

在运行中的高压设备上工作，分为三类：①全部停电的工作，系指室内高压设备全部停电（包括架空线路与电缆引入线在内），通至邻接高压室的门全部闭锁，以及室外高压设备全部停电（包括架空线路与电缆引入线在内）。②部分停电的工作，系指高压设备部分停电，或室内虽全部停电，而通至邻接高压室的门并未全部闭锁。③不停电工作，系指工作本身不需要停电和没有偶然触及导电部分的危险者，许可在带电设备外壳上或导电部分上进行的工作。

在高压设备上工作，必须遵守下列各项：①填用工作票或口头、电话命令；②至少有两人在一起工作；③完成保证工作人员安全的组织措施和技术措施。

1.2.3 保证安全的组织措施

在电气设备上工作，保证安全的组织措施为：①工作票制度；②工作许可制度；③工作监护制度；④工作间断、转移和终结制度。

在电气设备上工作，应填用工作票或按命令执行，其方式有下列三种：①填用第一种工作票；②填用第二种工作票；③口头或电话命令。

填用第一种工作票的工作为：①高压设备上工作需要全部停电或部分停电者；②高压室内的二次接线和照明等回路上的工作，需要将高压设备停电或做安全措施者。

填用第二种工作票的工作为：①带电作业和在带电设备外壳上的工作；②控制盘和低压配电盘、配电箱、电源干线上的工作；

③二次结线回路上的工作，无需将高压设备停电者；④转动中的发电机，同期调相机的励磁回路或高压电动转子电阻回路上的工作；⑤非当值班人员用绝缘棒和电压互感器定向或用错开型电流表测量高压回路的电流。

已结束的工作票，保存三个月。

1.2.4 技术措施

在全部停电或部分停电的电气上工作，必须完成下列措施：停电；验电；装设接地线；悬挂标示牌和装设遮栏。

上述措施由值班员执行，对于经常无值班员的电气设备，由断开电源人执行，并应有监护人在场（两线一地制系统验电、装设接地线措施，由局（厂）自行规定）。

（1）停电　工作地点，必须停电的设备如下：

① 检修的设备。

② 与工作人员在进行工作中正常活动范围小于表 1-2 规定安全距离的设备。

③ 在 44kV 以下的设备上进行工作，上述安全距离虽大于表 1-2 规定，但小于表 1-1 规定，同时又无安全遮栏措施的设备。

④ 在工作人员后面或两侧无可靠安全措施的设备。

表 1-2　工作人员工作中正常活动范围和带电设备的安全距离

电压等级/kV	安全距离/m	电压等级/kV	安全距离/m
10 及以下(13.8)	0.35	154	2.00
20～35	0.60	220	3.00
44	0.90	330	4.00
60～110	1.50	500	5.00

将检修设备停电，必须把各方面的电源完全断开（任何运用中的星形接线设备的中性点，必须视为带电设备），禁止在只经断路器（开关）断开电源的设备上工作。

断开断路器（开关）和隔离开关（刀闸）的操作能源，隔离开关（刀闸）操作把手必须锁住。

（2）验电　验电时，必须用电压等级合适而且合格的验电器，在检修设备进出线两侧各相分别验电，验电前，应首先在有电设备上进行验电，验证验电器良好，如果在木杆、木梯或木架上验电，不接地线不能指示者，可在验电器上接地线，但必须经值班负责人许可。

表示设备断开和允许进入间隔的信号以及经常接入的电压表等，不得作为设备无电压的根据，但如果指示有电压，则禁止在该设备上工作。

(3) 装设接地线　当验明设备已无电压后，应立即将检修设备接地并三相短路，这是保护工作人员在工作地点防止突然来电的可靠安全措施，同时设备断开部分的剩余电荷，亦可因接地而放尽。

对于可能送电至停电设备的各方面或停电设备可能产生感应电压的都要装设接地线，所装接地线与带电部分应符合安全距离的规定。

装拆接地线，应做好记录，交接班时应交代清楚。

(4) 悬挂标示牌和装设遮栏　在一经合闸即可送电到工作地点的断路器（开关）合隔离开关（刀闸）的操作把手上，均应悬挂“禁止合闸，有人工作”的标示牌。

部分停电的工作，安全距离小于表 1-1 规定距离的未停电设备，应装设临时遮栏。与带电部分的距离，不得小于表 1-2 的规定数值，临时遮栏可用干燥木材、橡胶或坚韧绝缘材料制成，装设应牢固，并悬挂“止步，高压危险”的标示牌。

35kV 及以下设备的临时遮栏，如因工作特殊需要，可用绝缘挡板与带电部分直接接触。但此种挡板必须具有高度的绝缘性能。

在室内高压设备上工作，应在工作地点两旁间隔和对面间隔的遮拦上和禁止通行的过道上悬挂“止步，高压危险”的标示牌。

在室外地面高压设备工作，应在工作地点四周用绳子做好围栏，围栏上悬挂适当数量的“止步，高压危险”标示牌，标示牌必须朝向围栏里面。

在工作地点悬挂“在此工作”的标示牌。

在室外架构上工作，则应在工作地点邻近带电部分的横梁上，悬挂“止步，高压危险”的标示牌。此项标示牌在值班人员的监护下，由工作人员悬挂上。在工作人员上下用的铁架和梯子上应悬挂“从此上下”的标示牌。在邻近其他可能误登的带电架构上，应悬挂“禁止攀登，高压危险”的标示牌。

严禁工作人员在工作中移动或拆除遮栏，接地线和标示牌。

1.2.5 线路作业时配电所的安全措施

线路的停送电均应按照值班调度员或有关单位书面制指定的人员的命令执行。严禁约时停、送电。停电，必须先将可能来电的所有断路器（开关）、线路隔离开关（刀闸）、母线隔离开关（刀闸）全部拉开，用验电器验明确无电压好，在所有线路可能来电的各端装接地线，在线路隔离开关（刀闸）操作手柄上挂“禁止合闸，线路有人工作”的标示牌。

值班调度员必须将停电检修的工作班组数目、工作负责人姓名、工作地点和工作内容记入记录簿。

工作结束时，应得到工作负责人（包括用户）的竣工报告，确认工作班组均已竣工，接地线已拆除，工作人员已全部撤离线路，并与记录簿核对无误后，方可下令拆除发电厂或变电所内的安全措施，向线路送电。

当用户管辖的线路要求停电时，必须得到用户工作负责人的书面申请方可停电，并做好安全措施。恢复送电，必须接到原申请人的通知后方可进行。

使用携带型火炉或喷灯时，火焰与带电部分的距离，电压10kV及以下者，不得小于1.5m，电压在10kV以上者，不得小于3m，不得在带电导线、带电设备、变压器、油断路器（油开关）附近将火炉或喷灯点火。

在屋外变电所和高压室内搬动梯子、管子长物等，应由两人放倒搬运，并与带电部分保持足够的安全距离。

工作地点应有充足的照明。

进入高空作业现场，应戴安全帽，高处作业人员必须使用安全带，高处工作传递物件，不得上下抛掷。

雷电时，禁止在室外变电所或室内的架空引入线上进行检修和试验。

遇有电气设备着火时，应立即将有关设备的电源切换，然后进行救火，对带电设备应使用干式灭火器、二氧化碳等灭火，不得使用泡沫灭火器灭火，对注油设备应使用泡沫灭火器或干燥的沙子等灭火，发电厂和变电所控制室内应备有防毒面具，防毒面具要按规定使用并定期进行试验，使其经常处于良好状态。

在带电设备周围严禁使用钢卷尺、皮卷尺和线尺（夹有金属丝者）进行测量工作。

在电容器组上或进入围栏内工作时，应将电容器逐个多次放电并接地后，方可进行。

第2章 电力系统基础

2.1 电力系统与电力网的构成

2.1.1 电力系统

电能不能大量存储，电能的生产、输送和使用必须同时进行。发电厂生产的电能，除供本厂和附近的电能用户使用外，绝大部分要经升压变压器将电压升高后，再由高压输电线路送至距离很远的负荷中心去，在那里再由降压变压器降压后分配到电能用户。

为了提高供电的可靠性和经济性，将各发电厂通过电力网连接起来，并联运行，组成庞大的联合动力系统。将各种类型发电厂中的发电机、升压和降压变压器、电力线路（输电线路）及各种电能用户（用电设备）联系在一起组成的统一的整体就是电力系统，用以实现完整的发电、输电、变电、配电和用电。如图 2-1 所示为电力系统示意图。如图 2-2 所示为从发电厂到用户的送电过程示意图。

发电机生产的电能受发电机制造电压的限制，不能远距离输送，因此通常使发电机的电压经过升压达到 220～500kV，再通过超高压远距离输电网送往远离发电厂的区域或工业集中地区，通过那里的降压变电所将电压降到 35～110kV，然后再用 35～110kV 的高压输电线电路，将电能送至工厂降压变电所（将电压降至 6～

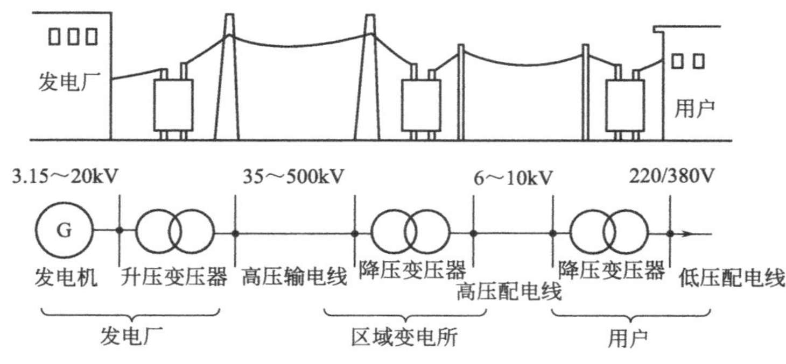

图 2-1 电力系统示意图

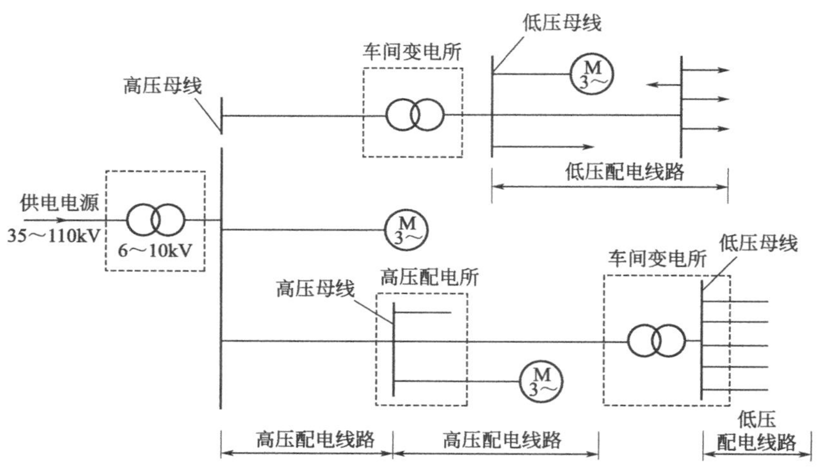

图 2-2 从发电厂到用户的送电过程示意图

10kV 配电）或终端变电所。

常用的配电电压有 6～10kV 高压与 220/380V 低压两种。对于有些设备，如容量较大的容压机、泵与风机等由高压电动机带动，直接由高压配电电路供电。大容量的低压电气设备需要 220/380V 电压，由配电变压器进行第二次降压来供电。

电力用户是消耗电能的场所，将电能通过用电设备转换为满足用户需求的其他形式的电能。例如，电动机将电能转换为机械能、电热设备将电能转换为热能、照明设备将电能转换为光能等。根据供电电压的不同电力用户分为：额定电压在1kV以上的高压用户；额定电压为220/380V的低压用户。

电力系统中的各级电压线路及其联系的变、配电所，叫做电力网，简称电网。由此可见，电网只是电力系统的一部分，它与电力系统的区别在于不包括发电厂和电能用户。

2.1.2 变电所与配电所

变电所的任务是接收电能、变换电压和分配电能，是联系发电厂和用户的中间环节；而配电所只负责接收电能和分配电能的任务。两者区别是：变电所比配电所多变换电压的任务，因此变电所有电力变压器，而配电所除了有自用电变压器外没有其他电力变压器。

两者的相同之处：都负责接收电能和分配电能的任务；电气线路中都有引入线（架空线或电缆线），各种开关电器（如隔离开关、刀开关、高低压断路器）、母线、互感器、避雷器和引出线等。

变电所有升压和降压之分，升压变电所多建在发电厂内，把电能电压升高后，再进行长距离输送。降压变电所多设在用电区域，将高压电能适当降低电压后，向某地区或用户供电。降压变电所又可分为以下三类。

(1) 地区降压变电所 地区降压变电所又称为一次变电站，位于一个大用电区域，如一个大城市附近，从220～500kV的超高压输电网或发电厂直接受电，通过变压器把电压降为35～110kV，供给该地区或大型工厂用电。其供电范围较大，若全地区降压变电所停电，将使该地区中断供电。

(2) 终端变电所 终端变电所又称为二次变电站，多位于用电的负荷中心，高压侧从地区降压变电所受电，通过变压器把电压降为6～10kV，向某个市区或农村城镇供电。其供电范围较小，若全终端降压变电所停电，将使该部分用户中断供电。

(3) 工厂降压变电所及车间变电所 工厂降压变电所又称工厂总降压变电所，与终端变电所类似，是对企业内部输送电能的中心枢纽。车间变电所接收工厂降压变电所提供的电能，将电压降为

220/380V，给车间设备直接供电。

2.1.3 电力网

电力系统中各级电压的电力线路及与其连接的变电所总称为电力网，简称电网。电力网是电力系统的一部分，是输电线路和配电线路的统称，是输送电能和分配电能的通道。电力网是把发电厂、变电所和电能用户联系起来的纽带。

电网由各种不同电压等级和不同结构的线路组成，按电压的高低可将电力网分为低压网、中压网、高压网和超高压网等。电压在1kV以下的称为低压网，1～10kV的称为中压网，高于10kV低于330kV的称为高压网，330kV以上的称为超高压网，电网按电压高低和供电范围大小可分为区域电网和地方电网，区域电网供电范围大，电压一般在220kV以上；地方电网供电范围小，电压一般在35～110kV。电网也往往按电压等级来称呼，如说10kV电网或10kV系统，就是指相互连接的整个10kV电压的电力线路。根据供电地区的不同，有时也将电网称为城市电网和农村电网。

2.1.4 三相交流电网和电力设备的额定电压UN

额定电压UN是指在规定条件下，保证电网、电气设备正常工作而且具有最佳经济效果的电压。电气设备都是按照指定的电压和频率设计制造的。这个指定的电压和频率称为电气设备的额定电压和额定频率。额定电压通常指电气设备铭牌上标出的线电压，当电气设备在该电压和频率下运行时，能获得最佳的技术性能和经济效果。

为了成批生产和实现设备互换，各国都制定有标准系列的额定电压和额定频率。我国规定工业用标准额定频率为50Hz（俗称工频）；国家标准规定，交流电力网和电力设备的额定电压等级较多，但考虑设备制造的标准化、系列化，电力系统额定电压等级不宜过多，具体规定见表2-1。

2.1.5 电力系统的中性点运行方式

在电力系统中，当变压器或发电机的三相绕组为星形连接时，其中性点有两种运行方式：中性点接地和中性点不接地。中性点直接接地系统常称为大电流接地系统，中性点不接地和中性点经消弧线圈（或电阻）接地的系统称为小电流接地系统。

表 2-1 我国交流电力网和电力设备的额定电压

类别	电力网和用电设备额定电压	发电机额定电压	电力变压器额定电压	
			一次侧绕组	二次侧绕组
低压配电网/V	220/127 380/220	230 400	200/127 380/220	230/133 400/230
中压配电网/kV	3 6 10 —	3.15 6.3 10.5 13.8,15.75,18,20	3 及 3.15 6 及 6.3 10 及 10.5 13.8,15.75,18,20	3.15 及 3.3 6.3 及 6.6 10.5 及 11 —
高压配电网/kV	35 63 110 220	— — — —	35 63 110 220	38.5 69 121 242
输电网/kV	330 500 750	— — —	330 500 750	363 550 —

中性点运行方式的选择主要取决于单相接地时电气设备的绝缘要求及从电可靠性。如图 2-3 所示为常用的电力系统中性点运行方式，图中电容 C 为输电线路对地分布电容。

(1) 中性点直接接地方式 中性点直接接地方式发生一相对地绝缘破坏时，就构成单相短路，供电中断，可靠性会降低。但是，这种方式下的非故障相对地电压不变，电气设备绝缘按相电压考虑，降低设备要求。此外，在中性点直接接地低压配电系统中，如为三相四线制供电，可提供 380V 或 220V 两种电压，供电方式更为灵活。

(2) 中性点不接地方式 在正常运行时，各相对地分布电容相同，三相对地电容电流对称且其和为零，各相对地电压为相电压。这种系统中发生一相接地故障时，线间电压不变，非故障相对地电压升高到原来相电压的$\sqrt{3}$倍，故障相电流增大到原来的 3 倍。因此对中性点不接地的电力系统，注意电气设备的绝缘要按照线电压

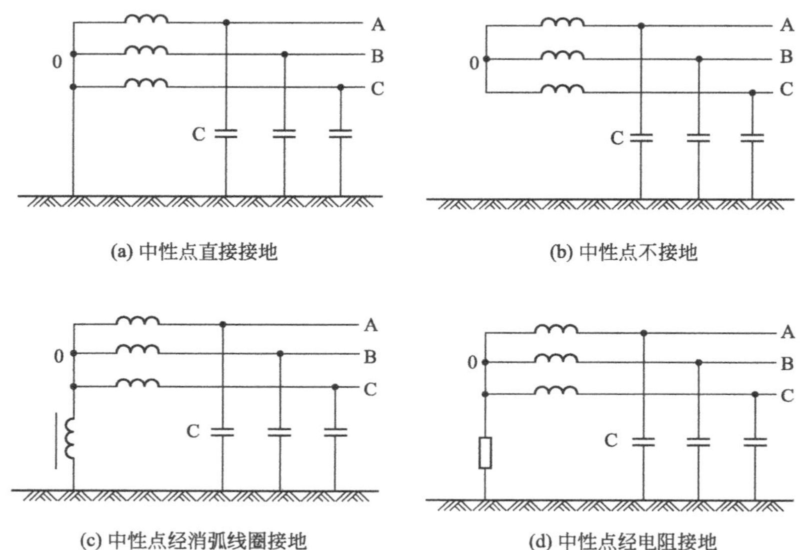

图 2-3 电力系统中性点运行方式

来选择。

目前，在我国电力系统中，110kV 以上高压系统，为降低绝缘设备要求，多采用中性点直接接地运行方式；6～35kV 中压系统中，为提高从电可靠性，首选中性点不接地运行方式。当接地系统不能满足要求时，可采用中性点经消弧线圈或电阻接地的运行方式；低于 1kV 的低压配电系统中，考虑到单相负荷的使用，通常均为中性点直接接地的运行方式。

2.1.6 电源中性点直接接地的低压配电系统

电源中性占直接接地的三相低压配电系统中，从电源中性点引出有中性线（代号 N)、保护线（代号 PE）或保护中性线（代号 PEN)。

(1) 低压电力网接地形式分类及字母含义

① 低压电力网接地形式分类　电源中性点直接接地的三相四线制低压配电系统可分成 3 类：TN 系统、TT 系统和 IT 系统。其

中 TN 系统又分为 TN-S 系统、TN-C 系统和 TN-C-S 系统 3 类。

TN 系统和 TT 系统都是中性点直接接地系统，且都引出有中性线（N 线），因此都称为“三相四线制系统”。但 TN 系统中的设备外露可导电部分（如电动机、变压器的外壳，高压开关柜、低压配电柜的门及框架等）均采取与公共的保护线（PE 线）或保护中性线（PEN 线）相的保护方式，如图 2-4 所示；而 TT 系统中的设备外露可导电部分则采取经各自的 PE 线直接接地的保护方式，如图 2-5 所示。IT 系统的中性点不接地或经电阻（约 1000Ω）接地，且通常不引出中性线，因它一般为三相三线制系统，其中设备的外露可导电部分与 TT 系统一样，也是经各自的 PE 线直接接地，如图 2-6 所示。

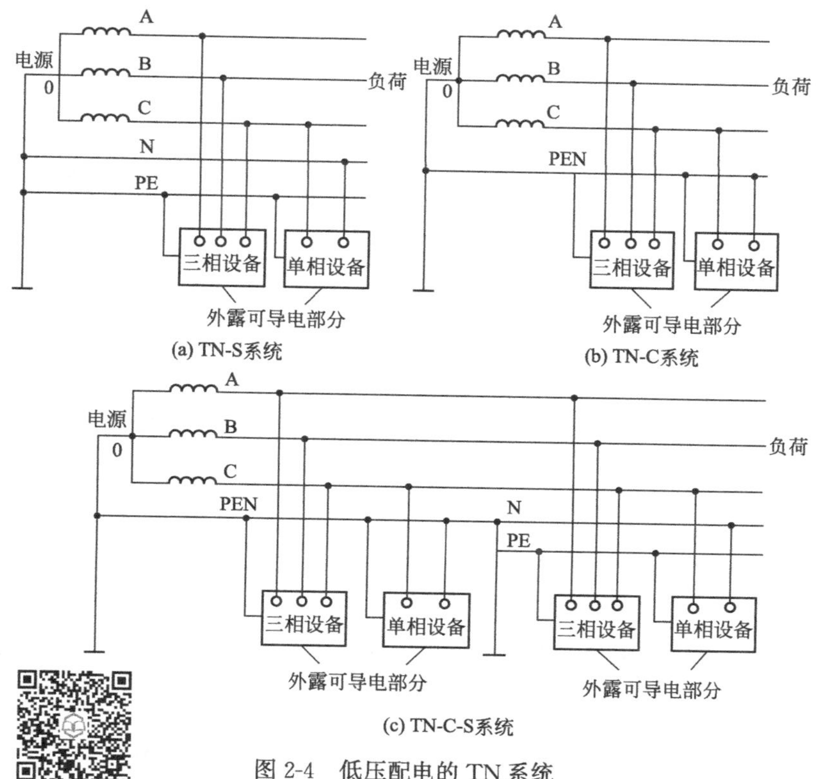

图 2-4　低压配电的 TN 系统

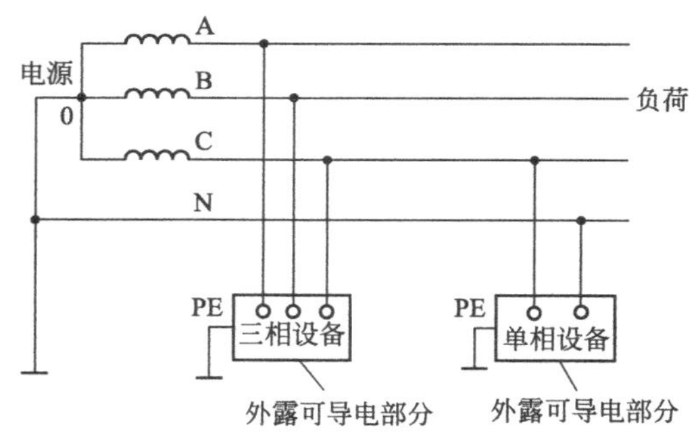

图 2-5 低压配电的 TT 系统

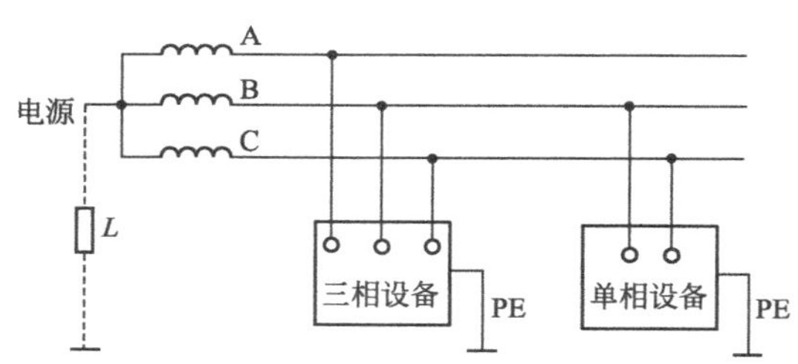

图 2-6 低压配电的 IT 系统

所谓“外露可导电部分”是指电气装置中能被触及到的导电部分。它在正常情况时不带电，但在故障情况下可能带电，一般是指金属外壳，如高低压柜（屏）的框架、电机机座、变压器或高压多油开关的箱体及电缆的金属外护层等。“装置外导电部分”也称为“外部导电部分”。它并不属于电气装置，但也可能引入电位（一般是地电位），如水、暖气、煤气、空调等的金属管道及建筑物的金属结构。

中性线（N 线）是与电力系统中性点相连能起到传导电能作用的导体，其主要作用是：

a. 通过三相系统中的不平衡电流（包括谐波电流）。

b. 便于连接单相负载（提供单相电气设备的相电压和电流回路）及测量相电压。

c. 减小负荷中性点电位偏移，保持 3 个相电压平衡。

因此，N线是不容许断开的，在TN系统的N线上不得装设熔断器或开关。

保护线与用电设备外露的可导电部分（指在正常工作状态下不带电，在发生绝缘损坏故障时有可能带电，而且极有可能被操作人员触及的金属表面）可靠连接，其作用是在发生单相绝缘损坏对地短路时，一是使电气设备带电的外露可导电部分与大地同电位，可有效避免触电事故的发生，保证人身安全；二是通过保护线与地之间的有效连接，能迅速形成单相对地短路，使相关的低压保护设备动作，快速切除短路故障。

保护中性线（PEN线）兼有PE线和N线的功能，用于保护性和功能性结合在一起的场合，如图2-4(b)所示的TN-C系统，但首先必须满足保护性措施的要求，PEN线不用于由剩余电流保护装置RCD保护的线路内。

② 接地系统字母符号含义

a. 第一个字母表示电源端与地的关系：

T——电源端有一点（一般为配电变压器低压侧中性点或发电机中性点）直接接地。

I——电源端所有带电部分均不接地，或有一点（一般为中性点）通过阻抗接地。

b. 第二个字母表示电气设备（装置）正常不带电的外露可导电部分与地的关系：

T——电气设备外露可导电部分独立直接接地，此接地点与电源端接地点在电气上不相连接。

N——电气设备外露可导电部分与电源端的接地点有用导线所构成的直接电气连接。

c. “-”（半横线）后面的字母表示中性导体（中性线）与保护导体的组合情况：

S——中性导体与保护导体是分开的。

C——中性导体与保护导体是合一的。

(2) TN系统 TN系统是指在电源中性点直接接地的运行方式下，电气设备外露可导电部分用公共保护线（PE线）或保护中性线（PEN线）与系统中性点0相连接的三相低压配电系统。TN

系统又分 3 种形式：

① TN-S 系统　整个供电系统中，保护线 PE 与中性线 N 完全独立分开，如图 2-4(a) 所示。正常情况下，PE 线中无电流通过，因此对连接 PE 线的设备不会产生电磁干扰。而且该系统可采用剩余电流保护，安全性较高。TN-S 系统现已广泛应用在对安全要求及抗电磁干扰要求较高的场所，如重要办公楼、实验楼和居民住宅楼等民用建筑。

② TN-C 系统　整个供电系统中，N 线与 PE 线是同一条线（也称为保护中性线 PEN，简称 PEN 线），如图 2-4(b) 所示。PEN 线中可能有不平衡电流流过，因此通过 PEN 线可能对有些设备产生电磁干扰，且该系统不能采用灵敏度高的剩余电流保护来防止人员遭受电击。因此，TN-C 系统不适用于对抗电磁干扰和安全要求较高的场所。

③ TN-C-S 系统　在供电系统中的前一部分，保护线 PE 与中性线 N 合为一根 PEN 线，构成 TN-C 系统，而后面有一部分保护线 PE 与中性线 N 独立分开，构成 TN-S 系统，如图 2-4(c) 所示。此系统比较灵活，对安全要求及抗电磁干扰要求较高的场所采用 TN-S 系统配电，而其他场所则采用较经济的 TN-C 系统。

不难看出，在 TN 系统中，由于电气设备的外露可导电部分与 PE 或 PEN 线连接，因此在发生电气设备一相绝缘损坏，造成外露可导电部分带电时，则该相电源经 PE 或 PEN 线形成单相短路回路，可导致大电流的产生，引起过电流保护装置动作，切断供电电源。

(3) TT 系统　TT 系统是指在电源中性点直接接地的运行方式下，电气设备的外露可导电部分与电源引出线无关的各自独立接地体连接后，进行直接接地的三相四线制低压配电系统，如图 2-5 所示。由于各设备的 PE 线之间无电气联系，因此相互之间无电磁干扰。此系统适用于安全要求及抗电磁干扰要求较高的场所。国外这种系统较普遍，现我国也开始推广应用。

在 TT 系统中，若电气设备发生单相绝缘损坏，外露可导电部分带电，则该相电源经接地体、大地与电源中性点形成接地短路回路，产生单相故障电流不大，一般需设高灵敏度的接地保护装置。

(4) IT系统 IT系统的电源中性点不接地或经约1000Ω电阻接地，其中所有电气设备的外露可导电部分也都各自经PE线单独接地，如图2-6所示。此系统主要用于对供电连续性要求较高及存在易燃易爆危险的场所，如医院手术室、矿井下等。

2.1.7 电力负荷的分级及对供电电源的要求

负荷是指电网提供给用户的电力、负荷的大小用电气设备（发电机、变压器、电动机和线路）中通过的功率线电流来表示。

(1) 电力负荷分级 电力负荷按其对供电可靠性的要求和意外中断供电所造成的损失和影响，分为一级负荷、二级负荷和三级负荷。

① 一级负荷 一级负荷是指发生意外中断供电事故后，将造成人身伤亡或者在经济上造成重大设备损坏、众多产品报废、需要长时期才能恢复生产，或者在政治上造成重大不良影响等后果的电力负荷。

一级负荷电力用户的主要类型有：重要交通枢纽、重要通信枢纽、国民经济重点企业中的重大设备和连续生产线、重要宾馆、政治和外事活动中心等。

在一级负荷中，当中断供电将影响实时处理计算机及计算机网络非常工作中断，或中断供电后将发生中毒、爆炸和火灾等情况的负荷，以及特别重要场所不允许中断供电的负荷，应视为特别重要的负荷。

② 二级负荷 二级负荷是指发生意外中断供电事故，将在经济上造成如主要设备损坏、大量产品报废、短期一时无法恢复生产等较大损失，或者会影响重要单位的正常工作，或者会产生社会公共秩序混乱等后果的电力负荷。

二级负荷电力用户的主要类型有：交通枢纽、通信枢纽、重要企业的重点设备、大型影剧院及大型商场等公共场所等。普通办公楼、高层普通住宅楼、百货商场等用户中的客梯电力、主要通道照明等用电设备也为二级负荷设备。

③ 三级负荷 三级负荷是指除一、二级负荷外的其他电力负荷。三级负荷应符合发生短时意外中断供电不至于产生严重后果的

特征。

(2) 各级电力负荷对供电电源的要求

① 一级负荷的供电要求　一级负荷应由两个独立电源供电，有特殊要求的一般负荷还要求其两个独立电源来自不同的地点。独立电源是指不受其他任一电源故障的影响，不会与其他任一电源同时发生故障的电源。两个电源分别来自于不同的发电厂；两个电源分别来自于不同的地区变电所；两个电源中一个来自地区变电所，另一个为自备发电机组，便可视为两个独立电源。

一级负荷中的特别重要负荷，除需满足两个独立电源供电的一般要求外，有时还需要设置应急电源。应急电源仅供该一级负荷使用，不可与其他负荷共享，并且应采取防止与正常电源之间并列运行的措施。常用的应急电源有：独立于正常电源之外的自备发电机组，独立于正常工作电源的专用供电线路、蓄电池电源等。

② 二级负荷的供电要求　二级负荷的电力用户一般应当采用两台变压器或两回路供电，要求当其中任一变压器或供电回路发生故障时，另一变压器或供电回路不应同时发生故障。对于负荷较小或地区供电条件困难的且难以取得两回路的，也可由一回路 10（6）kV 及以上的专用架空线路供电。

③ 三级负荷的供电要求　三级负荷属一般电力用户，对供电方式无特殊要求。当用户为以三级负荷为主，但有少量一级负荷时，其第二电源可采用自备应急发电机组或逆变器作为一级负荷的备用电源。

2.2 电力系统中发电、供电及用户之间的关系与供电系统的分类

2.2.1 电力用户供电系统的组成

电力用户供电系统由外部电源进线、用户变配电所、高低压配电线路和用电设备组成。按供电容量的不同，电力用户可分为大型（10000kV · A 以上）、中型（1000 ～ 10000kV · A）、小型

（1000kV・A 及以下）。

（1）大型电力用户供电系统　大型电力用户的供电系统，采用的外部电源进线供电电压等级为 35kV 及以上，一般需要经用户总降压变电所和车间变电所两级变压。总降压变电所将进线电压降为 6～10kV 的内部高压配电电压，然后经高压配电线路引至各车间变电所，车间变电所再将电压变为 220/380V 的低压供用电设备使用。其结构如图 2-7 所示。

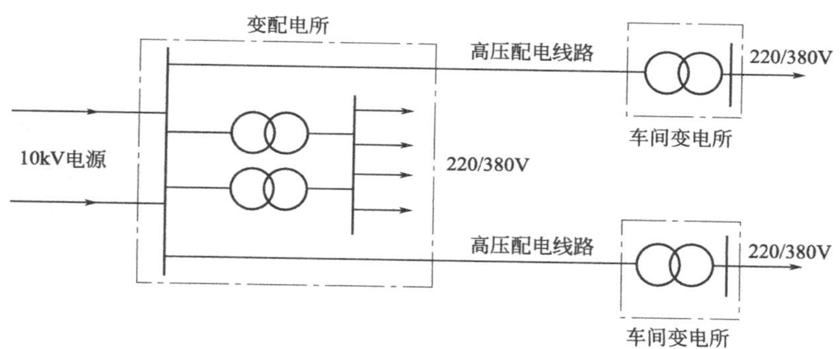

图 2-7　大型电力用户供电系统

某些厂区的环境和设备条件许可的大型电力用户，也有的采用“高压深入负荷中心”的供电方式，即 35kV 的进线电压直接一次降为 220/380V 的低电压。

（2）中型电力用户供电系统　中型电力用户一般采用 10kV 的外部电源进线供电电压，经高压配电所和 10kV 用户内部高压配电线路馈电给各车间变电所，车间变电所再将电压变换成 220/380V 的低电压供用电设备使用。高压配电所通常与某个车间变电所全建，其结构如图 2-8 所示。

（3）小型电力用户供电系统　一般的小型电力用户也用 10kV 外部电源进线电压，通常只设有一个相当于建筑物变电所的降压变电所，容量特别小的小型电力用户可不设变电所，采用低压 220/380V 直接进线。

2.2.2　电气主接线的基本形式

变配电所的电气主要接线是以电源进线和引出线为基本环节，

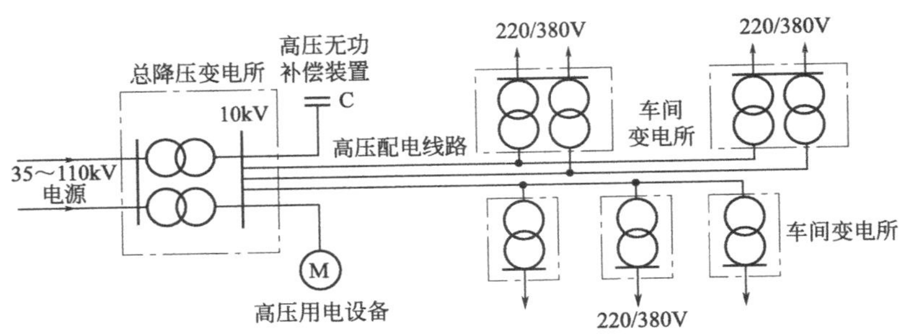

图 2-8　中型电力用户供电系统

以母线为中间环节构成的电能输配电电路。变电所的主接线（或称一次接线、一次电路）是由各种开关设备（断路器、隔离开关等）、电力变压器、避雷器、互感器、母线、电力电缆、移相电容器等电气设备按一定次序相连接组成的具有接收和分配电能的电路。

母线又称汇流排，它是电路中的一个电气节点，由导体构成，起着汇集电能和分配电能的作用，它将变压器输出的电能分配给各用户馈电线。

如果母线发生故障，则所有用户的供电将全部中断，因此要求母线应有足够的可靠性。

变电所主接线形式直接影响到变电所电气设备的选择、变电所的布置、系统的安全运行、保护控制等许多方面。因此，正确确定主接线的形式是建筑供电中一个不可缺少的重要环节。

考虑到三相系统对称，为了分析清楚和方便起见，通常主接线图用单线图表示。如果三相不尽相同，则局部可以用三线图表示。主接线的基本形式按有无母线通常分为有母线接线和无母线接线两大类。有母线的主接线接母线设置的不同，又有单母线接线、单导线分段接线和双母线接线 3 种接线形式。无母线接线有线路-变压器接线和桥接线两种接线形式。

(1) 单母线不分段接线　如图 2-9 所示，每条引入线和引出线的电路中都装有断路器和隔离开关，电源的引入与引出是通过同一组母线连接的。断路器（QF1、QF2）主要用来切断负荷电流或故障电流，是主接线中最主要的开关设备。隔离开关（QS）有两种：

靠近母线侧的称为母线隔离开关（QS2、QS3），作为隔离母线电源，以便检修母线、断路器 QF1、QF2；靠近线路侧的称为线路隔离开关（QS1、QS4），防止在检修断路器时从用户（负荷）侧反向供电，或防止雷电过电压沿线路侵入，以保证维修人员安全。

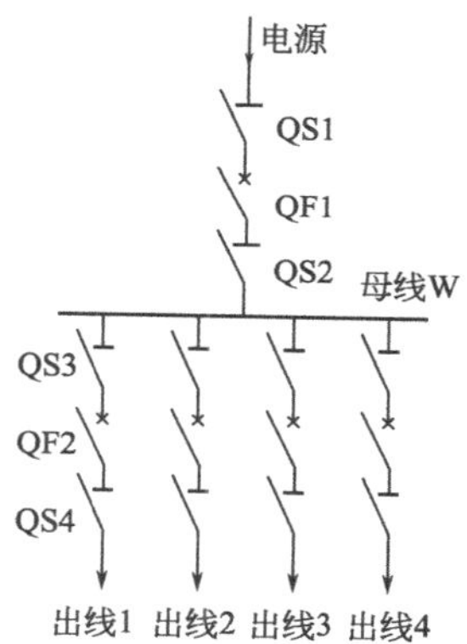

图 2-9 单母线不分段接线

隔离开关与断路器必须实行联锁操作，以保证隔离开关“先通后断”，不带负荷操作。如出线 1 送电时，必须先合上 QS3、QS4，再合上断路器 QF2；如停止供电，必须先断开 QF2，然后再断开 QS3、QS4。

单母线接线简单，使用设备少，配电装置投资少，但可靠性、灵活性较差。当母线或母线隔离开关故障或检修时，必须断开所有回路，造成全部用户停电。

这种接线适用于单电源进线的一般中、小型容量且对供电连接性要求不高的用户，电压为 6～10kV 级。

有时为了提高供电系统的可靠性，用户可以将单母线不分段接线进行适当的改进，如图 2-10 所示。改进的单母线不分段接线，增加了一个电源进线的母线隔离开关（QS2、QS3），并将一段母线分为两段（W1、W2）。当某段母线故障或检修时，先将电源切断（QF1、QS1 分断），再将故障或需要检修的母线 W1（或 W2）的电源侧母线隔离开关 QS2（或 QS3）打开，使故障或需检修的母线段与电源隔离。然后，接通电源（QS1、QF1 闭合），可继续对非故障母线段 W2（或 W1）供电。这样，缩小了因母线故障或检修造成的停电范围，提高了单母线不分段接线方式供电的可靠件。

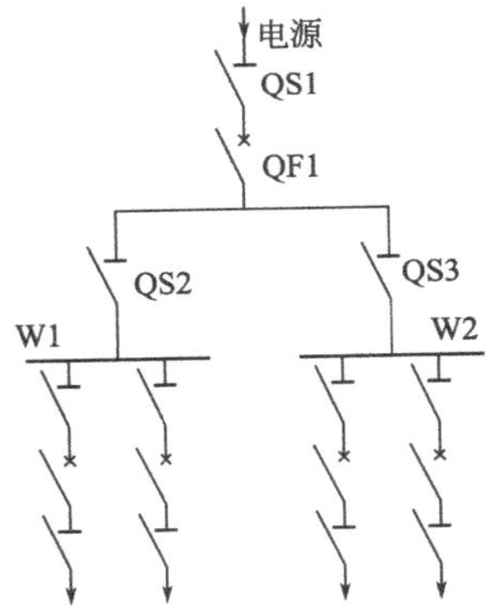

图 2-10　单母线不分段接线的改进

(2) 单母线分段接线　当出线回路数增多且有两路电源进线时，可用隔离开关（或断路器）将母线分段，成为单母线分段接线。如图 2-11 所示，QSL（或 QFL）为分段隔离开关（或断路器）。母线分段后，可提高供电的可靠性和灵活性。在正常工作时，分段隔离开关（或断路器）既可接通也可断开运行。即单母线分段接线可以分段运行，也可以并列运行。

① 分段运行　采用分段运行时，各段相当于单母线不分段接线。各段母线之间在电气上互不影响，互相分列，母线电压按非同期（同期指的是两个电源的频率、电压幅值、电压波形、初相角完全相同）考虑。

任一路电源故障或检修时，如其余电源容量还能负担该电源的全部引出线负荷时，则可经过“倒闸操作”恢复对故障或检修部分引出线的供电，否则该电源所带的负荷将全部或部分停止运行。当任意一段母线故障或检修时，该段母线的全部负荷将停电。

单母线分段接线方式根据分段的开关设备不同，有以下几种：

a. 用隔离开关分段，如图 2-11（a）所示。对于用隔离开关 QSL 分段的单母线接线，由于隔离开关不能带电流操作，因此当需要切换电源（某一电源故障停电或开关检修）时，会造成部分负

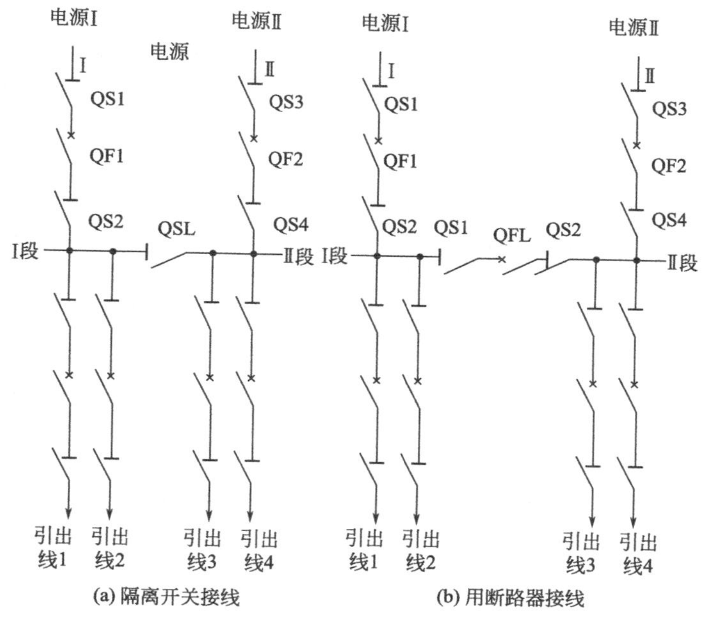

图 2-11　单母线分段接线

荷短时停电。如母线Ⅰ的电源Ⅰ停电，需要电源Ⅱ带全部负荷时，首先将 QF1、QS2 断开，再将Ⅰ段母线各引出线开关断开，然后将母线隔离开关 QDL 闭合。这时，Ⅰ段母线由电源Ⅱ供电，可分别合上该段各引出线开关恢复供电。当母线故障或检修时，则该段母线上的负荷将停电。当需要检修母线隔离开关 QS2 时，需要将两段母线上的部分负荷停电。

b. 用隔离开关分段的单母线接线方式，适用于由双回路供电、允许短时停电的二级负荷。

c. 用负荷开关分段。其性能与特点与用隔离开关分段的单母线基本相同。

d. 用断路器分段，接线如图 2-11(b) 所示。分段断路器 QFL，除具有分段隔离开关的作用外，该断路器一般都装有继电保护装置，能切断负荷电流或故障电流，还可实现自动分、合闸。当某段母线故障时，分段断路器 QFL 与电源进线断路器（QF1 或 QF2）

的继电保护动作将同时切断故障母线的电源，从而保证了非故障母线正常运行。当母线检修时，也不会引起正常母线段的停电，可直接操作分段断路器，拉开隔离开关进行检修，其余各段母线继续运行。用断路器分段接线，可靠性提高。如果有后备措施，一般可以对一级负荷供电。

② 并列运行　采用并列运行时，相当于单母线不分段接线形式。当某路电源停电或检修时，无需整个母线停电，只需断开停电或故障电源的断路器及其隔离开关，调整另外电源的负荷量即可，但当某段母线故障或检修时，将会引起正常母线段的短时停电。

母线可分段运行，也可不分段运行。实际运行中，一般采取分段运行的方式。单母线分段便于分段检修母线，减小母线故障影响范围，提高了供电的可靠性和灵活性。这种接线适用于双电源进线的比较重要的负荷，电压为 6～10kV 级。

(3) 带旁路母线的单母线接线　单母线分段接线，不管是用隔离开关分段还是用断路器分段，在母线检修或故障时，都避免不了使该母线的用户停电。另外，单母线接线在检修引出线断路器时，该引出线的用户必须停电（双回路供电用户除外）。为了克服这一缺点，可采用单母线加旁路母线。单母线带旁路接线方式如图 2-12 所示，增加了一条母线和一组联络用开关电器、多个线路侧隔离开关。

当对引出线断路器 QF3 检修时，先闭合隔离开关 QS7、QS4、QS3，再闭合旁路母线断路器 QF2，QF3 断开，打开隔离开关 QF5、QF6；引出线不需停电就可进行断路器 QF3 的检修，保证供电的连续性。

这种接线适用于配电线路较多、负载性质较重要的主变电所或高压配电所。该运行方式灵活，检修设备时可以利用旁路母线供电，减少停电。

(4) 双母线接线　双母线接线方式如图 2-13 所示。其中，母线 W1 为工作母线，母线 W2 为备用母线，两段母线互为备用。任一电源进线回路或负荷引出线都经一个断路器和两个母线隔离开关接于双母线上，两个母线通过母线断路器 QFL 隔离开关相连接。其工作方式可分为两种。

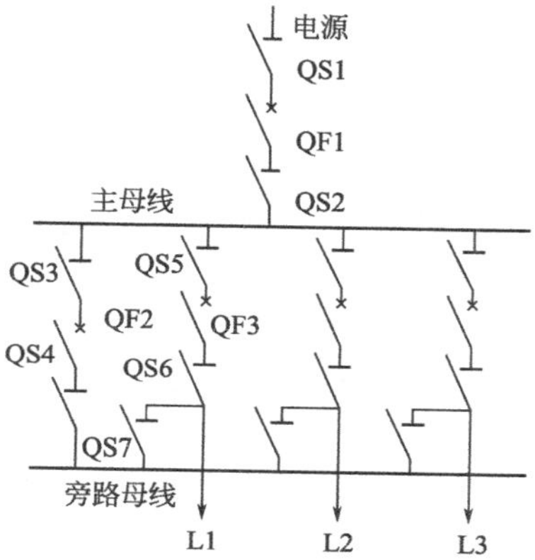

图 2-12　带旁路母线的单母线接线

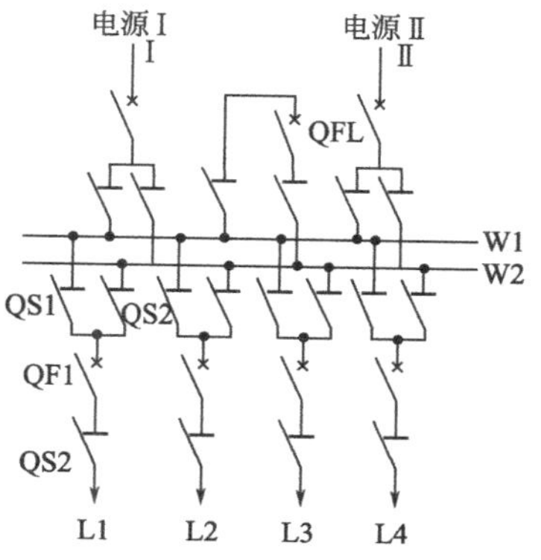

图 2-13　双母线接线

① 两组母线分列运行　其中一组母线运行，一组母线备用，即两组母线分为运行或备用状态。与 W1 连接的母线隔离开关闭合，与 W2 连接的母线隔离开关断开，母线联络断路器 QFL 在正常运行时处于断开状态，其两侧与之串接的隔离开关为闭合状态。当工作母线 W1 故障或检修时，经“倒闸操作”即可由备用母线继续供电。

② 两组母线并列运行　两组母线并列运行，但互为备用。将电源进线与引出线路与两组母线连接，并将所有母线隔离开关闭

合，母线联络断路器 QFL 在正常运行时也闭合。当某组母线故障或检修时，仍可经“倒闭操作”，将全部电源和引出线路均接于另一组母线上，继续为用户供电。

由于双母线两组互为备用，大大提高了供电可靠性和主接线工作的灵活性。一般用在对供电可靠性要求很高的一级负荷，如大型建筑物群总降压变电所的 35～110kV 主接线系统中，或有重要高压负荷或有自备发电厂的 6～10kV 主接线系统。

(5) 线路-变压器组接线电路如图 2-14 所示。

① 图 2-14(a) 所示为一次侧电源进线和一台变压器的接线方式。断路器 QF1 用来切断负荷或故障电流，线路隔离开关 QF1 用来隔离电源，以便安全检修变压器或断路器等电气设备。在进线的线路隔离开关 QS1 上，一般带有地刀闸 QSD，在检修时可通过 QSD 将线路与地短接。

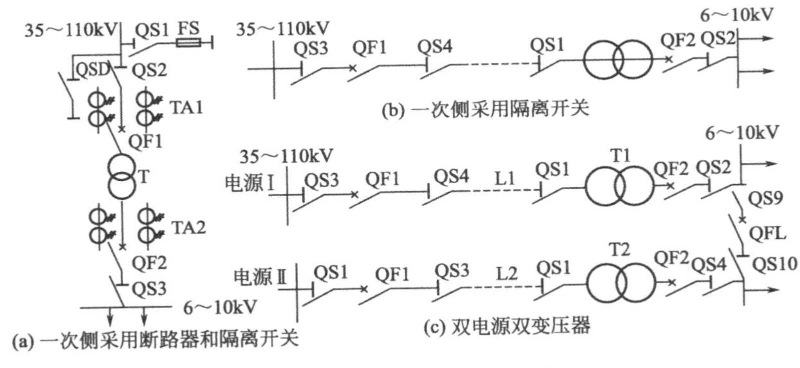

图 2-14 线路-变压器组接线

② 如图 2-14(b) 所示接线，当电源由区域变电所专线供电，且线路长度在 2～3km，变压器容量不大，系统短路容量较小时，变压器高压侧可不装设断路器，只装设隔离开关 QS1，由电源侧引出线断路器 QF1 承担对变压器及其线路的保护。

若切除变压器，先切除负荷侧的断路器 QF2，再切除一次侧的隔离开关 QS1；投入变压器时，则操作顺序相反，即先合上一次侧的隔离开关 QS1，再使二次侧断路器 QF2 闭合。

利用线路隔离开关 QS1 进行空载变压器的切除和投入时，若电压为 35kV 以内，则电压为 110kV 的变压器，容量限制在 3200kVA 以内。

③ 如图 2-14(c) 所示接线，采用两台电力变压器，并分别由两个电源供电，二次侧母线设有自投装置，可极大提高供电的可靠性。二次侧可以并联运行，也可分列运行。

该接线的特点是直接将电能送至用户，变压侧无用电设备，若电气线路发生故障或检修时，需停变压器；变压器故障或检修时，所有负荷全部停电。该接线方式适用于引出线为二级、三级负荷，只有 1～2 台变压器的单电源或双电源进线的供电。

(6) 桥式接线 对于具有双电源进线、两台变压器的终端总降压变电所，可采用桥式接线。桥式接线实质上是连接了两个 35～110kV 线路-变压器组的高压侧，其特点是有一条横连跨桥的“桥”。桥式接线比分段单母线结构简单，减少了断路器的数量，二路电源进线只采用 3 台断路器就可实现电源的互为备用。根据跨接桥横连位置的不同，分内桥接线和外桥接线。

① 内桥接线 图 2-15(a) 为内桥接线，跨接桥接在进线断路器之下而靠近变压器侧，桥断路器（QF3）装在线路断路器（QF1、QF2）之内，变压器高压侧仅装隔离开关，不装断路器。采用内桥接线可以提高输电线路运行方式的灵活性。

如果电源进线Ⅰ失电或检修时，先将 QF1 和 QS3 断开，然后合上 QF3（其两侧的 QS7、QS8 应先合上），即可使两台主变压器 T1、T2 均由电源进线Ⅱ供电，操作比较简单。如果要停用变压器 T1，则需先断开 QF1、QF3 及 QF4，然后断开 QS5、QS9，再合上 QF1 和 QF3，使主变压器 T2 仍可由两路电源进线供电。

内桥接线适用于：变电所对一级、二级负荷供电；电源线路较长；变电所跨接桥没有电源线之间的穿越功率；负荷曲线较平衡，主变压器不经常退出工作；终端型总降压变电所。

② 外桥接线 图 2-15(b) 为外桥接线，跨接桥接在进线断路器之上而靠近线路侧，桥断路器（QF3）装在变压器断路器（QF1、QF2）之外，进线回路仅装隔离开关，不装断路器。

如果电源进线Ⅰ失电或检修时，需断开 QF1、QF3，然后断开 QS1，再合上 QF1、QF3，使两台主变压器 T1、T2 均由电源进线

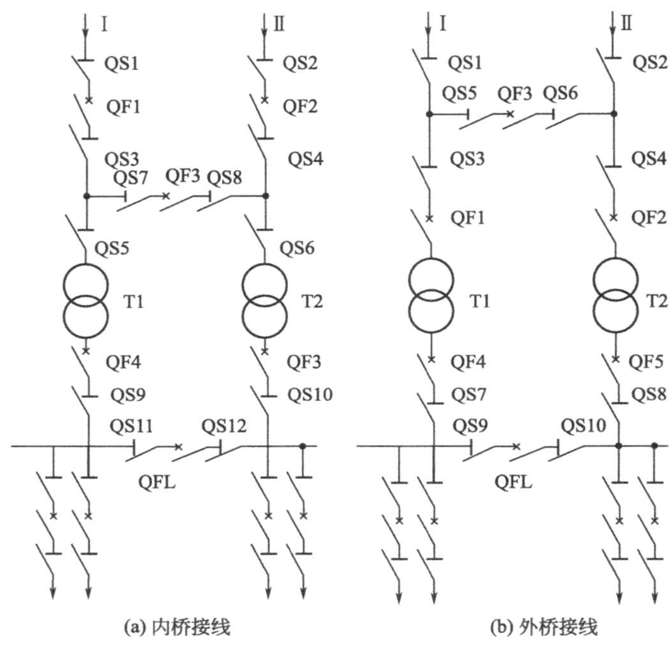

(a) 内桥接线

(b) 外桥接线

图 2-15　桥式接线

Ⅱ供电。如果要停用变压器 T1，只要断开 QF1、QF4 即可；如果要停用变压器 T2，只要断开 QF2、QF5 即可。

外桥接线适用于：变压所对一级、二级负荷供电；电源线路较短；允许变电所高压进线之间有较稳定的穿越功率；负荷曲线变化大，主变压器需要经常操作；中间型总降压变电所，易于构成环网。

2.2.3　变电所的主接线

高压侧采用电源进线经过跌落式熔断器接入变压器。结构简单经济，供电可靠性不高，一般只用于 630kVA 及以下容量的露天的变电所，对不重要的三级负荷供电，如图 2-16(a) 所示。

高压侧采用隔离开关-户内高压熔断器断路器控制的变电所，通过隔离开关和户内高压熔断器接入进线电缆。这种接线由于采用了断路器，因此变电所的停电、送电操作灵活方便。但供电可靠性仍不高，一般只用于三级负荷。如果变压器低压侧有与其他电源的联络线时，则可用于二级负荷，如图 2-16(b) 所示，一般用于 320kVA 及以下容量的室内变电所，且变压器不经常进行投切操作。

高压侧采用负荷开关-熔断器控制，通过负荷开关和高压熔断器接入进线电缆。结构简单、经济，供电可靠性仍不高，但操作比上述方案要简便灵活，也只适用于不重要的三级负荷容量在 320kVA 以上的室内变电所，如图 2-16(c) 所示。

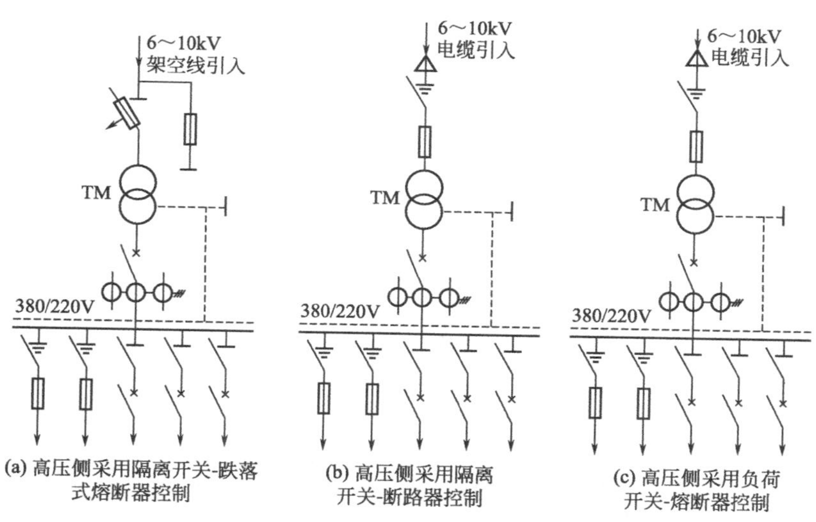

图 2-16 一般民用建筑变电所主接线

两路进线、高压侧无母线、两台主变压器、低压侧单母线分段的变电所主接线，如图 2-17 所示。这种接线可靠性较高，供二、三级负荷。

一路进线、高压侧单母线、两台主变压器、低压侧单母线分段的变电所主接线，如图 2-18 所示。这种接线可靠性也较高，可供二、三级负荷。

两路进线、高压侧单母线分段、两台主变压器、低压侧单母线分段的变电所主接线，如图 2-19 所示。这种接线可靠性高，可供一、二级负荷。

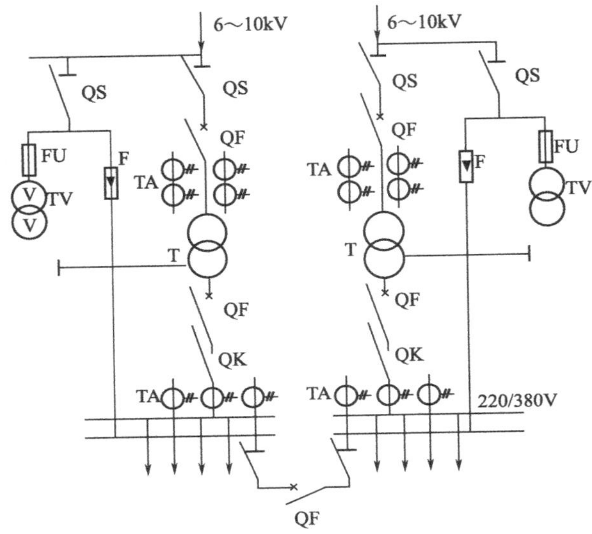

图 2-17 两路进线、高压侧无母线、两台主变压器、低压侧单母线分段的变电所主接线

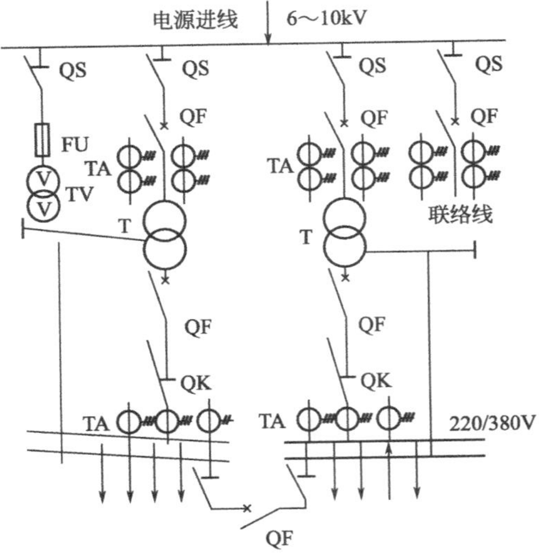

图 2-18 一路进线、高压侧单母线、两台主变压器、低压侧单母线分段的变电所主接线

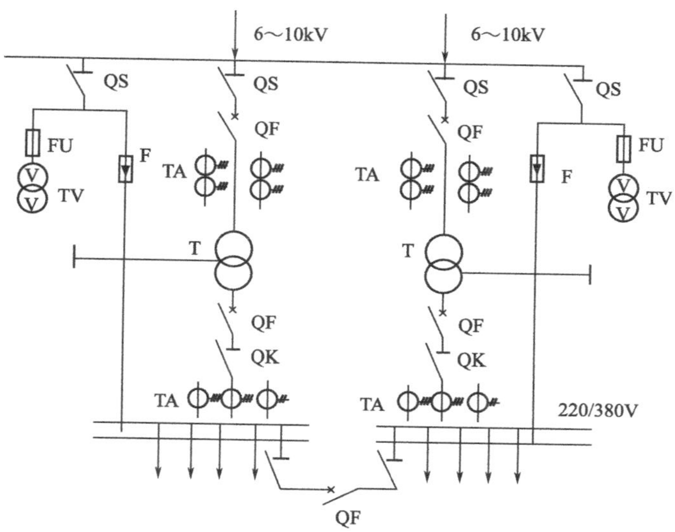

图 2-19 两路进线、高压侧单母线分段、两台主变压器、低压侧单母线分段的变电所主接线

2.2.4 供配线路的接线方式

(1) 供配线路的接线方式 高压配电线路的接线方式有放射式、树干式及环式。

① 放射式 高压放射式接线是指由变配电所高压母线上引出的任一回线路，只直接向一个变电所或高压用电设备供电，沿线不分接其他负荷，如图 2-20(a) 所示。这种接线方式简单，操作维护方便，便于实现自动化。但高压开关设备用得多、投资高，线路故障或检修时，由该线路供电的负荷要停电。为提高可靠性，根据具体情况可增加备用线路，如图 2-20(b) 所示为采用双回路放射式线路供电，如图 2-20(c) 所示为采用公共备用线路供电，如图 2-20(d) 所示为采用低压联络线供电线路等，都可以增加供电的可靠性。

② 树干式 高压树干式接线是指由建筑群变配电所高压母线上引出的每路高压配电干线上，沿线要分别连接若干个建筑物变电所用电设备或负荷点的接线方式，如图 2-21(a) 所示。这种接线从变配电所

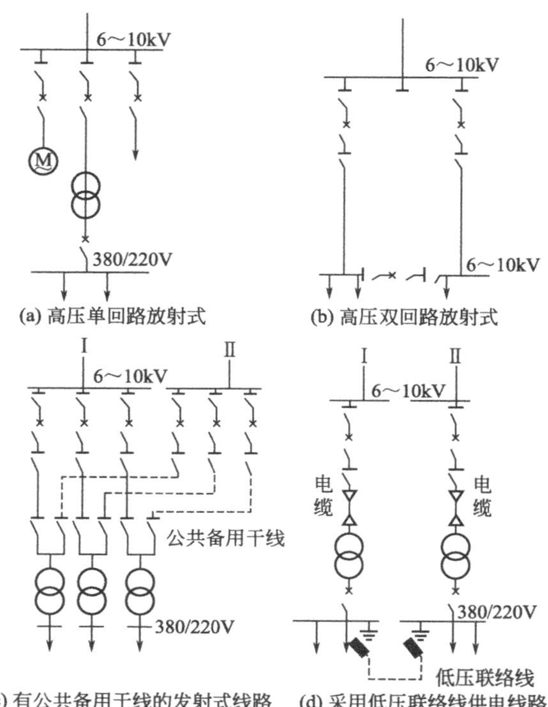

(a) 高压单回路放射式　(b) 高压双回路放射式
(c) 有公共备用干线的发射式线路　(d) 采用低压联络线供电线路

图 2-20　高压放射式接线

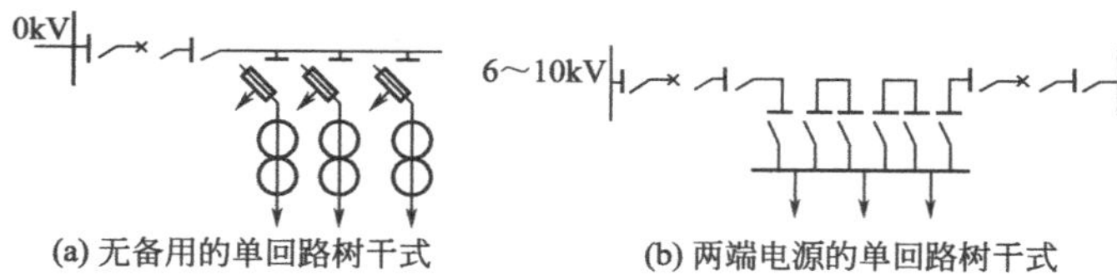

(a) 无备用的单回路树干式　(b) 两端电源的单回路树干式

图 2-21　高压树干式接线

引出的线路少，高压开关设备相对应用得少。配电干线少可以节约有色金属，但供电可靠性差，干线检修将引起干线上的全部用户停电。所以，一般干线上连接的变压器不得超过 5 台，总容量不应大于 3000kV · A。为提高供电可靠性，同样可采用增加备用线路的方法。如图 2-21(b) 所示为采用两端电源供电的单回路树干式供电，若一侧干线发生故障，还可采用另一侧干线供电。另外，不可采用树干式供电和带单独公共备用线路的树干式供电来提高供电可靠性。

③ 环式 对建筑供电系统而言，高压环式接线其实是树干式接线的改进，如图2-22所示，两路树干式线路连接起来就构成了环式接线。这种接线运行灵活，供电可靠性高。当干线上任何地方发生故障时，只要找出故障段，拉开其两侧的隔离开关，把故障段切除后，全部线路可以恢复供电。由于闭环运行时继电保护整定比较复杂，因此正常运行时一般均采用开环运行方式。

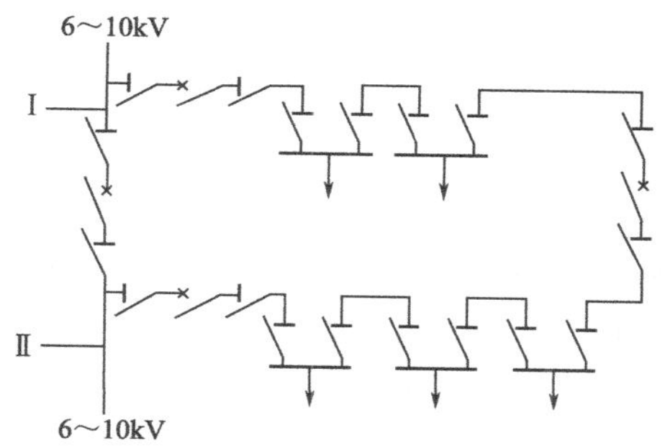

图2-22 高压环式接线

以上简单分析了3种基本接线方式的优缺点，实际上，建筑高压配电系统的接线方式往往是几种接线方式的组合，究竟采用什么接线方式，应根据具体情况，经技术经济综合比较后才能确定。

(2) 低压配电线路的接线方式 低压配电线路的基本接线方式可分为放射式、树干式和环式3种。

① 放射式 低压放射式接线如图2-23所示，由变配电所低压配电屏供电给主配电箱，再经放射式分配至分配电箱。由于每个配电箱由单独的线路供电，这种接线方式供电可靠性较高，所用开关设备及配电线路也较多，因此，多用于用电设备容量大，负荷性质重要，建筑物内负荷排列不整齐及有爆炸危险的厂房等情况。

② 树干式 低压树干式接线主要供电给用电容量较小且分布均匀的用电设备。这种接线方式引出的配电干线较少，采用的开关设备自然较少，但干线出现故障就会使所连接的用电设备受到影响，供电可靠性较差。如图2-24所示为几种树干式接线方式。图

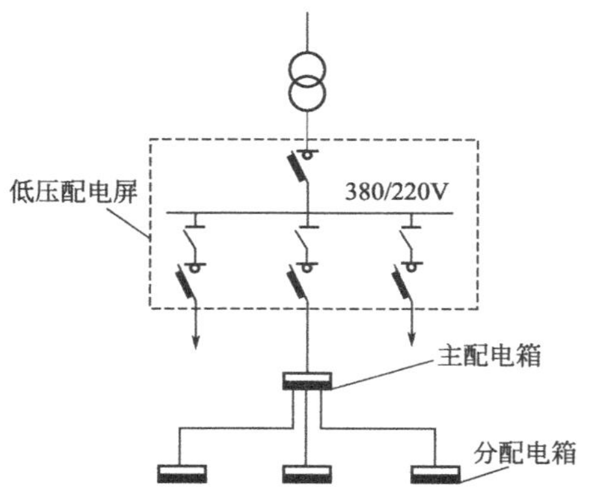

图 2-23 低压放射式接线

中，链式接线方式适用于用电设备距离近，容量小（总容量不超过10kW），台数为3～5台的情况。变压器-干线式接线方式的二次侧引出线经过负荷开关（或隔离开关）直接引至建筑物内，省去了变电所的低压侧配电装置，简化了变电所结构，减少了投资。

③ 环式　建筑群内各建筑物变电所的低压侧，可以通过低压联络线连接起来，构成一个环，如图2-25所示。这种接线方式供电可靠性高，一般线路故障或检修只是引起短时停电或不停电，经切换操作后就可恢复供电。环式接线保护装置整定配合比较复杂，因此低压环形供电多采用开环运行。

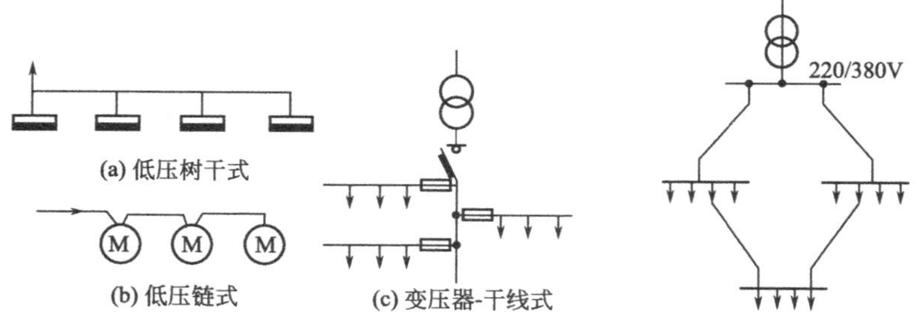

图 2-24 低压树干式接线　　图 2-25 低压环式接线

实际工厂低压配电系统的接线，也往往是上述几种接线方式的组合，可根据具体实际情况而定。

2.2.5 识读电气主电路图的方法

（1）电气主电路图的绘制特点 电气主电路图中的电气设备、元件，如电源进线、变压器、隔离开关、断路器、熔断器、避雷器等都垂直绘制，而母线则水平绘制。电气主电路图，除特殊情况外，几乎无一例外的画成单线图，并以母线为核心将各个项目（如电源、负载、开关电器、电线电缆等）联系在一起。

母线的上方为电源进线，电源的进线如果以引出线的形式送至母线，则将此电源进线引至图的下方，然后用转折线接至开关柜，再接至母线上。

母线的下方为出线，一般都是经过配电屏中的开关设备和电线电缆送至负载的。

为了监测、控制主电路设备，在母线上接有电压互感器，进线和出线上均串接在电流互感器上。为了了解同压侧的三相电压情况及有无单相接地故障，应装设 Y0/Y0/接线的电压互感器。如果了解三相电压情况或计量三相电能，则可装设 V/V 接线的电压互感器。为了了解各条线路的三相负荷情况及实现相间短路保护，高压侧应在 L1、L3 两相装设电流互感器；低压侧总出线及照明出线由于三相负荷可能不均衡而应在三相装设电流互感器，而低压动力回路则可只在一相装设电流互感器。

在分系统主电路图中，为了较详细地描述对象，通常应标注主要项目的技术数据。技术数据的表示方法采用两种基本形式：一是标注在图形符号的旁边，如变压器、发电机等；二是以表格的形式给出，如各种开关设备等。

为了突出系统的功能，供使用、维修参考，图中标注了有关的设计参数，如系统的设备容量 P_S、计算容量 P_{30}、需要系数 K_X、计算电流 I_{30}，以及各路出线的安装功率、计算功率、计算电流、电压损失等。这些是图样所表达的主要内容，也是这类主电路图重要特色之一。

① 安装容量：安装容量是某一供电系统或某一供电干线上所安装的用电设备（包括暂时停止不用的设备，但不包括备用设备）铭牌上所标定的容量之和，单位是 kW 或 kV·A。安装容量又称

设备容量，符号为 P_S（计算负荷）或 S_S。

② 计算容量：某一系统或某一干线上虽然安装了许多用电设备，但这些设备不一定满载运行，也不一定同时都在工作，还有一些设备的工作是短暂的或间断式的，各种电气设备的功率因数也不相同。因此，在配电系统中，运行的实际负荷并不等于所有电气设备的额定负荷之和，即不能完全根据安装容量的大小来确定导线和开关设备的规格及保护整定值。因此，在进行变配电系统设计时，必须确定一个假想负荷来代替运行中的实际负荷，从而选择电气设备和导体。通常采用 30min 内最大负荷所产生的温度来选择电气设备。实践表明，将导体发热要持续到 30min 的负荷值绘制成负荷大小与时间关系的负荷曲线，其中的负荷最大值称为计算容量，用 P_{JS}、S_{JS}、Q_{JS} 表示。其相应的电流称为计算电流，用符号 I_{JS} 表示。

③ 需要系数：计算容量的确定是一项比较复杂的统计工作。统计的方法很多，通常采用比较简单的需要系数法确定。所谓需要系数，就是考虑了设备是否满负荷、是否同时运行，以及设备工作效率等因素而确定的一个综合系数，以 K_X 表示，显然 K_X 是小于 1 的数。

(2) 电流互感器的接线方案 在电气主电路中电流互感器的画法如图 2-26 所示。

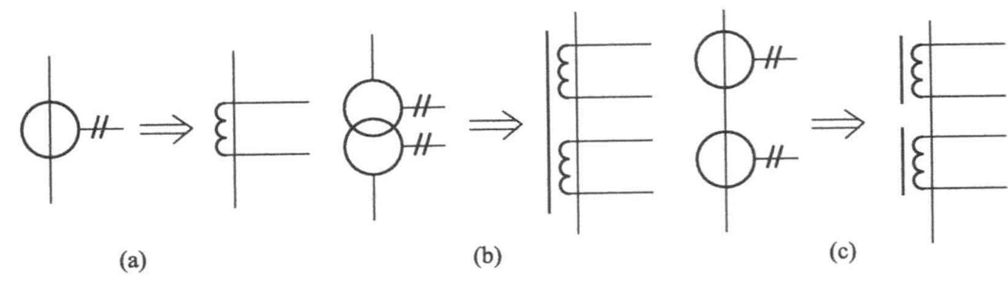

图 2-26 变电所主电路中电流互感器的画法

电流互感器在三相电路中常见有 4 种接线方案，如图 2-27 所示。

① 一相式接线，如图 2-27(a) 所示。这种接线在二次侧电流线圈中通过的电流，反映一次电路对应相的电流。这种接线通常用

于负荷平衡的三相电路，供测量电流和作过负荷保护装置用。

② 两相电流接线（两相 V 形接地），如图 2-27(b) 所示。这种接线也叫两相不完成星形接线，电流互感器通常接于 L1、L3 相上，流过二次侧电流线圈的电流，反映一次电路对应相的电流，而流过公共电流线圈的电流为 $I_1+I_3=-I_2$，它反映了一次电路 L2 相的电流。这种接线广泛应用于 6～10kV 高压线路中，测量三相电能、电流和作过负荷保护用。

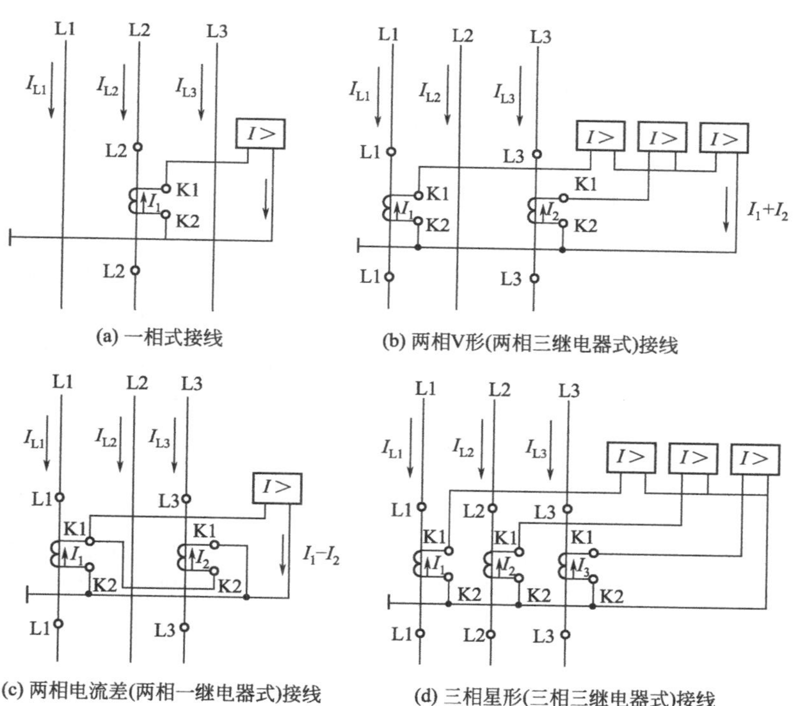

图 2-27 电流互感器的 4 种常用接线方案

③ 两相电流差接线，如图 2-27(c) 所示。这种接线也常把电流互感器接于 L1、L3 相上，在三相短路对称时流过二次侧电流线圈的电流为 $I=I_1-I_3$，其值为相电流的$\sqrt{3}$倍。这种接线在不同短路故障下，反映到二次侧电流线圈的电流各自不同，因此对不同的

短路故障具有不同的灵敏度。这种接线主要用于 6～10kV 高压电路中的过电流保护。

④ 三相星形接线，如图 2-27(d) 所示。这种接线流过二次侧电流线圈的电流分别对应主电路的三相电流，它广泛用于负荷不平衡的三相四线制系统和三相三线制系统中，用作电能、电流的测量及过电流保护。

(3) 电压互感器的接线方案 电压互感器在三相电路中常见的接线方案有 4 种，如图 2-28 所示。

① 一个单相电压互感器的接线，如图 2-28(a) 所示。供仪表、继电器接于三相电路的一个线电压上。

② 两个单相电压互感器接线，如图 2-28(b) 所示。供仪表、继电器接于三相三线制电路的各个线电压上，它广泛地应用在 6～10kV 高压配电装置中。

③ 三个单相电压互感器接线（Y0/Y0），如图 2-28(c) 所示。供电给要求相电压的仪表、继电器，并供电给接相电压的绝缘监察电压表。由于小电流接地的电力系统在发生单相接地故障时，另外两完好相的对地电压要升高到线电压的$\sqrt{3}$倍，因此绝缘监察电压表不能接入按相电压选择的电压表中，否则在一次电路发生单相接地时，电压表可能被烧坏。

④ 三个单相三绕组电压互感器或一个三相五芯柱三绕组电压互感器接成 Y0/Y0/（开口三角形），如图 2-28(d) 所示。接成 Y0 的二绕组，供电给需相电压的仪表、继电器及作为绝缘监察的电压表，而接成开口三角形的辅助二绕组，供电给用作绝缘监察的电压继电器，一次电路正常工作时，开口三角形两端的电压接近于无序，当某一相接地时，开口三角形两端将出现近 100V 的零序电压，使继电器动用，发出信号。

(4) 变电所的主电路图有两种基本绘制方式——系统式主电路图和装置式主电路图 系统式主电路图是按照电能输送和分配的顺序，用规定的图形符号和文字符号来表示设备的相互连接关系，表示出了高压、低压开关柜相互连接关系。这种主电路图全面、系统，但未标出具体安装位置，不能反映出其成套装置之间的相互排列位置，如图 2-29 所示。这种图主要在设计过程中，进行分析、

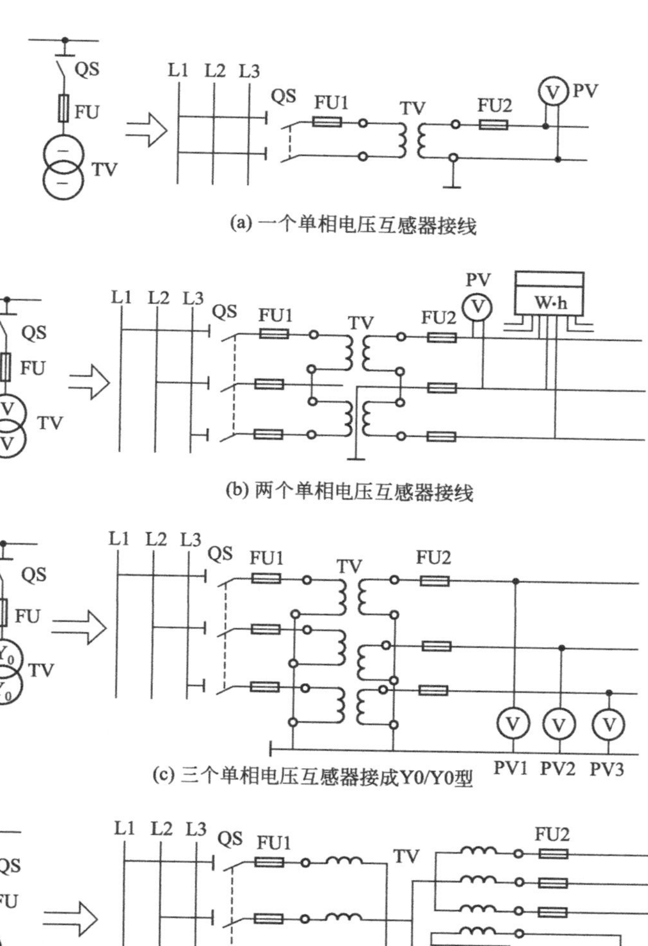

图 2-28 电压互感器的接线方案

计算和选择电气设备时使用，在运行中的变电所值班室中，作为模拟演示供配电系统运行状况用。

在工程设计的施工设计阶段和安装施工阶段，通常需要把主电路

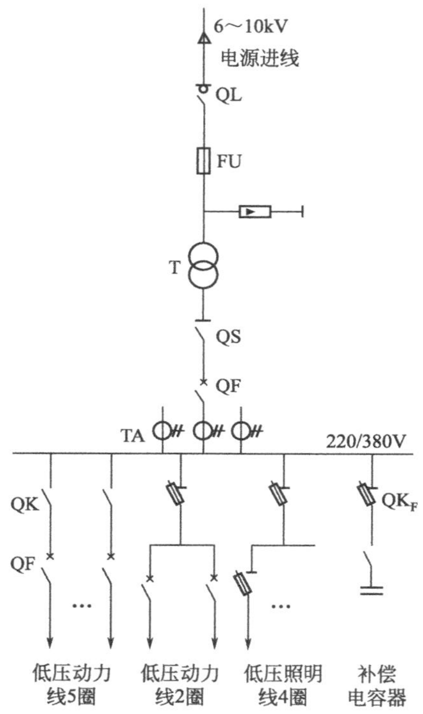

图 2-29 系统式主电路图

图转换成另外一种形式，即按高压或低压配电装置之间的相互连接和排列位置而画出的主接线图，称为装置式主电路图，各成套装置的内部设备的接线以及成套装置之间的相互连接和排列位置一目了然。这样才能便于成套配电装置订货和安装施工。以系统式主电路如图 2-29 所示，经过转换，可以得出如图 2-30 所示的装置式主电路图。

（5）识读电气主电路图的方法 当你拿到一张图纸时，若看到有母线，就知道它是变配电所的主电路图。然后，再看看是否有电力变压器，若有电力变压器就是变电所的主电路图，若无则是配电所的主电路图。但是不管是变电所的还是配电所的主电路图，它们的分析（识图）方法一样，都是从电源进线开始，按照电能流动的方向进行识图。

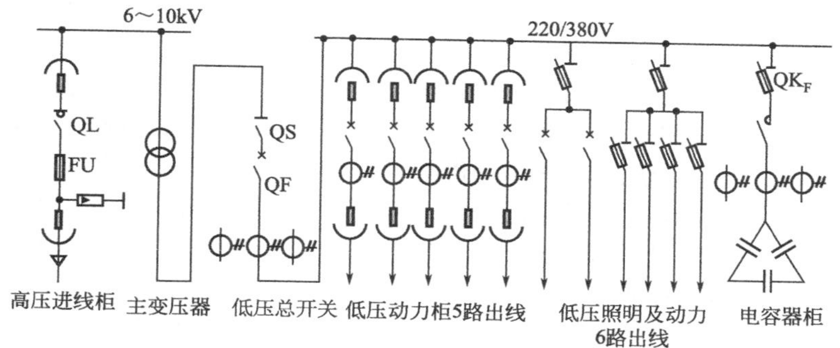

图 2-30 装置式主电路图

电气主电路图是变电所、配电所的主要图纸，有些主电路图又比较复杂，要想读懂它必须掌握一定的读图方法，一般从变压器开始，然后向上、向下读图。向上识读电源进线，向下识读配电出线。

① 电源进线　看清电源进线回路的个数、编号、电压等级、进线方式（架空线、电缆及其规格型号）、计算方式、电流互感器、电压互感器和仪表规格型号数量、防雷方式和避雷器规格型号数量。

② 了解主变压器的主要技术数据　这些技术数据（主变压器的规格型号、额定容量、额定电压、额定电流和额定频率）一般都标在电气主电路图中，也有另列在设备表内的。

③ 明确各电压等级的主接线基本形式　变电所都有二或三级电压等级，识读电气主电路图时应逐个阅读，明确各个电压等级的主接线基本形式，这样，对复杂的电气主电路图就能比较容易地读懂。

对变电所来说，主变压器高压侧的进线是电源，因此要先看高压侧的主接线基本形式，是单母线还是双母线，是不分段的还是分段的，是带旁路母线的还是不带旁路母线的；是不是桥式，是内桥还是外桥。如果主变压器有中压侧，则最后看中压侧的主接线基本形式，其思考方法与看高压侧的相同。还要了解母线的规格型号。

④ 了解开关、互感器、避雷器等设备配置情况　电源进线开

关的规格型号及数量、进线柜的规格型号及台数、高压侧联络开关规格型号；低压侧联络开关（柜）规格型号；低压出线开关（柜）的规格型号及台数；回路个数、用途及编号；计量方式及仪表；有无直控电动机或设备及其规格型号、台数、启动方法、导线电缆规格型号。对主变压器、线路和母线等，与电源有联系的各侧都应配置有断路器，当它们发生故障时，就能迅速切除故障；断路器两侧一般都应该配置隔离开关，且刀片端不应与电源相连接；了解互感器、避雷器配置情况。

⑤ 电容补偿装置和自备发电设备或 UPS 的配置情况　了解有无自备发电设备或 UPS，其规格型号、容量与系统连接方式及切换方式，切换开关及线路的规格型号，计量方式及仪表，电容补偿装置的规格型号及容量，切换方式及切换装置的规格型号。

2.2.6 识图示例

(1) 有两台主变压器的降压变电所的主电路　电路如图 2-31 所示，该变电所的负荷主要是地区性负荷。变电所 110kV 侧为外桥接线，10kV 侧采用单母线分段接线。这种接线要求 10kV 各段母线上的负荷分配大致相等。

① 主变压器。1 主变压器与 2 主变压器的一、二次侧电压为 110kV/10kV，其容量都是 10000kV・A，而且两台主变压器的接线组别也相同，都为 Y，d5 接线。主电路图一般都画成单线图，局部地方可画成多线图。由这些情况得知，这两台主变压器既可单独运行也可并列运行。电源进线为 110kV。

② 在 110kV 电源入口处，都有避雷器、电压互感器和接地隔离开关（俗称接地刀闸），供保护、计量和检修之用。

③ 主变压器的二次侧。两台主变压器的二次侧出线各经电流互感器、断路器和隔离开关，分别与两段 10kV 母线相连。这两段母线由母线联络开关（由两个隔离开关和一个断路器组成）进行联络。正常运行时，母线联络开关处于断开状态，各段母线分别由各自主变压器供电。当一台主变压器检修时，接通母线联络开关，于是两段母线合成一段，由另一台主变压器供电，从而保证不间断向用户供电。

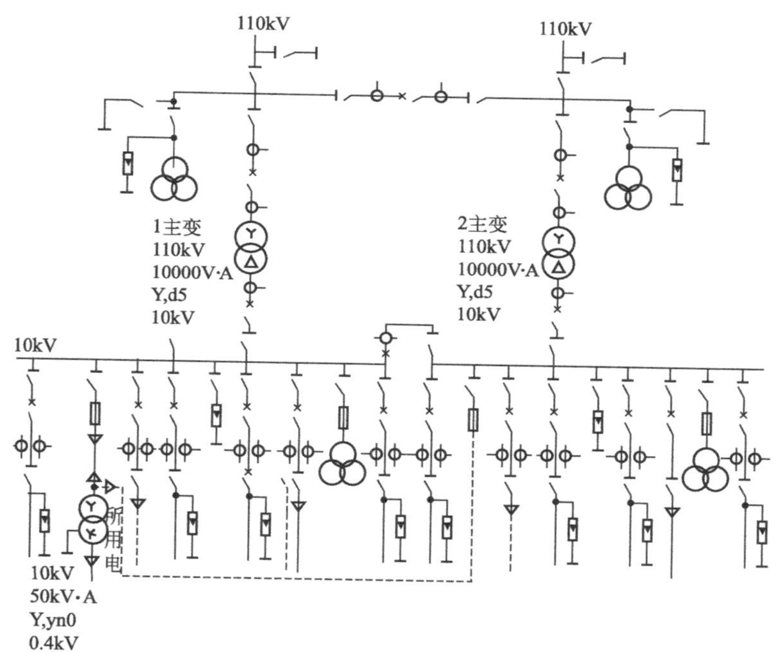

图 2-31 两台主变压器的降压变电所主电路

④ 配电出线。在每段母线上接有 4 条架空配电线路和 2 条电缆配电线路。在每条架空配电线路上都接有避雷器，以防线被雷击损坏。变电所用电由变压器供给，这是一台容量为 50kV · A，接线组别为 Y，yn0 的三相变压器，它可由 10kV 两段母线双受电，以提高用电的可靠性。此外，在两段母线上还各接有电压互感器和避雷器作为计量和防雷保护用。

(2) 有一台主变压器附备用电源的降压变电所主电路 对不太重要、允许短时间停电的负荷供电时，为使变电所接线简单、节省电气元件和投资，往往采用一台主变压器并附备用电源的接线方式，其主电路如图 2-32 所示。

① 主变压器 主变压器一、二次侧电压为 35/10kV，额定容量为 6300kV · A，接线组别为 Y，d5。

② 主变压器一次侧 主变压器一次侧经断路器、电流互感器

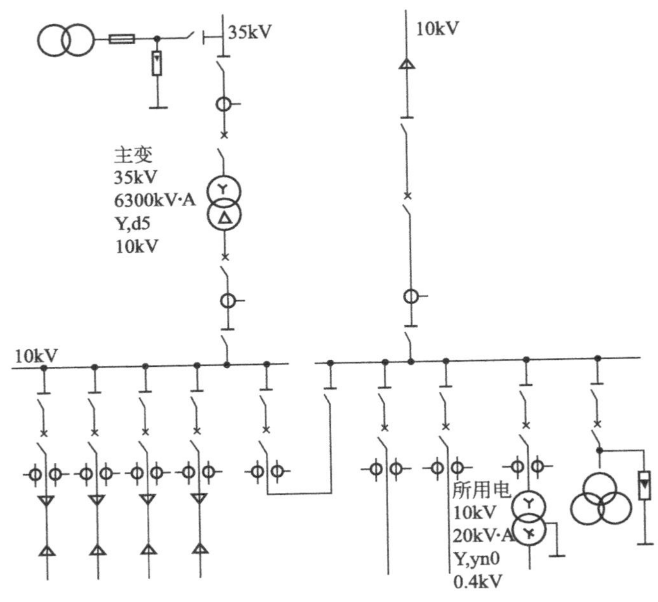

图 2-32 一台主变压器附备用电源的变电所主电路

和隔离开关与 35kV 架空线路连接。

③ 主变压器二次侧 主变压器二次侧出口经断路器、电流互感器和隔离开关与 10kV 母线连接。

④ 备用电源 为防止 35kV 架空线路停电，备有一条 10kV 电缆电源线路，该电缆经终端电缆头变换成三相架空线路，经隔离开关、断路器、电流互感器和隔离开关也与 10kV 母线连接。正常供电时，只使用 35kV 电源，备用电源不投入；当 35kV 电源停用时，方投入备用电源。

⑤ 配电出线 10kV 母线分成两段，中间经母线联络开关联络。正常运行时，母线联络开关接通，两段母线共同向 6 个用户供电。同时，还通过一台 20kV · A 三相变压器向变电所供电。此外，母线上还接电压互感器和避雷器，用作测量和防雷保护，电压互感器三相户内式，由辅助二次线圈接成开口三角形。

(3) 组合式成套变电所 组合式成套变电所又叫箱式变电所

（站），其各个单元部分都是由制造厂成套供应，易于在现场组合安装。组合式成套变电所不需建造变压器室和高、低压配电室，并且易于深入负荷中心。如图 2-33 所示为 XZN-1 型户内组合式成套变电所的高、低压主电路图。

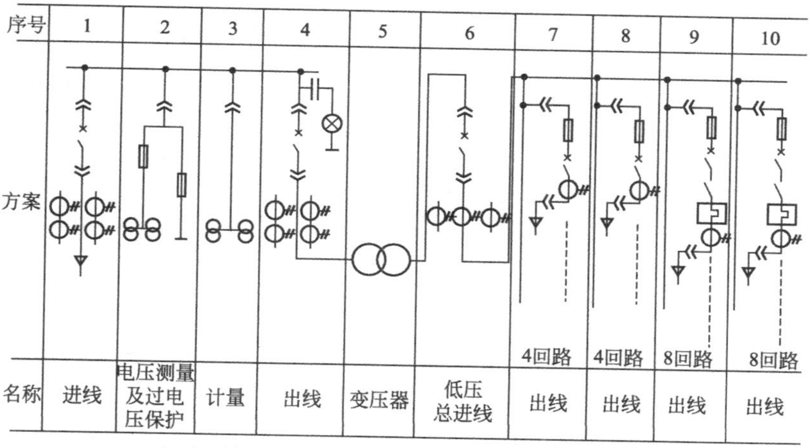

序号	1	2	3	4	5	6	7	8	9	10
方案							4回路	4回路	8回路	8回路
名称	进线	电压测量及过电压保护	计量	出线	变压器	低压总进线	出线	出线	出线	出线

1～4—4台GFC-10A型手车式高压开关柜；5—变压器柜；
6—低压总过线柜；7～10—4台BFC-10A型抽屉式低压柜

图 2-33　XZN-1 型户内组合式成套变电所的高、低压主电路

其电气设备分为高压开关柜，变压器柜和低压柜 3 部分。高压开关柜采用 CFC-10A 型手车式高压开关柜，在手车上装有 N4-10C 型真空断路器；变压器柜主要装配 SCL 型环氧树脂浇注干式变压器，防护工可拆装结构，变压器装有滚轮，便于取出检修；低压柜采用 BFC-10A 型抽屉式低压配电柜，主要装配 ME 型低压断路器等。

（4）低压配电线路　低压配电线路一般是指从低压母线或总配电箱（盘）送到各低压配电箱的低电线路。如图 2-34 所示为低压配电线路。电源进线规格型号为 BBX-500，3×95＋1×50，这种线为橡胶绝缘铜芯线，三根相线截面积为 95mm^2，一根零线的截面积 50mm^2。电源进线先经隔离开关，用三相电流互感器测量三相负荷电流，再经断路器作短路和过载保护，最后接到 100×6 的低压母线，在低压母线排上接有若干个低压开关柜，可根据其使用电源的要求分类设置开关柜。

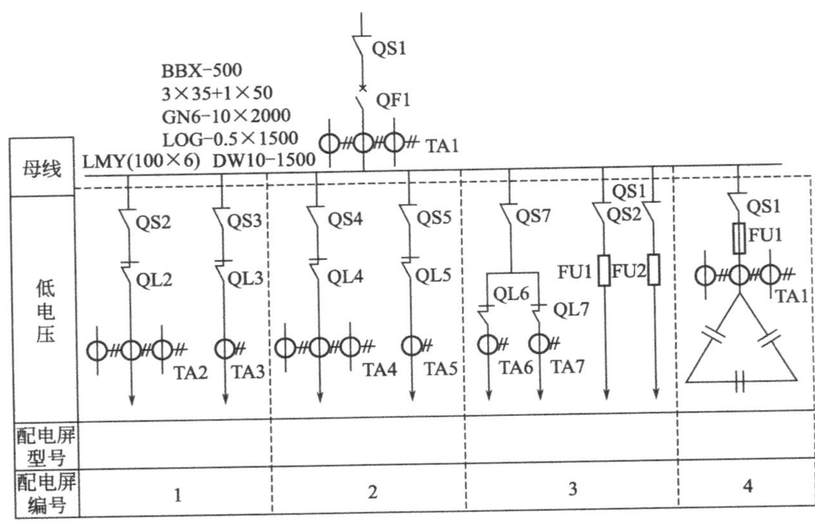

图 2-34　低压配电线路

该线路采用放射式供电系统。从低压母线上引出若干条支路直接接支路配电箱（盘）或用户设备配电，沿线不再接其他负荷，各支路间无联系，因此这种供电方式线路简单，检修方便，适合用于负荷较分散的系统。

母线上方是电源及进线。380/220V 三相四线制电源，经隔离开关 QS1、断路器 QF1 送至低压母线。QF1 用作短路与过载保护。三相电流互感器 TA1 用于测量三相负荷电流。

在低压母线排上接有若干个低压开关柜，在配电回路上都接有隔离开关、断路器或负荷开关，作为负荷的控制和保护装置。

第3章 高压安全用具

3.1 绝缘安全用具

3.1.1 常用绝缘安全用具

(1) 绝缘手套和绝缘靴 绝缘手套和绝缘靴，均由特种橡胶制成，一般作为辅助安全用具。但绝缘手套可以作为在低压带电设备或线路等工作的基本安全用具，而绝缘靴在任何电压等级都不可以作为防护跨步电压的基本安全用具。

① 绝缘手套 绝缘手套可以使人的两手与带电体绝缘，是用特种橡胶（或乳胶）制成的，分 12kV（试验电压）和 5kV 两种。绝缘手套是不能用医疗手套或化工手套代替使用的。绝缘手套一般作为辅助安全用具，在 1kV 以下电气设备上使用时可以作为基本安全用具。按规定进行定期试验。

② 绝缘靴 绝缘靴：采用特种橡胶制成，作用是使人体与大地绝缘，防止跨步电压，分 20kV（试验电压）和 6kV 两种。它的高度不小于 15cm，而且上部另加高边 5cm。必须按规定进行定期试验。

绝缘鞋：有高低腰两种，多为 5kV，在明显处相当规模有绝缘和耐压等级，作为 1kV 以下辅助绝缘用具，1kV 以上禁止使用。使用中，不能用防雨胶靴代替。

(2) 绝缘台、绝缘垫、绝缘毯 绝缘台、绝缘垫和绝缘毯均系辅助安全用具，绝缘台用干燥的木板或木条制成，其站台的最小尺寸是0.8m×0.8m，四角用绝缘子作台脚，其高度不得小于10cm，绝缘垫和绝缘毯由特种橡胶制成，其表面有防滑槽纹，厚度不小于5mm。绝缘垫的最小尺寸为0.8m×0.8m，绝缘毯最小宽度为0.8m，长度依需要而定，它们一般用于铺设在高、低压开关柜前，作固定的辅助安全用具。

3.1.2 一般防护用具

携带型接地线、临时遮栏、标示牌、防护目镜、安全带、竹、木梯和脚扣等，这些都是防止工作人员触电、电弧灼伤、高空坠落的一般安全用具，其本身不是绝缘物。

一般防护安全用具如图3-1所示。

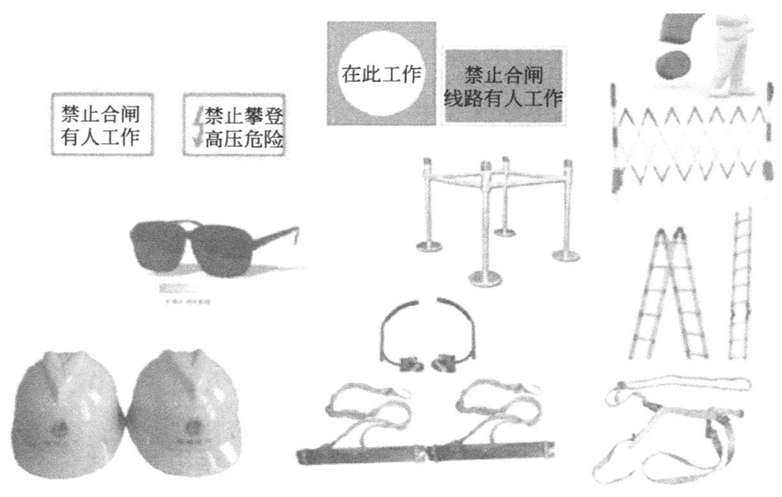

图3-1 一般防护安全用具

(1) 携带型接地线 携带型接地线由短路各相和接地用的多股软铜线以及将多股软铜线固定在各相导电部分和接地极上的专用线夹组成。一般要求多股软铜线的截面积不小于$25mm^2$。

接地线的使用注意事项：

① 接地线必须使用专用的线夹固定在导体上，严禁用缠绕的方法进行接地或短路。

② 接地线在每次装设以前应经过详细检查；损坏的接地线应及时修理或更换；禁止使用不符合规定的导线作接地或短路之用。

③ 对于可能送电至停电设备的各方面或停电设备可能产生感应电压的都要装设接地线，所装接地线与带电部分应符合安全距离的规定。

④ 检修部分若分为几个在电气上不相连接的部分［如分段母线以隔离开关（刀闸）或断路器（开关）隔开分成几段］，则各段应分别验电接地短路。接地线与检修部分之间不得连有断路器（开关）或熔断器（保险）。

⑤ 装设接地线必须由两人进行。

⑥ 装设接地线前须先接接地端，后接导体端，且必须接触良好。拆接地线的顺序与此相反。装、拆接地线均应使用绝缘棒和戴绝缘手套。

⑦ 在室内配电装置上，接地线应装在该装置导电部分的规定地点，这些地点的油漆应刮去，并划下黑色记号。

⑧ 每组接地线均应编号，并存放在固定地点，存放位置亦应编号，接地线号码与存放位置号码必须一致。

⑨ 装、拆装地线，应做好记录，交接班时应交待清楚。

(2) 标示牌和遮栏 标示牌是由干燥的木材或其他绝缘材料制成，不得用金属材料制作，其悬挂处所，也应根据规定要求而定。

标示牌的用途分为警告、允许、提示和禁止等类型。警告类如“止步，高压危险!”；允许类如“在此工作!”“由此上下!”提示灯如“以接地!”；禁止类如“禁止合闸，有人工作!”“禁止合闸，线路有人工作!”“禁止攀登，高压危险!”等。

常用的标示牌式样：

• 安全标示：

安全色：传递安全信息含义的颜色，包括红、蓝、黄、绿四种颜色。红色表示禁止、停止、危险以及消防设备的意思；蓝色表示指令，要求人员必须遵守的规定；黄色表示警告、提醒人们注意；绿色表示给人们提供允许、安全的信息。

对比色：使安全色更加醒目的反衬色，包括黑、白两种颜色。

• 安全标志：由安全色、几何图形和图形符号构成的，用以表达特定安全信息的标记称为安全标志。安全标志的作用是引起人们对不安全因素的注意，预防发生事故。如图 3-2 所示。

图 3-2 安全标志

安全标志分为禁止标志、警告标志、指令标志和提示标志四类。

• 国家标准 GB 2894—1982《安全标志》对安全标志的尺寸、衬底色、制作、设置位置、检查、维修以及各类安全标志的几何图形、标志数目、图形颜色及其补充标志等作了具体规定。

安全标志的文字说明必须与安全标志同时使用。补充标志应位于安全标志几何图形的下方，文字有横写、竖写两种形式，设置在光线充足、醒目及稍高于人视线处。

• 禁止标志的几何图形是带斜杠的圆环（如图 3-3 所示），圆形背景为白色，圆环和斜杠为红色，圆形符号为黑色。禁止标志有禁止烟火、禁止吸烟、禁止用水灭火、禁止通行、禁放易燃物、禁带火种、禁止启动、修理时禁止转动、运转时禁止加油、禁止跨越、禁止乘车、禁止攀登、禁止饮用、禁止架梯、禁止入内、禁止停留等。

• 警告标志的几何图形是三角形（如图 3-4 所示），图形背景是黄色，三角形边框及图形符号均为黑色，警告标志有：注意安全、当心火灾、当心爆炸、当心腐蚀、当心有毒、当心触电、当心机械伤人、当心伤手、当心吊物、当心扎脚、当心落物、当心坠落、当心车辆、当心弧光、当心冒顶、当心煤气、当心塌方、当心坑洞、当心电高辐射、当心裂变物质、当心激光、当心微波、当心滑跌等。

图 3-3 禁止标志

图 3-4 警告标志

• 指令标志是提醒人们必须要遵守的一种标志。如图 3-5 所示。几何图形是圆形，背景为蓝色，图形符号为白色。指令标志有：必须戴防护眼镜、必须戴防毒面具、必须戴安全帽、必须戴护耳器、必须戴防护手套、必须穿防护靴、必须系安全带、必须穿防护服等。

提示标志是指示目标方向的安全标志（如图 3-6 所示）。几何图形是长方形，按长短边的比例不同，分一般提示标志和消防设备提示标志两类。提示标志图形背景为绿色，图形符号及文字为白色。一般提示标志有太平门、紧急出口、安全通道等，消防提示标志有消防警铃、火警电话、地下消火栓、地上消火栓、消防水带、灭火器、消防水泵接合器等。

• 标示牌：如表 3-1 所示。

图 3-5 指令标志

图 3-6 提示标志

表 3-1 标示牌

序号	名称	悬挂处所	式样		
			尺寸/mm	颜色	字样
1	禁止合闸，有人工作！	一经合闸即可送电到施工设备的断路器(开关)和隔离开关(刀闸)操作把手上	200×100 和 80×50	白底	红字
2	禁止合闸，线路有人工作！	线路断路器(开关)和隔离开关(刀闸)把手上	200×100 和 80×50	红底	白字
3	在此工作！	室外和室内工作地点或施工设备上	250×250	绿底，中有直径 210mm 白圆圈	黑字，写于白圆圈中
4	止步，高压危险！	施工地点临近带电设备的遮栏上，室外工作地点的围栏上；禁止通行的过道上；高压试验地点；室外构架上；工作地点临近带电设备的横梁上	250×200	白底红边	黑字，有红色箭头
5	从此上下！	工作人员上下的铁架、梯子上	250×250	绿底，中有直径 210mm 白圆圈	黑字，写于白圆圈中
6	禁止攀登，高压危险！	工作人员上下的铁架临近可能上下的另外铁架上，运行中变压器的梯子上	250×200	白底红边	黑字

• 遮栏：用来防护工作人员意外触碰或过分接近带电部分，或作检修部位距离带电体不够安全时的隔离措施，遮栏分一般遮栏、绝缘挡板和绝缘罩三种。遮栏均由干燥的木材或其他绝缘材料制成。

绝缘遮栏分为固定遮栏和活动遮栏两大类，多用干燥木材制作，高度一般不小于1.7m，下部离地面小于10cm，上面设有“止步，高压危险”警告标志。新型绝缘遮栏采用高强度、强绝缘的环氧绝缘材料制作，具有绝缘性能好、机械强度高、不腐蚀，耐老化的优秀特点，用于电力系统各电压等级变电站中防止工作人员走错间隔，误入带电区域。

(3) 安全帽 安全帽是一种重要的安全防护用品，凡有可能会发生物体坠落的工作场所，或有可能发生头部碰撞、劳动者自身有坠落危险的场所，都要求佩戴安全帽。安全帽是电气作业人员的必备用品。

用于防止工作人员误登带电杆塔用的无源近电报警安全帽，属于音响提示型辅助安全用具。当工作人员佩戴此安全帽在登杆工作中误登带电杆塔，人员对高压设备距离小于《电业安全工作规程》规定的安全距离时，安全帽内部的近电报警装置立即发出报警音响，提醒工作人员注意，防止误触带电设备造成人员伤亡事故。

戴安全帽时必须系好带子。

(4) 安全带 安全带是采用锦纶、维纶、涤纶等根据人体特点设计而成，防止高空坠落的安全用具。《电业安全工作规程》中规定凡在离地面2m以上的地点进行工作为高处作业，高处作业时，应使用安全带。

每次使用安全带时，必须做一次外观检查，在使用过程中，也注意查看，在半年至一年内要试验一次，以主部件不损坏为标准。如发现有破损变质情况应及时反映并停止使用，以确保操作安全。

3.2 检修安全用具

3.2.1 绝缘安全用具

基本安全用具：绝缘强度应能长期承受工作电压，并能在本工作电压等级产生过电压时，保证工作人员的人身安全。

辅助安全用具：绝缘强度不能承受电气设备或线路的工作电压，只能加强基本安全用具的保护作用，用来防止接触电压、跨步电压、电弧灼伤等对操作人员的危害。

高压绝缘安全用具中：基本安全用具有绝缘棒、绝缘钳和验电笔等；辅助安全用具一般有绝缘手套、绝缘靴、绝缘垫、绝缘台和绝缘毯等。

低压绝缘安全用具中：基本安全用具有绝缘手套、装有绝缘柄的工具和低压验电器；辅助安全用具有绝缘台、绝缘垫、绝缘鞋和绝缘靴等。

常用绝缘安全用具介绍如下。

① 绝缘棒，如图 3-7 所示。绝缘棒也称操作棒或绝缘拉杆。它主要用于断开或闭合高压隔离开关、跌落式熔断器、安装和拆除携带型接地线、进行带电测量和实验工作等。绝缘棒由工作、绝缘和握手三部分组成，工作部分一般用金属制成，也可以用玻璃钢或具有较大机械强度的绝缘材料制成；绝缘和握手两部分用护环隔开，它们由浸过绝缘漆的木材、硬材料、胶木或玻璃钢制成。

使用保管注意事项：

a. 操作前，棒面应用清洁的干布擦净。

b. 操作时应戴绝缘手套、穿绝缘靴或站在绝缘台（垫）上，并注意防止碰伤表面绝缘层。

c. 型号规格符合规定。

d. 雨雪天气室外操作应使用防雨型绝缘棒。

e. 按规定进行定期试验。

f. 应存放在干燥处所，不得与墙面地面接触，以保护绝缘表面。

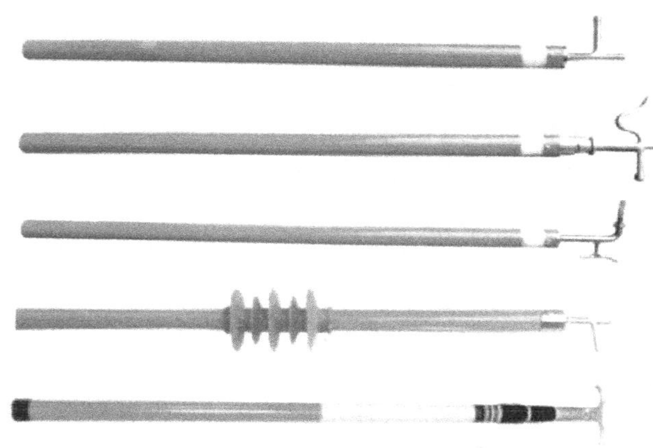

图 3-7 高压绝缘棒

② 绝缘夹钳 绝缘夹钳主要用于 35kV 及以下的电气设备装拆熔断器等工作时使用。绝缘夹钳由工作钳口、绝缘和握把三部分组成，钳口要保证夹紧熔断器，各部分所使用的材料与绝缘棒相同。

使用注意事项：

a. 操作前，夹钳表面应用清洁的干布擦净。

b. 操作时戴绝缘手套、穿绝缘靴及戴护目镜，并必须在切断负载的情况下进行操作。

c. 雨雪或潮湿天气操作应使用专门防雨夹钳。

d. 按规定进行定期试验。

③ 验电笔。验电笔分为高压和低压两类，低压验电器又称为试电笔，其主要作用是检查电气设备或线路是否有电压；高压验电器还可以用于测量高频电场是否存在。验电器的构成是由绝缘材料制成一根空心管子。管子上端有金属的工作触头，关内装有氖光灯和电容器。另外，绝缘和扭手部分是用胶木或硬橡胶制成的。

低压验电器除可以检查电气设备或线路是否带电外，还可以区分相线（火线）和地线（零线），氖光灯泡发亮的是相线，不亮的是地线。此外，还能区分交流电和直流电，交流电通过氖光灯泡时，两极都发亮，而直流电流通过时仅一个电极发亮。

高压验电笔使用注意事项：

a. 为确保设备或线路不再带有电压，应按该设备或线路的电压等级选用相应的验电器进行验电。

b. 验电前先检查验电器外观有无损坏，再在带电设备上先进行试验，确认验电器完好后方可使用。

c. 验电时，不要用验电器直接触及设备的带电部分，应逐渐靠近带电体，直至灯亮或风轮转动或语音提示为止。应注意验电器不受邻近带电体影响。

d. 验电时，必须三相逐一验电，不可图省事。

低压试电笔时，应注意以下事项：

a. 使用前，检查试电笔里有无安全电阻，再直观检查试电笔是否有损坏，有无受潮或进水。

b. 使用试电笔时，不能用手触及试电笔前端的金属探头，这样做会造成人身触电事故。

c. 使用试电笔时，一定要用手触及试电笔尾端的金属部分，否则，因带电体、试电笔、人体与大地没有形成回路，试电笔中的氖泡不会发光，造成误判，认为带电体不带电。

d. 在测量电气设备是否带电之前，先要找一个已知电源测一测电笔的氖泡能否正常发光，能正常发光，才能使用。

e. 在明亮的光线下测试带电体时，应特别注意氖泡是否真的发光（或不发光），必要时可用另一只手遮挡光线仔细判别。千万不要造成误判，将氖泡发光判断为不发光，而将有电判断为无电。

3.2.2 电气安全用具检验、保管和实验

（1）日常检查

① 检查安全绝缘用具应在有效试验周期内，且合格。

② 检查验电器的绝缘杆是否完好，有无裂纹、断裂、脱节情况，按试验按钮检查验电器发光及声响是否完好，电池电量是否充足，电池接触是否完好，如有时断时续的情况，应立即查明原因，不能修复的应立即更换，严禁使用不合格的验电器进行验电。

③ 检查接地线接地端、导体端是否完好，接地线是否有断裂，螺栓是否紧固，带有绝缘杆的接地线，应检查绝缘杆有无裂纹、断

裂等情况。

④ 检查绝缘手套有无裂纹、漏气，表面应清洁、无发黏等现象。

⑤ 检查绝缘靴底部有无断裂、靴面有无裂纹，并清洁。

⑥ 检查绝缘棒有无裂纹、断裂现象。

⑦ 检查安全帽有无裂纹，系带是否完好无损。

(2) 安全用具的管理和存放　安全用具应存放在干燥通风处，并符合下列要求：

① 绝缘杆悬挂或放置在支架上，不得与墙接触。

② 绝缘手套存放在密闭橱内，与其他工具仪表分别存放。

③ 绝缘靴放在橱内，不得用作它处。

④ 验电器存放在防潮匣（或套）内。

(3) 安全用具的实验周期　如表3-2所示。

表3-2　安全用具的实验周期

<table>
<tr><th>序号</th><th>名称</th><th>电压等级/kV</th><th>周期</th><th>交流耐压/kV</th><th>时间/min</th><th>泄漏电流/mA</th><th>备注</th></tr>
<tr><td rowspan="3">1</td><td rowspan="3">绝缘棒</td><td>6～10</td><td rowspan="3">每年一次</td><td>44</td><td rowspan="3"></td><td rowspan="3"></td><td rowspan="3"></td></tr>
<tr><td>35～154</td><td>四绕相电压</td></tr>
<tr><td>220</td><td>三绕线电压</td></tr>
<tr><td rowspan="2">2</td><td rowspan="2">绝缘挡板</td><td>6～10</td><td rowspan="2">每年一次</td><td>30</td><td>5</td><td rowspan="2"></td><td rowspan="2"></td></tr>
<tr><td>35
(20～44)</td><td>80</td><td>5</td></tr>
<tr><td>3</td><td>绝缘罩</td><td>35
(20～44)</td><td>每年一次</td><td>80</td><td>5</td><td></td><td></td></tr>
<tr><td rowspan="3">4</td><td rowspan="3">绝缘夹钳</td><td>35及以下</td><td rowspan="3">每年一次</td><td>三绕线电压</td><td rowspan="3">5</td><td rowspan="3"></td><td rowspan="3"></td></tr>
<tr><td>110</td><td>260</td></tr>
<tr><td>220</td><td>440</td></tr>
<tr><td rowspan="2">5</td><td rowspan="2">绝缘笔</td><td>6～10</td><td rowspan="2">每六个月一次</td><td>40</td><td rowspan="2">5</td><td rowspan="2"></td><td rowspan="2">发光电压不高于额定电压的20%</td></tr>
<tr><td>20～35</td><td>105</td></tr>
<tr><td rowspan="2">6</td><td rowspan="2">绝缘手套</td><td>高压</td><td rowspan="2">每六个月一次</td><td>8</td><td rowspan="2">1</td><td>≤9</td><td rowspan="2"></td></tr>
<tr><td>低压</td><td>2.51</td><td>≤2.5</td></tr>
</table>

续表

序号	名称	电压等级/kV	周期	交流耐压/kV	时间/min	泄漏电流/mA	备注
7	橡胶绝缘靴	高压	每六个月一次	15	1	≤7.5	
8	核相器电阻管	6	每六个月一次	6	1	1.7～2.4	
		10		10		1.4～1.7	
9	绝缘线	高压	每六个月一次	105Ω，5m	5		

3.3 高压安全用具试验与保管

3.3.1 安全用具的使用和保管

应根据工作条件选用适当的安全用具，操作高压跌落式熔断器或其他高压开关时，必须使用相应电压等级的绝缘杆，并戴绝缘手套或干的线手套进行；如雨雪天气在户外操作，必须戴绝缘手套、穿绝缘靴或站在绝缘台上操作；更换熔断器的熔体时，应戴护目眼镜和绝缘手套，必要时还应使用绝缘火钳；空中作业时，应使用合格的登高用具、安全腰带并戴上安全帽。

每次使用安全用具前必须认真检查。检查安全用具规格是否与线路条件相符；检查安全用具有无破损、有无变形，检查绝缘件表面有无裂纹、啮痕以及是否脏污、是否受潮；检查各部分连接是否可靠等。例如，使用绝缘手套前应做简单的充气检查；验电器首次使用前都应先在有电部位检验其是否完好，以免给出错误指示。

安全用具使用完毕应擦拭干净。安全用具不能任意作为它用，也不能用其他工具代替安全用具。例如，不能用医疗手套或化学手套代替绝缘手套，不得把绝缘手套或绝缘靴作其他用途，不能用短路法代替临时接地线，不能用不合格的普通绳、带代替安全腰带。安全用具应妥善保管，应注意防止受潮、脏污或破坏。绝缘杆应放在专用木架上，而不斜靠在墙上或平放在地上。绝缘手套、绝缘靴、绝缘鞋应放在箱、柜内，而不应放在过冷、过热、阳光暴晒或有酸、碱、油的地方，以防胶质老化，也不应与坚硬、带刺或脏污物件放在一起或压以重物。验电器应放在盒内，并置于干燥之处。

3.3.2　安全用具的试验

防止触电的安全用具的试验包括耐压试验和泄漏电流试验。除几种辅助安全用具要求做两种试验外，一般只要求做耐压试验。登高作业安全用具的试验主要是拉力试验。

第4章 变压器

4.1 变压器的作用、种类和工作原理

4.1.1 变压器的用途和种类

(1) 变压器的用途 变压器是一种能将某一种电压电流相数的交流电能转变成另一种电压电流相数的交流电能的电器。

在生产和生活中，经常会用到各种高低不同的电压，如工厂中常用的三相异步电动机，它的额定电压是380V或220V；照明电路中要用220V；机床照明，行灯等只需要36V、24V甚至更低的电压；在高压输电系统中需用110kV、220kV以上的电压输电。如果我们用很多电压不同的发电机来供给这些负载，不仅不经济、不方便，而且也不可能办到。为了输配电和用电的需要，就要使用变压器把同一交流电压变换成频率相同的不同等级的电压，以满足不同的使用要求。

变压器不仅可以用于改变电压，而且可以用来改变电流（如变流器、大电流发生器等）、改变相位（如通过改变线圈的连接方法来改变变压器的极性或组别）、变换阻抗（电子线路中的输入、输出变压器）等。

总之，变压器的作用很广，它是输配电系统、用电、电工测量、电子技术等方面不可缺少的电气设备。

（2）变压器的种类　变压器的种类很多，按相数可分为单相、三相和多相变压器（如 ZSJK、ZSGK、六相整流变压器）。

按结构型式可分为芯式和壳式。

按用途可分为如下几类：

① 电力变压器——这是一种在输配电系统中使用的变压器，它的容量可由十到几十万千伏安，电压由几百到几十万伏。

② 特殊电源变压器——如电焊变压器。

③ 测量变压器——如各种电流互感器和电压互感器。

④ 各种控制变压器。

4.1.2　变压器的工作原理

变压器的基本工作原理是电磁感应原理。如图 4-1 所示为一个最简单的单相变压器。其基本结构是在闭合的铁芯上绕两个匝数不等的绕组（又称线圈）。在绕组之间、铁芯和绕组之间均相互绝缘。铁芯由硅钢片叠成。

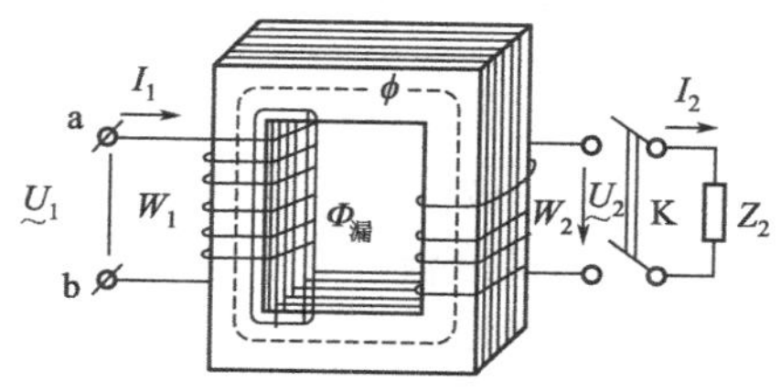

图 4-1　单相变压器工作原理

现将匝数 W_1 的绕组与电源相连，称该绕组为原绕组或初级绕组。匝数为 W_2 的绕组通过开关 K 与负载相连，称为副绕组或次级绕组。当合上开关 K，把交流电压 U_1 加到原绕线 W_1 上后，交流电流 I_1 流入该绕组就产生励磁作用，在铁芯中产生交变的磁通 Φ 不仅穿过原绕组，同时也穿过副绕组，它分别在两个绕组中引起感应电动势。这时如果开关 K 合上，W_2 与外电路的负载相连通，便有电流 I_2 流出，负载端电压即为 U_2，于是输出电能。

根据电磁感应定律可得出：

原绕组感应电动势 $E_1=4.44fW_1\Phi_M$

副绕组感应电动势 $E_2=4.44fW_2\Phi_M$

式中，Φ_M 代表交变主磁通的最大值。

原绕组的感应电动势 E_1 就是自感电动势。如原绕组的阻抗压降不计，则电源电压与自感电动势的数值相等，即 $U_1=E_1$，但方向相反。

副绕线的感应电动势 E_2 是由于原绕组中电流的变化而产生的，称为互感电动势。这种现象称为互感。

由于 E_2 的存在，副绕组成为一个频率仍为 f 的新的交变电源。在空载（K 波打开情况）下，副绕组的端电压 $U_2=E_2$。两绕组的电压比为：

$$\frac{U_1}{U_2}\approx\frac{E_1}{E_2}=\frac{W_1}{W_2}=K_u$$

式中，当 $K_u>W_2$ 时，$K_u>1$，此时 $U_1>U_2$，即变压器的出线电压低，这种变压器叫降压变压器。当 $W_1<W_2$ 时，$K_u<1$，此时，$U_1<U_2$，即变压器的出线电压比进线电压高，这种变压器叫升压变压器。

当将上图开关 K 合上，此时在电压 U_2 作用下次级流过电压 I_2，这样通过实验又得出：

$$\frac{I_1}{I_2}=\frac{W_2}{W_1}=\frac{1}{K_u}=K_1$$

式中，K_1 称为变压器的变流比。

以上这些式子是变压器计算的关系式。总之，一台变压器工作电压设计得越高，绕组匝数就绕得越多，通过绕组内的电流就越小，导线截面可选用得越小。反之，工作电压设计得越低，绕组匝数就越少，通过绕级的电流则越大，导线截面就要选得越大。

通常，我们可以根据变压器截面的大小来判断出哪个是高压绕组（导线截面小），哪个是低压绕组（导线截面大）。

4.2 电力变压器的主要结构及铭牌

4.2.1 电力变压器的结构

输配电系统中使用的变压器称为电力变压器。电力变压器主要由铁芯、绕组、油箱（外壳）、变压器油、套管以及其他附件所构成，如图 4-2 所示。

图 4-2 电力变压器外形

（1）变压器的铁芯 电力变压器的铁芯不仅构成变压器的磁路作导磁用，而且又作为变压器的机械骨架。铁芯由芯柱和铁轭两部分组成。芯柱用来套装绕组，而铁轭则连接芯柱形成闭合磁路。

按铁芯结构，变压器可分为芯式和壳式两类。芯式铁芯的芯柱被绕组所包围（如图 4-3 所示）；壳式铁芯包围着绕组顶面和底面以及侧面（如图 4-4 所示）。

芯式结构用铁量少，构造简单，绕组安装及绝缘容易，电力变压器多采用此种结构。壳式结构机械强度高，用铜（铝）量（即电磁线用量）少，散热容易，但制造复杂，用铁量（即硅钢片用量）大，常用于小型变压器和低压大电流变压器（如电焊机、电炉变压器）中。

为了减少铁芯中磁滞损耗和涡流损耗，提高变压器的效率，铁芯材料多采用高硅钢片，如 0.35mm 的 D41～D44 热轧硅钢片或 D330 冷轧硅钢片。为加强片间绝缘，避免片间短路，每张叠片两个面四个边都涂覆 0.01mm 左右厚的绝缘漆膜。

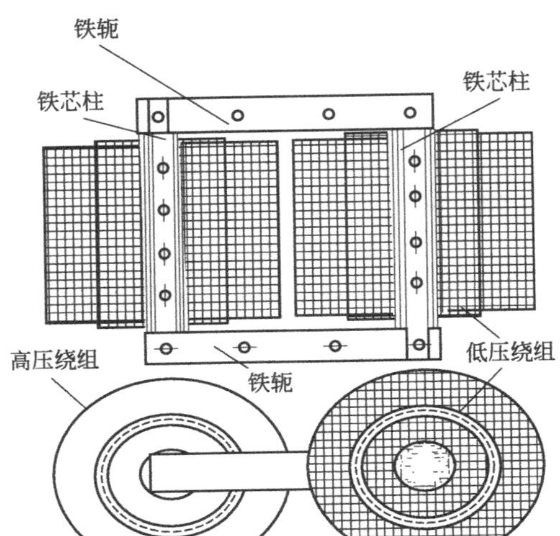

图 4-3　单相芯式变压器

(a) 变压器外形

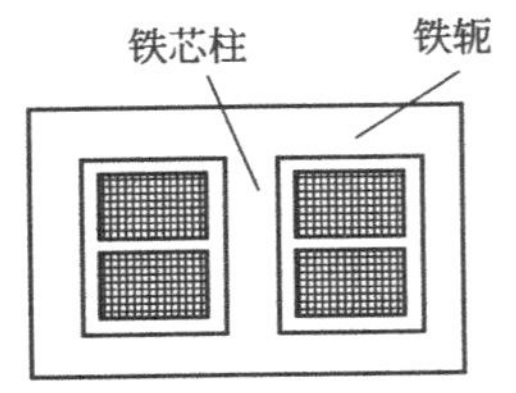

(b) 结构

图 4-4　单相壳式变压器

为减少叠片接缝间隙，即减少磁阻从而降低励磁电流，铁芯装配采用叠接形式，错开上下接缝，交错叠成。

此外，还出现了一种渐开线式铁芯结构。它是先将每张硅钢片卷成渐开线状，再叠成圆柱表芯柱。铁轭用长条卷料冷轧硅钢片卷成三角形，上、下轭与芯柱对接。这种结构具备使绕组内圆空间得到充分利用，轭部磁通减少，器身高度降低，结构紧凑，体小量轻，制造检修方便，效率高等优点。如一台容量为 10000kV·A 的渐开线铁芯变压器，要比目前大量生产的同容量冷轧硅钢片铝线变压器的总重量轻 14.7%。

装配好的变压器，其铁芯还要可靠接地（在变压器结构上是首先接至油箱）。

(2) 变压器的绕组 绕组是变压器的电路部分，由电磁线绕制而成。通常采用纸包扁线或圆线，近年来，变压器生产中铝线变压器所占比重愈来愈大。

变压器绕组结构有同芯式和交叠式两种，如图 4-5 所示。大多数电力变压器（1800kV·A 以下）都采用同芯式绕组，即它的高低压绕组，套装在同一铁芯芯柱上，为便于绝缘，一般低压绕组放在里面（靠近芯柱），高压绕组套在它的外面（离开芯柱），如图 4-5(a) 所示。但对于容量较大而电流也很大的变压器，考虑到低压绕组引出线工艺上的困难，也有将低压绕组放在外面的。

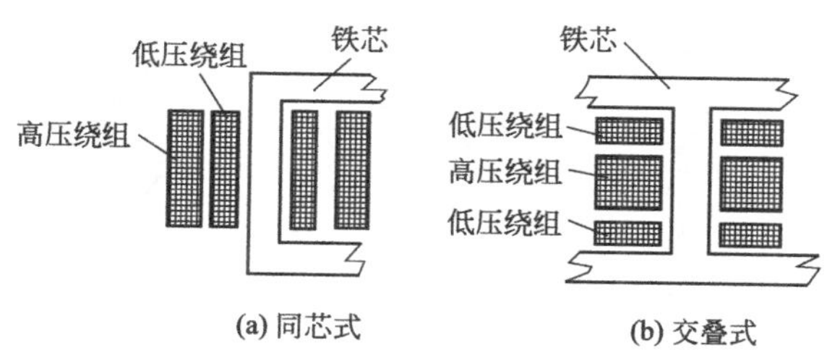

图 4-5 变压器绕组的结构形式

交叠式绕组的线圈做成饼式，高低压绕组彼此交叠放置，为便于绝缘，通常靠铁轭处即最上和最下的二组绕组都是低压绕组。交叠式绕组的主要优点是漏抗小、机械强度高、引线方便，主要用于低压大电流的电焊变压器、电炉变压器和壳式变压器中，如大于

400kV·A 的电炉变压器绕组就是采用这样的布置方式。

同芯式绕组的结构简单，制造方便。按绕组的绕制方式的不同又分为圆筒式、螺旋式、分段式和连续式四种。不同的结构具有不同的电气、机械及热特性。

如图 4-6 所示为圆筒式绕组，其中图 4-6(a) 的线匝沿高度(轴向) 绕制，如螺旋状。制造工艺简单，但机械强度和承受短路能力都较差，所以多用在电压低于 500V，容量为 10～750kV·A 的变压器中。如图 4-6(b) 所示为多层圆筒绕组，可用在容量为 10～560kV·A、电压为 10kV 以下的变压器中。

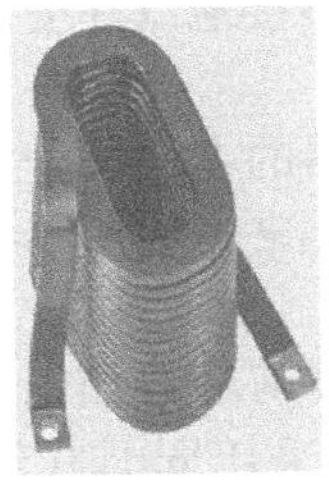
(a) 扁筒线圈

(b) 圆筒线圈

图 4-6 变压器绕组

绕组引出的出头标志，规定采用表 4-1 所示的符号。

表 4-1 绕组引出的出头标志

项目	单相变压器		三相变压器		
	起头	末头	起头	末头	中性点
高压绕组	A	X	A、B、C	X、Y、Z	O
中压绕组	Am	Xm	Am、Bm、Cm	Xm、Ym、Zm	Om
低压绕组	a	x	a、b、c	x、y、z	O

(3) 油箱及变压器油 变压器油在变压器中不但起绝缘作用，而且还有散热、灭弧作用。变压器油按凝固点不同可分为 10 号油、25 号油和 45 号油（代号分别为 DB-10、DB-25、DB-45）等，10 号油表示在零下 10℃开始凝固，45 号油表示在零下 45℃开始凝固。各地常用 25 号油。新油呈淡黄色，投入运行后呈淡红色。这些油不能随便混合使用。变压器在运行中对绝缘油要求很高，每隔

六个月要采样分析试验其酸价、闪光点、水分等是否符合标准（见表 4-2）。变压器油绝缘耐压强度很高，但混入杂质后将迅速降低，因而必须保持纯净，并应尽量避免与外界空气、尤其是水汽或酸性气体接触。

表 4-2 变压器油的试验项目和标准

序号	试验项目	试验标准	
		新油	运行中的油
1	5℃时的外状	透明	—
2	50℃时的黏度	不大于 1.8cSt	—
3	闪光点	不低于 135℃	与新油比较不应低于 5℃以上
4	凝固点	用于室外变电所的开关(包括变压器带负载调压接头开关)的绝缘油,其凝固点不应高于下列标准:①气温不低于 10℃的地区,−25℃;②气温不低于−20℃的地区,−35℃;③气温低于−20℃的地区,−45℃。凝固点为−25℃的变压器油用在变压器内时,可不受地区气温的限制。在月平均最低气温不低于−10℃的地区,当没有凝固点为−25℃的绝缘油时,允许使用凝固点为−10℃的油	
5	机械混合物	无	无
6	游离碳	无	无
7	灰分	不大于 0.005%	不大于 0.01%
8	活性硫	无	无
9	酸价	不大于 0.05(KOH mg/g 油)	不大于 0.4(KOH mg/g 油)
10	钠试验	不应大于 2 级	—
11	氧化后酸价	不大于 0.35(KOH mg/g 油)	—
12	氧化后沉淀物	不大于 0.1%	—
13	绝缘强度试验:①用于 6kV 以下的电气设备;②用于 6～35kV 的电气设备;③用于 35kV 及以上的电气设备	①25kV ②30kV ③40kV	20kV 25kV 35kV

续表

序号	试验项目	试验标准	
		新油	运行中的油
14	备	无	无
15	酸碱反应	无	无
16	水分 介质损耗角正切值（有条件时试验）	20℃时不大于1% 70℃时不大于4%	20℃时不大于2% 70℃时不大于70%

油箱（外壳）是装变压器铁芯线圈和变压器油的。为了加强冷却效果，往往在其两侧或四周装设很多散热管，以加大散热面积。

（4）套管及变压器的其他附件 变压器外壳与铁芯是接地的。为了使带电的高、低压线圈能从中引出，常用套管绝缘并固定导线，采用的套管根据电压等级决定，配电变压器上都采用纯瓷套管；35kV及以上电压采用充油套管或电容套管以加强绝缘。高、低压侧的套管是不一样的，高压套管高而大，低压套管低而小，一般可由套管来区分变压器的高、低压侧。

变压器的附件还包括：

① 油枕：形如水平旋转的圆筒，如图4-2所示。其作用是减小变压器油与空气接触面积。容积一般为总油量的10%～13%，其中保持有一半油、一半气，使油在受热膨胀时得以缓冲。侧面装有借以观察油面高度的玻璃油表。为了防止潮气进入油枕，并能定期采取油样以供试验，在油枕及油箱上分别装有呼吸器、干燥箱和放油阀门、加油阀门、塞头等。

② 安全气道：又称防爆管。800kV·A以上变压器箱盖上设有Φ80mm圆筒管弯成的安全气道，气道另一端用玻璃密封做成防爆膜，一旦变压器内部线圈短路时，防爆膜首先破碎泄压以防油箱爆炸。

③ 气体继电器：又称煤气继电器或浮子继电器。800kV·A以上变压器在油箱盖和油枕连接管中，装有气体继电器。气体继电器有三种保护作用：当变压器内故障所产生的气体达到一定程度时，接通电路报警；当由于严重漏油而导致油面急剧下降时，迅速切断电路；当变压器内突然发生故障而导致油流向油枕冲击时，切断电路。

④ 分接开关：为调整二次电压，常在每相高压线圈末段的相应的位置上留有三个（有的是五个）抽头，并将这些抽头接到一个开关上，这个开关就称作分接开关。它的原理接线如图 4-7 所示。利用分接开关能调整的电压范围在额定电压的±5%以内。调节应在停电后才能进行，否则有发生人身安全和设备事故的可能。

任何一台变压器都应装有分接开关，因为当外加电压超过变压器绕组额定电压的 10%时，变压器磁通密度将大大增加，使铁芯饱和而发热，增加铁损，因而不能保证安全运行。所以变压器应根据电压系统的变化来调节分接头，以保证电压不致过高而烧坏用户的电机、电器，以及确保不会因电压过低而引起电动机过热或其他电器不能正常工作等情况。

⑤ 呼吸器。呼吸器的构造如图 4-8 所示。

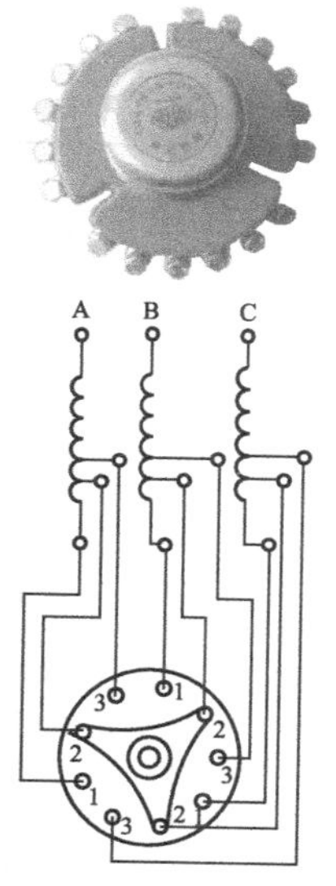

图 4-7 变压器分接开关

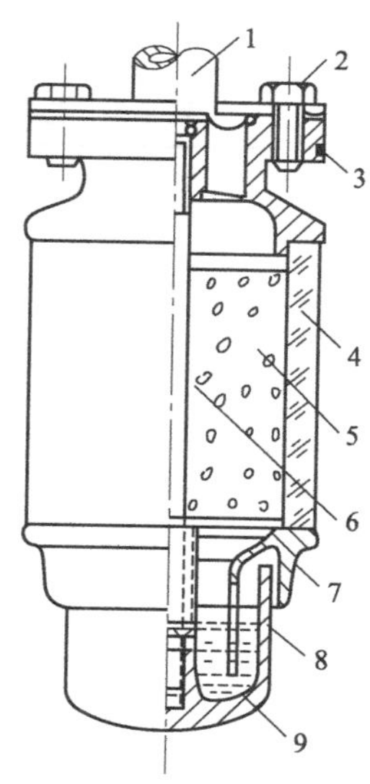

图 4-8 呼吸器的构造

1—连接管；2—螺钉；3—法兰盘；4—玻璃管；5—硅胶；6—螺杆；7—底座；8—底罩；9—变压器油

呼吸器的构造如图 5-8 所示，在呼吸器内装有变色硅胶，油枕内的绝缘油通过呼吸器与大气连通，内部干燥剂可以吸收空气中的水分和杂质，以保持变压器内绝缘油的良好绝缘性能。呼吸器内的硅胶在干燥情况下呈浅蓝色，当吸潮达到饱和状态时，渐渐变为淡红色，这时，应将硅胶取出在140℃高温下烘焙8h，即可以恢复原特性。

4.2.2 电力变压器的型号与铭牌

(1) 电力变压器的型号 电力变压器的型号由两部分组成：拼音符号部分表示其类型和特点；数字部分斜线左方表示额定容量，单位为kV·A，斜线右方表示原边电压，单位kV。如SFPSL-31500/220，表示三相强迫油循环三线圈铝线31500kV·A、220kV电力变压器。又如SL-800/10（旧型号为SJL-800/10）表示三相油浸自冷式双线圈铝线800kV·A、10kV电力变压器。型号中所用拼音代表符号含义见表4-3。

表4-3 电力变压器型号中代表符号含义

项目	类别	代表符号	
		新型号	旧型号
相数	单相 三相	D S	D S
线圈外冷却介质	矿物油 不燃性油 气体 空气 成型固体	不标注 B Q K C	J 未规定 未规定 G 未规定
箱壳外冷却方式	空气自冷 风冷 水冷	不标注 F W	不标注 F S
循环方式	油自然循环 强迫油循环 强迫油导向循环 导体内冷	不标注 P D N	不标注 P 不标注 N
线圈数	双圈 三圈 自耦(双圈及三圈)	不标注 S O	不标注 S O

续表

项目	类别	代表符号	
		新型号	旧型号
调压 方式	无励磁调压 有载调压	不标注 Z	不标注 Z
导线材质	铝线	不标注	L

注：为最终实现用铝线生产变压器，新标准中规定铝线变压器型号中不再标注“L”字样。但在由用铜线过渡到用铝线的过程中，事实上，生产厂在铭牌所示型号中仍沿用以“L”代表铝线，以示与铜线区别。

(2) 电力变压器的铭牌 电力变压器的铭牌见表4-4。下面对铭牌所列各数据的意义作简单介绍。

表4-4 变压器的铭牌

<table>
<tr><td colspan="7">铝线圈电力变压器</td></tr>
<tr><td colspan="4">产品标准</td><td colspan="3">型号 SJL-650/10</td></tr>
<tr><td colspan="3">额定容量 650kV·A</td><td>相数 3</td><td colspan="3">额定频率 50Hz</td></tr>
<tr><td rowspan="2">额定电压</td><td>高压</td><td>10000V</td><td rowspan="2">额定电流</td><td>高压</td><td colspan="2">32.3A</td></tr>
<tr><td>低压</td><td>400～230V</td><td>低压</td><td colspan="2">8.8A</td></tr>
<tr><td>使用条件</td><td>户外式</td><td colspan="2">线圈温升 65℃</td><td colspan="3">油面温升 55℃</td></tr>
<tr><td colspan="3">阻抗电压 % （75℃）</td><td>冷却方式</td><td colspan="3">油浸自冷式</td></tr>
<tr><td colspan="7">油重 70kg 器身重 1080kg 总重 1200kg</td></tr>
<tr><td colspan="2">线圈连接图</td><td colspan="2">相量图</td><td rowspan="2">连接组标号</td><td rowspan="2">开关位置</td><td rowspan="2">分接电压</td></tr>
<tr><td>高压</td><td>低压</td><td>高压</td><td>低压</td></tr>
<tr><td rowspan="3"> 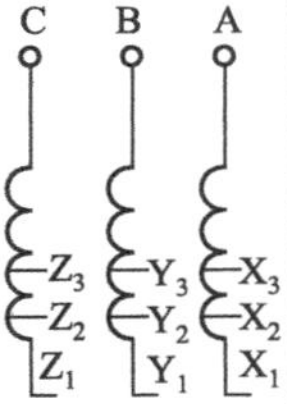C B A
Z3 Y3 X3
Z2 Y2 X2
Z1 Y1 X1</td><td rowspan="3"> 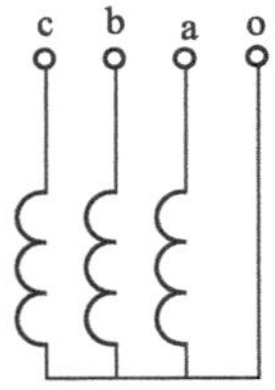c b a o</td><td rowspan="3"> 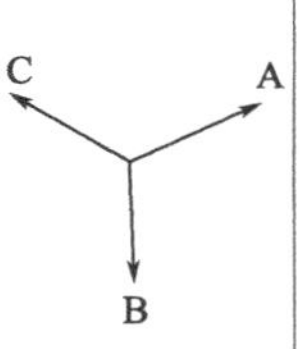C A
B</td><td rowspan="3"> 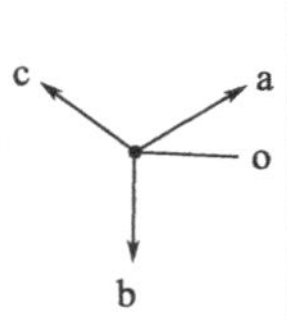c a
o
b</td><td rowspan="3">Y/Y0
—12</td><td>Ⅰ</td><td>10500V</td></tr>
<tr><td>Ⅱ</td><td>10000V</td></tr>
<tr><td>Ⅲ</td><td>9500V</td></tr>
<tr><td colspan="7">出厂序号 年 月 出品</td></tr>
<tr><td colspan="7">×××厂</td></tr>
</table>

① 型号：

```
S    J    L -650    10
|    |    |   |      └── 表示高压绕组的额定电压为10kV
|    |    |   └───────── 表示额定容量为650kV·A
|    |    └───────────── 表示附有防雷装置
|    └────────────────── 表示冷却方式 J代表油浸自冷式
|                                    F代表风冷
└─────────────────────── 表示相数 S代表三相
                                  D代表单相
```

此变压器使用在户外，故附有防雷装置。

② 额定容量：表示变压器可能传递的最大功率，用功率表示，单位为 kV·A 千伏安。

三相变压器额定容量$=\sqrt{3}\times$额定电压$\times$额定电流

单相变压器额定容量=额定电压×额定电流

③ 额定电压：原绕组的额定电压是指加在原绕组上的正常工作电压值。它是根据变压器的绝缘强度和允许发热条件规定的。副绕组的额定电压是指变压器在空载时，原绕组加上额定电压后副绕组两端的电压值。

在三相变压器中，额定电压是指线电压。单位为 V 或 kV。

④ 额定电流：变压器线圈允许长时间连续通过的工作电流，就是变压器的额定电流。单位为安培。在三相变压器中系指线电流。

⑤ 温升：温升指变压器在额定运行情况时允许超出周围环境温度的数值，它取决于变压器所用绝缘材料的等级。在变压器内部，线圈发热最厉害。由于这台变压器采用 A 级绝缘材料，故规定线圈的温升为 65℃，箱盖下的油面温升为 55℃。

⑥ 阻抗电压（或百分阻抗）。通常以%表示，它表示变压器内部阻抗压降占额定电压的百分数。

4.3 变压器的保护装置

4.3.1 变压器的熔丝保护

（1）容量 100kV·A 及以下的三相变压器、熔断器型号的选择

① 室外变压器选用 RW3-10 或 RW4-10 型熔断器。

② 室内变压器选用 RN10-10 型熔断器。

③ 容量 100kV·A 及以下的三相变压器的熔丝或熔管，按照变压器额定电流的 2～3 倍选择，但不能小于 10A。

(2) 容量 100kV·A 以上的三相变压器、熔断器型号选择　与 100kV·A 及以下的三相变压器相同。

熔丝的额定电流，按照变压器额定电流的 1.5～2 倍选择。变压器二次侧熔丝的额定电流可根据变压器的额定电流选择。

4.3.2 变压器的继电保护

额定电压为 10kV 容量为 560kV·A 以上或装于变、配电所的容量为 20kV·A 以上时，由于使用高压断路器操作，故而应配置与之相适应的过流和速断保护。

(1) 变压器的煤气保护　对于容量较大的变压器，应采用煤气保护作为主要保护，一般规定变、配电所中，容量 800kV·A 及以上的车间变电站，其变压器容量为 400kV·A 及以上应安装煤气保护。变压器的气体继电器的构造如图 4-9 所示。

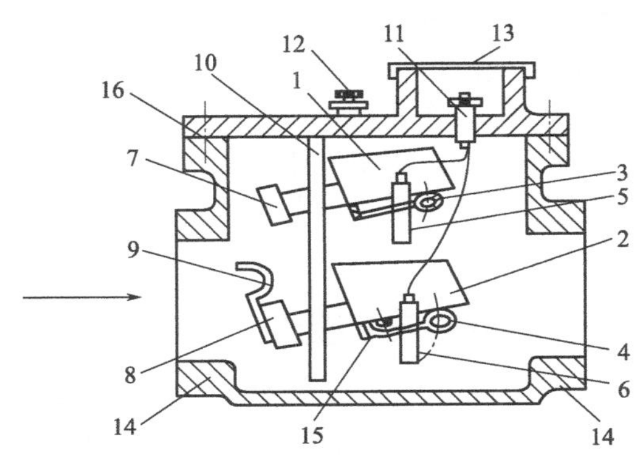

图 4-9　FJ-80 型挡板式气体继电器

1—上油杯；2—下油杯；3，4—磁铁；5，6—干簧接点；7，8—平衡锯；9—挡板；10—支架；11—接线端头；12—放气塞；13—接线盒盖板；14—法兰；15—螺钉；16—橡胶衬垫

(2) 气体继电器的工作原理　当变压器内部发生微小故障时，故障点局部发热，引起变压器油的膨胀，与此同时，变压器油分解

出大量气体聚集在气体继电器上部，迫使变压器油面降低，气体继电器的上油杯与永久磁铁随之下降，逐渐靠近干簧接点，当磁铁距干簧接点达到一定距离时，吸动干簧接点，接点闭合，接通外部煤气信号电路，使轻煤气信号继电器动作掉闸或接通警报电路。

如果变压器故障比较严重，则变压器内要产生大量气体，使得急速的油流从变压器内上升至油枕，油流冲击了气体继电器的挡板，气体继电器的下油杯带动磁铁，使磁铁接近干簧接点，干簧接点被吸合，接通了重煤气的掉闸回路，使变压器的断路器掉闸，与此同时，重煤气信号继电器动作掉闸，并发出掉闸警报。

4.4 变压器的安装与接线

变压器室内安装时应安装在基础的轨道上，轨距与轮距应配合；室外一般安装在平台上或杆上组装的槽钢架上。轨道、平台、钢架应水平；有滚轮的变压器轮子应转动灵活，安装就位后应用止轮器将变压器固定；装在钢架上的变压器滚轮悬空并用镀锌铁丝将器身与杆绑扎固定；变压器的油枕侧应有 1%～1.5%的升高坡度。变压器安装过程中的吊装作业应由起重工配合，任何时候都不得碰击套管、器身及各个部件，不得发生严重的冲击和振动，要轻起轻放。吊装时钢索必须系在器身供吊装的耳环上。吊装及运输过程中应有防护措施和作业指导书。

4.4.1 杆上变压器台的安装接线

杆上变压器台有三种形式，一种是双杆变压器台，即将变压器安装在线路方向上单独增设的两根杆的钢架上，再从线路的杆上引入 10kV 电源。如果低压是公用线路，则再把低压用导线送出去与公用线路并接或与其他变压器台并列；如果是单独用户，则再把低压用硬母线引入到低压配电室内的总柜上或低压母线上去，如图 4-10 所示。

另外一种是借助原线路的电杆，在其旁再另立一根电杆，将变压器安装在这两根电杆间的钢架上，其他同上。因为只增加了一根

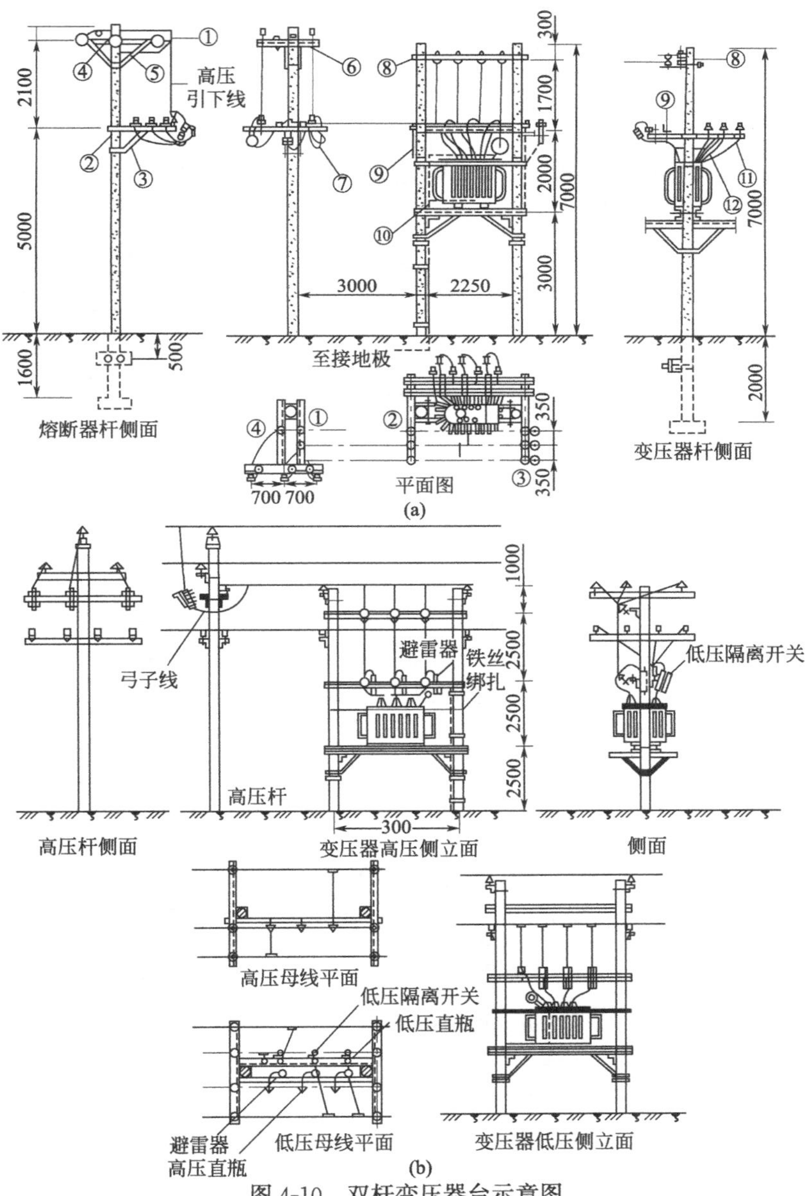

图 4-10 双杆变压器台示意图

电杆，因此称单杆变压器台，如图 4-11 所示。

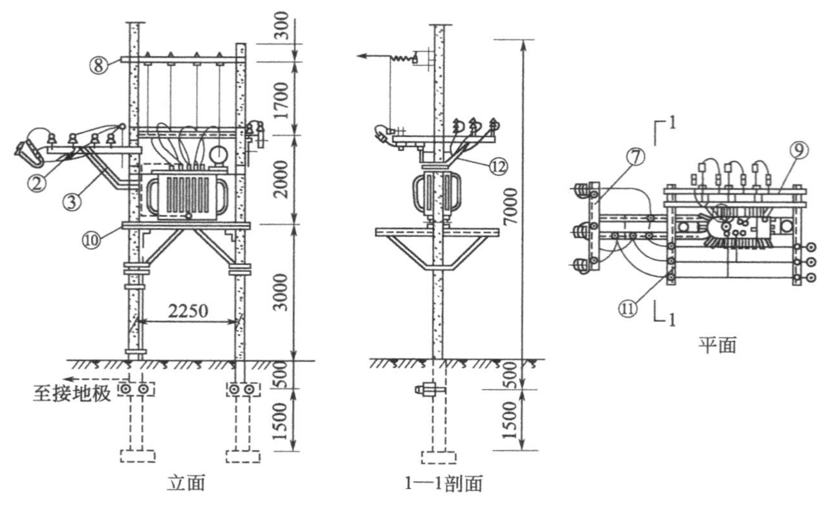

图 4-11　单杆变压器台示意图

另外，还有一种变压器台，是指容量在 100kV·A 以下，将其直接安装在线路的单杆上，不需要增加电杆，又常设在线路的终端，为单台设备供电，如深井泵房或农村用电，如图 4-12 所示，称本杆变压器台。

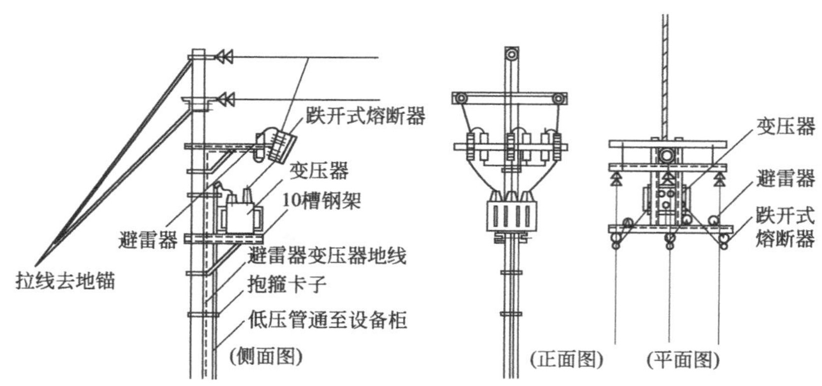

图 4-12　本杆变压器台示意图

(1) 杆上变压器台 安装方便，工艺简单。主要有立杆、组装金具构架及电气元件、吊装变压器、接线、接地等工序。

① 变压器支架通常用槽钢制成，用U形抱箍与杆连接，变压器安装在平台横担的上面，应使油枕侧偏高，有1%～1.5%的坡度，支架必须安装牢固，一般钢架应有斜支撑。

② 跌落式熔断器的安装 跌落式熔断器安装在高压侧丁字形的横担上，用针式绝缘子的螺杆固定连接，再把熔断器固定在连板上，如图4-13所示。其间隔不小于500mm，以防弧光短路，熔管轴线与地面的垂线夹角为15°～30°，排列整齐，高低一致。

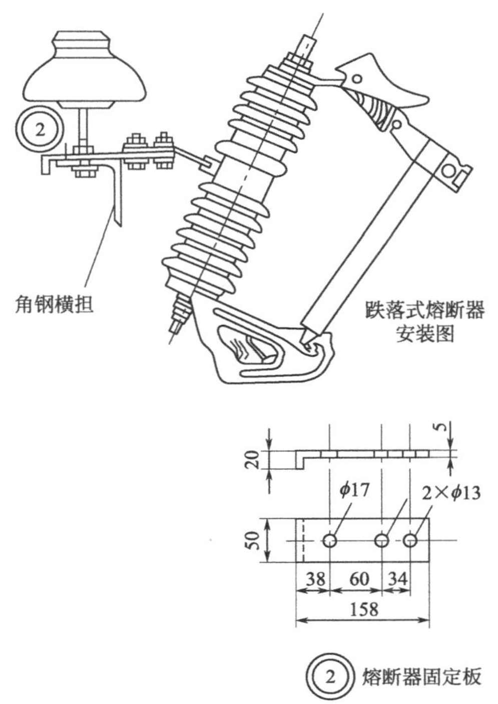

图4-13 跌落式熔断器安装示意图

跌落式熔断器安装前应确保其外观零部件齐全，瓷件良好，瓷釉完整无裂纹、无破损，接线螺钉无松动，螺纹与螺母配套，固定板与瓷件结合紧密无裂纹，与上端的鸭嘴和下端挂钩结合紧密无松动；鸭嘴、挂钩等铜铸件不应有裂纹、砂眼，鸭嘴触头接触良好紧密，挂钩转轴灵活无卡，用电桥或数字万用表测其接触电阻应符合要求，按图 4-13 所示，放置时鸭嘴触头一经由下向上触动即断开，一推动熔管或上部合闸挂环即能合闸，且有一定的压缩行程，接触良好，即一捅就开，一推即合；熔管不应有吸潮膨胀或弯曲现象，与铜件的结合应紧密；固定熔丝的螺钉，其螺纹完好，与元宝螺母配套；装有灭弧罩的跌落式熔断器，其罩应与鸭嘴固定良好，中心轴线应与合闸触头的中心轴线重合；带电部分和固定板的绝缘电阻须用 1000～2500V 的兆欧表测试，其值不应小于 1200MΩ，35kV 的跌落式熔断器须用 2500V 的兆欧表测试，其值不应小于 3000MΩ。

③ 避雷器的安装　避雷器通常安装在距变压器高压侧最近的横担上，可用直螺钉单独固定，如图 4-14 所示。其间隔不小于 350mm，轴线应与地面垂直，排列整齐，高低一致，安装牢固，抱箍处要垫 2～3mm 厚的耐压胶垫。

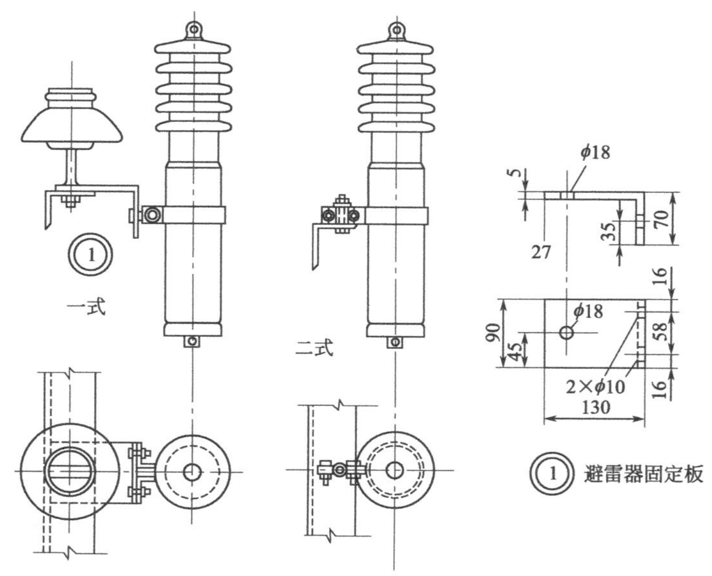

图 4-14　避雷器安装示意图

安装前的检查与跌落式熔断器基本相同，但无可动部分，瓷套管与铁法兰间应良好结合，其顶盖与下部引线处的密封物应无龟裂或脱落，摇动器身应无任何声响。用 2500V 兆欧表测试其带电端与固定抱箍的绝缘电阻应不小于 2500MΩ。

避雷器和跌落式熔断器必须有产品合格证，没有试验条件的，应到当地供电部门进行试验。避雷器和跌落式熔断器的规格型号必须与设计相符，不得使用额定电压小于线路额定电压的避雷器和跌落式熔断器。

④ 低压隔离开关的安装　有的设计在变压器低压侧装有一组隔离开关，通常装设在距变压器低压侧最近的横担上，有三极的，也有单极的，目的是更换低压熔断器方便，其外观检查和测试基本与低压断路器相同，但要求瓷件良好，安装牢固，操动机构灵活无卡，隔离刀刃合闸后应接触紧密，分闸时有足够的电气间隙（≥200mm），三相联动动作同步，动作灵活可靠。用 500V 兆欧表测试绝缘电阻应大于 2MΩ。

(2) 变压器的安装　变压器安装必须经供电部门认可的试验单位试验合格，并有试验报告。室外变压器台的安装主要包括变压器的吊装、绝缘电阻的测试和接线等作业内容。

① 变压器的吊装

a. 吊装要点：卸车地点的土质必须坚实，用汽车吊装时，周围应无障碍物，否则应无载试吊，观察吊臂和吊件能否躲过障碍物。变压器整体起吊时，应将钢丝绳系在专供起吊的吊耳上，起吊后钢丝绳不得和钢板的棱角接触，钢丝绳的长度应考虑双杆上的吊高。吊装前应核对高低压套管的方向，避免吊放在支架上之后再调换器身的方向。吊装过程中，高低压套管都不应受到损伤和应力，器身的任何部位不得有与它物碰撞现象。起吊时应缓慢进行，当吊钩将钢丝绳撑紧即将吊起时应停止起吊，检查各个部位受力情况、有无变形、吊车支撑有无位移塌陷，杆上支架和安装人员是否已准备就绪。全部准备好后，即可正式起吊，就位时应减到最慢速度，并按测定好的位置落放在型钢架上，吊钩先稍微松动，但钢丝绳仍撑直；先检查高低压侧是否正确，坡度是否合适，然后用镀锌铁丝将器身与电杆绑扎并紧固，最后再松钩且将钢丝绳卸掉。

b. 吊装方法：有条件时应用汽车进行吊装，方法简便且效率高。无吊车时，一般用人字抱杆吊装，现介绍常用的一种方法。

• 吊装机具布置如图 4-15 所示。

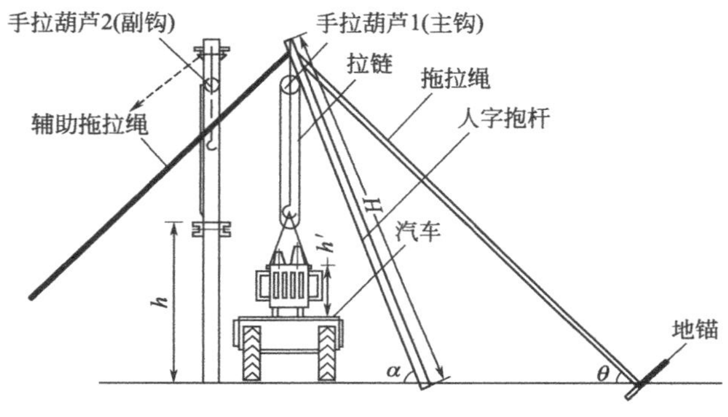

图 4-15　吊具的布置示意图

抱杆可用杆头 ϕ150mm 的杉杆或 ϕ159mm 的钢管，长度 H 由下式决定：

$$H=\frac{h+4h'}{\sin\alpha}$$

式中　h——变压器安装高度，m；

h'——变压器高度，m；

α——人字抱杆与地面的夹角，α 一般取 70°。

其中，吊具可用手拉葫芦或绞磨，手拉葫芦的规格应大于变压器重量；绞磨、滑轮、钢丝绳及吊索应能承受变压器的重量并有一定的保安系数。拖拉绳一般可用 ϕ16～20mm 钢丝绳，地锚要可靠牢固，不得用电杆或拉线地锚。

• 吊装工艺。所有受力部位检查无误后即可起吊，吊装注意事项可参照立杆的部分内容。

当变压器底部起吊高度超过变压器放置构架 1.5h～1.7h 时，即停止起吊，然后用电杆上部横担悬挂的手拉葫芦 2（副钩），吊住变压器的吊索，同时拉动其手链使变压器向放置构架方向倾斜位移，然后原吊钩缓慢放松，而手拉葫芦则将变压器缓慢吊起，且原吊钩放松和副钩起吊收紧应同步，逐渐将变压器的重量移至副钩，当到一定程度时，副钩再缓慢下降，直至副钩将变压器的全部重量吊起时（副钩的吊链与地面垂直时）再将副钩缓慢下降，同时松开原吊钩，即可将变压器放落在构架上，如图 4-16 所示，必要时应在杆的另侧设辅助拉线，防止电杆倾斜。按图 4-16 进行吊装时，还可用另一方法，将副钩手拉葫芦取掉，把拖拉绳换成由绞磨控制，当主钩手拉葫芦将变压器起吊到一定高度时，由绞磨慢慢将拖拉绳放松，人字抱杆前斜，即可把变压器降落在构架上。这种方法对人字抱杆、拖拉绳、绞磨、地锚及抱杆的支点要求很高，要正确选择，并有一定的安全系数。

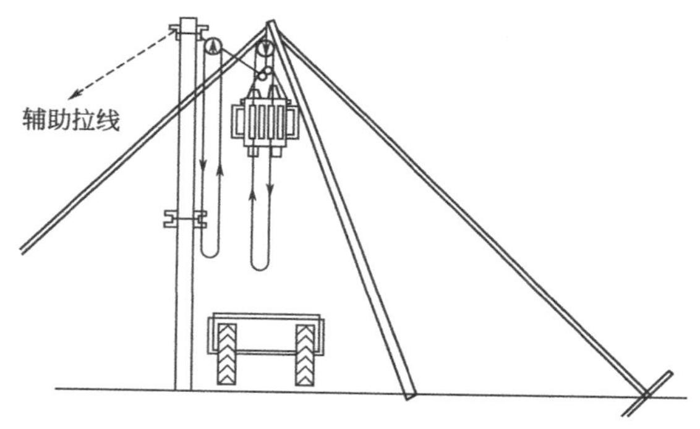

图 4-16 吊装就位示意图

将变压器放稳找正，并用铅丝绑扎好后，才可将副钩拆开，取下。取下时，不得碰击变压器的任何部位。

下面再介绍一种简便的吊装方法，先把两杆顶部的横担装好，必要时应附上一根 ϕ100mm 的圆木或钢管，以防横担压弯，并于垂直横担方向在两根杆上作临时拉线或装置拖拉绳，其余杆上金具暂不安装，然后分别在两杆同一高度（应满足变压器安装高）上挂一只手拉葫芦，挂手拉葫芦时应先在杆上绑扎一横木，一般为 $(100\sim150)^2\text{mm}^2\times400\text{mm}$ 即可，以防吊装时挤压水泥杆，布置示意如图 4-17 所示。

将手拉葫芦的吊钩分别与变压器用钢索系好，并同时起吊，一直将变压器提升到略高于安装高度，这时将预先装配合适的型钢架由四人分别从杆的外侧合梯上（不得在变压器下方）抬于杆的安装

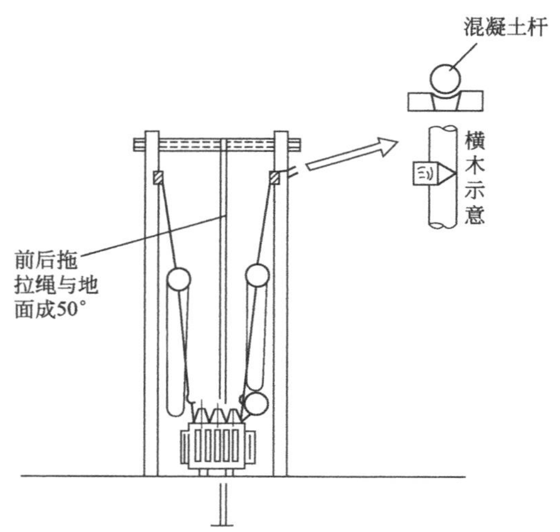

图 4-17 简易吊装变压器布置示意图

高度处，并迅速将其用穿钉与杆紧固好，油枕侧应略高一点，并把斜支撑装好。最后将变压器缓慢落放在型钢架上，找正后再用铅丝绑扎牢固，如图 4-18 所示。

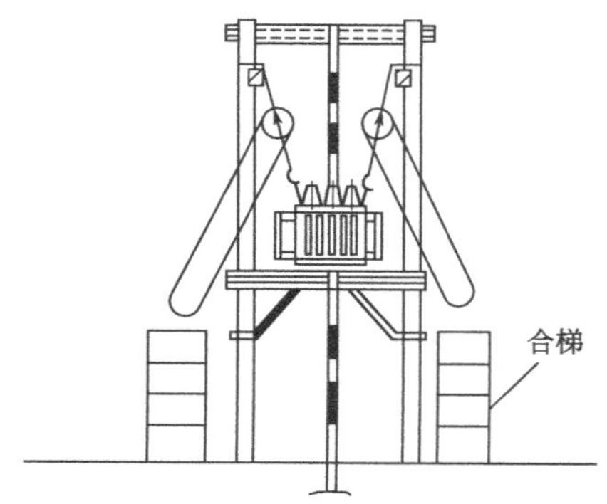

图 4-18 将变压器落在槽钢架上

② 变压器的简单检查与测试　变压器在接线前要进行简单的检查与测试，虽然变压器是经检查和试验后的合格品，但要以防万一。

a. 外观无损伤，无漏洞，油位正常，附件齐全，无锈蚀。

b. 高低压套管无裂纹、无伤痕，螺栓紧固，油垫完好，分接开关正常。

c. 铭牌齐全，数据完整，接线图清晰。高压侧的线电压与线路的线电压相符。

d. 10kV 高压线圈用 1000V 或 2500V 兆欧表测试绝缘电阻应大于 300MΩ，35kV 高压线圈用 2500V 或 5000V 兆欧表测试绝缘电阻应大于 400MΩ；低压 220/380V 线圈用 500V 兆欧表测试绝缘电阻应大于 2.0MΩ；高压侧与低压侧的绝缘电阻可用 500V 兆欧表测试，阻值应大于 500MΩ。

③ 变压器的接线

a. 接线要求。

• 和电器连接必须紧密可靠，螺栓应有平垫及弹垫，其中与变压器和跌落式熔断器、低压隔离开关的连接，必须压接线鼻子过渡连接，与母线的连接应用 T 形线夹，与避雷器的连接可直接压接连接。与高压母线连接时，如采用绑扎法，绑扎长度不应小于 200mm。

• 导线在绝缘子上的绑扎必须按前述要求进行。

• 接线应短而直，必须保证线间及对地的安全距离，跨接弓子线在最大风摆时要保证安全距离。

• 避雷器和接地的连接线通常使用绝缘铜线，避雷器上引线不小于 $16mm^2$，下引线不小于 $25mm^2$，接地线一般为 $25mm^2$。若使用铝线，上引线不小于 $25mm^2$，下引线不小于 $35\ mm^2$，接地线不小于 $35\ mm^2$。

b. 接线工艺。以图 4-19 来说明接线工艺过程。

• 将导线撑直，绑扎在原线路杆顶横担上的直瓶上和下部丁字横担的直瓶上，与直瓶的绑扎应采用终端式绑扎法，如图 4-19 所示。同时将下端压接线鼻子，与跌落式熔断器的上闸口接线柱连接拧紧，如图 4-20 所示。导线的上端应暂时团起来，先固扎在杆上。

• 高压软母线的连接。首先将导线撑直，一端绑扎在跌落式熔断器丁字横担上的直瓶上，另一端水平通至避雷器处的横担上，并绑扎在直瓶上，与直瓶的绑扎方式如图 4-19 所示。同时丁字横担

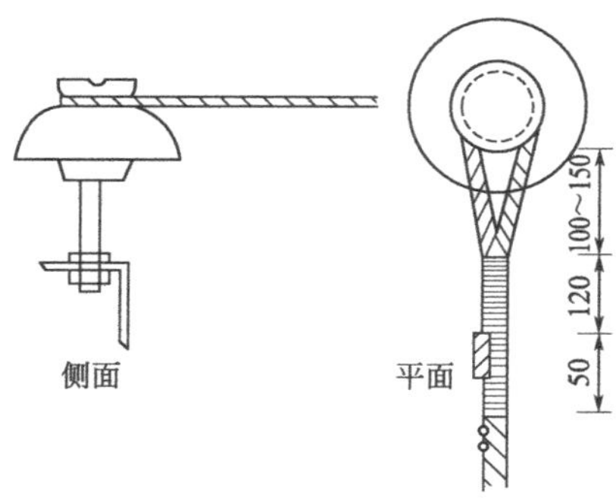

图 4-19　导线在直瓶上的绑扎

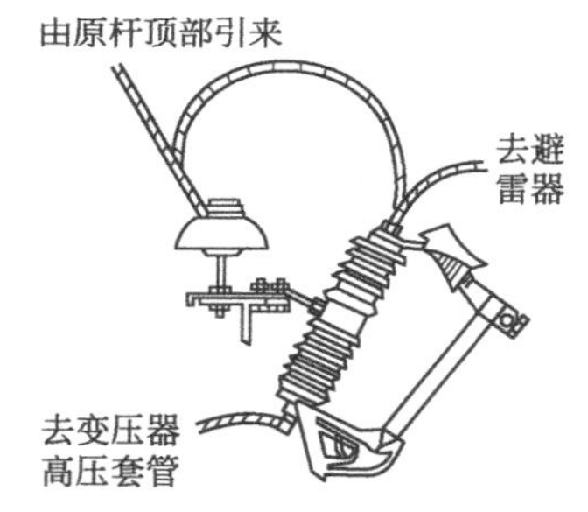

图 4-20　导线与跌落式熔断器的连接

直瓶上的导线按相序分别采用弓子线的形式接在跌落式熔断器的下闸口接线柱上。弓子线要做成铁链自然下垂的形式，见图 4-19 平面图，其中 U 相和 V 相直接由跌落式熔断器的下闸口由丁字横担的下方翻至直瓶上按图 4-19 的方法绑扎，而 W 相则由跌落式熔断器的下闸口直接上翻至 T 形横担上方的直瓶上，并按图 4-21 的方法绑扎。

而软母线的另侧，均应上翻，接至避雷器的上接线柱，方法如图 4-21 所示。

其次将导线撑直，按相序分别用 T 形线夹与软母线连接，连接处应包缠两层铝包带，另一端直接引至高压套管处，压接线鼻子，按相序与套管的接线柱接好，这段导线必须撑紧。

• 低压侧的接线。将低压侧三只相线的套管，直接用导线引至

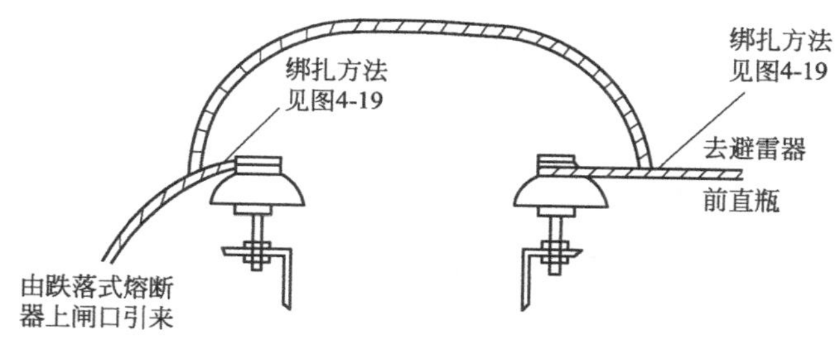

图 4-21 导线在变压器台上的过渡连接示意图

隔离开关的下闸口（这里要注意，这全是为了接线的方便，操作时必须先验电后操作），导线撑直，必须用线鼻子过渡。

将线路中低压的三根相线及一根零线，经上部的直瓶直接引至隔离开关上方横担的直瓶上，绑扎如图 4-22 所示，直瓶上的导线与隔离开关上闸口的连接如图 4-23 所示，其中跌落式熔断器与导线的连接可直接用上面的元宝螺栓压接，同时按变压器低压侧额定电流的 1.25 倍选择与跌落式熔断器配套的熔片，装在跌落式熔断器上，其中零线直接压接在变压器中性点的套管上。

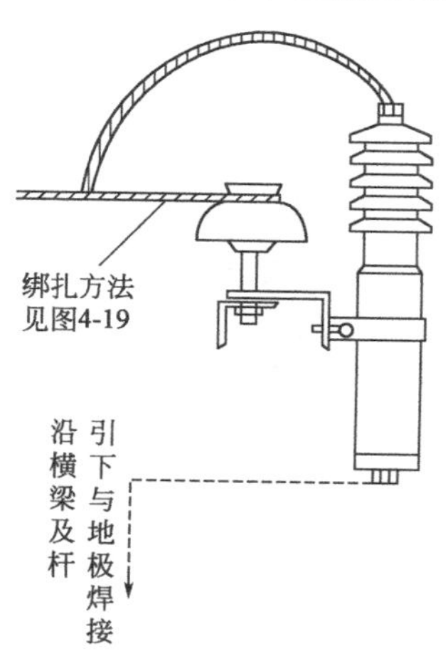

图 4-22 导线与避雷器的连接示意图

如果变压器低压侧直接引入低压配电室，则应安装硬母线将变

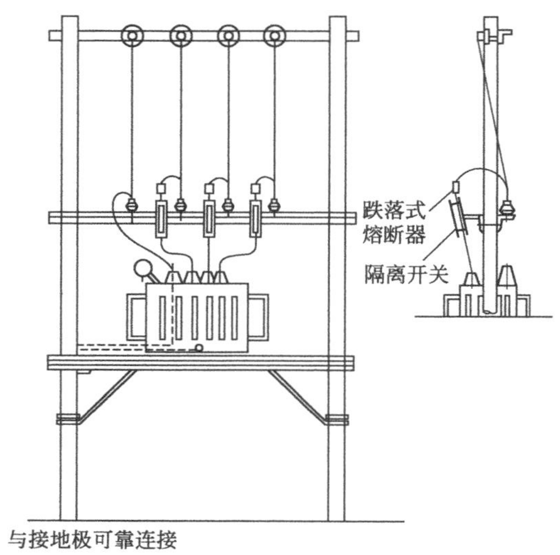

图 4-23 低压侧连接示意图

压器二次侧引入配电室内。如果变压器专供单台设备用电，则应设管路将低压侧引至设备的控制柜内。

• 变压器台的接地。变压器台的接地共有三个点，即变压器外壳的保护接地，低压侧中性点的工作接地，再一个是避雷器下端的防雷接地，三个接地点的接地线必须单独设置，接地极则可设一组，但接地电阻应小于 4Ω。接地极的设置同前述架空线路的防雷接地，并将其引至杆处上翻 1.20m 处，一杆一根，一根接避雷器，另一根接中性点和外壳。连接方法见第五章第六节。

接地引线应采用 25mm^2 及以上的铜线或 4×40 镀锌扁钢，其中，中性点接地应沿器身翻至杆处，外壳接地应沿平台翻至杆处；与接地线可靠连接；避雷器下端可用一根导线串接而后引至杆处，与接地线可靠连接，如图 4-24 所示。其他同架空线路。装有低压隔离开关时，其接地螺钉也应另外接线，与接地体可靠连接。

• 变压器台的安装要求。变压器应安装牢固，水平倾斜不应大于 1/100，且油枕侧偏高，油位正常；一、二次接线应排列整齐，绑扎牢固；变压器应完好，外壳干净，试验合格；应可靠接地，接

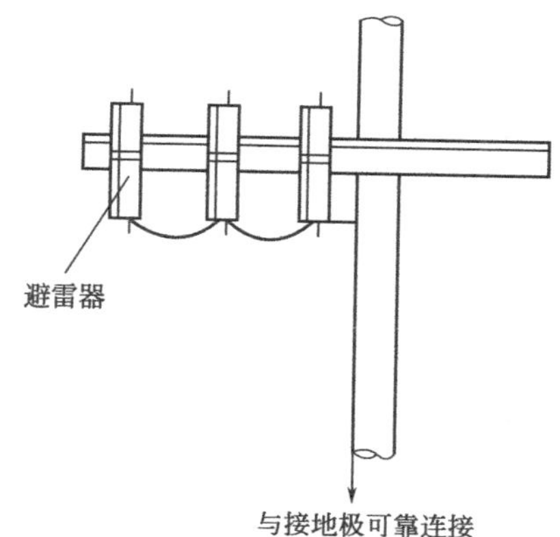

图 4-24　杆上变压器台避雷器的接地示意图

地电阻符合设计要求。

• 全部装好接线后，应检查有无不妥，并把变压器顶盖、套管、分接开关等用棉丝擦拭干净，重新测试绝缘电阻和接地电阻并确保其符合要求。将高压跌落式熔断器的熔管取下，按表 4-5 选择高压熔丝，并将其安装在熔管内。高压熔丝安装时必须伸直，且有一定的拉力，然后将其挂在跌落式熔断器下边的卡环内。

表 4-5　高压跌落式熔断器的选择

变压器容量/kV	100/125	160/200	250	315/400	500
熔断器规格/A	50/15	50/20	50/30	50/40	50/50

与供电部门取得联系，在线路停电的情况下，先挂好临时接地线，然后将三根高压电源线与线路连接，通常用绑扎或 T 形线夹的方法进行连接，要求同前。接好后再将临时接地线拆掉，并与供电部门联系，请求送电。

合闸试验是分以下几步进行的：

• 将低压隔离开关断开，如未设低压隔离开关，应先将低压熔断器的熔丝拆下。

• 再次测量绝缘电阻，如在当天已测绝缘电阻，且一直有人看护，则可不测。

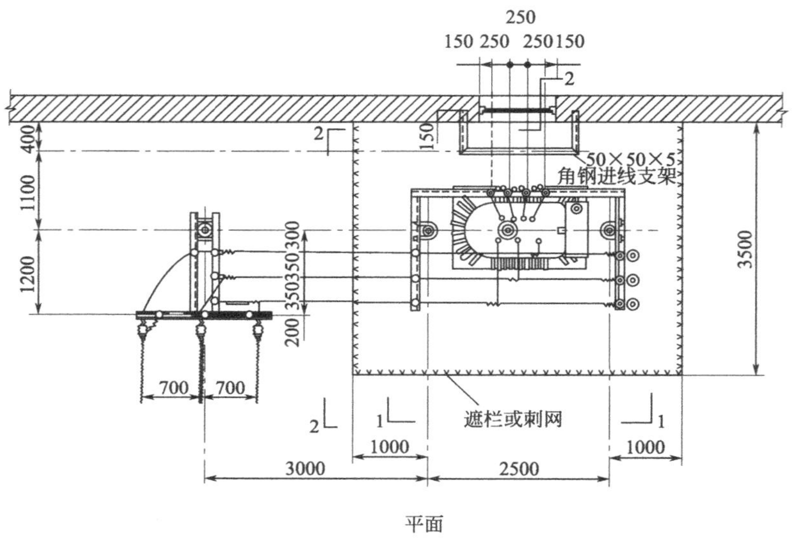

平面

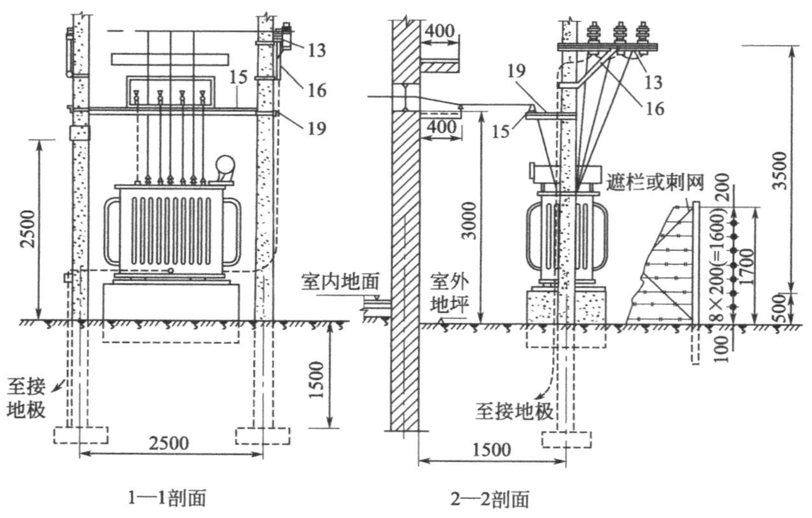

1—1剖面

2—2剖面

图 4-25　室外落地变压器台布置图

注：如无防雨罩时，穿墙板改为户外穿墙套管。

• 与供电部门取得联系，说明合闸试验的具体时间，必要时应请有关人员参加，合闸前必须征得供电部门的同意。

• 无风天气，则先合两个边相的跌落式熔断器，后合中间相的；如有风，则按顺序先合上风头的跌落式熔断器，后合下风头的。合闸必须用高压拉杆，戴高压手套，穿高压绝缘靴或辅以高压绝缘垫。

• 合闸后，变压器应有轻微的均匀嗡嗡声，可用细木棒或旋具测听，温升应无变化，无漏油、无振动等异常现象，如图 4-1 所示。应进行 5 次冲击合闸试验，且第一次合闸持续时间不得少于 10min，每次合闸后变压器应正常。然后用万用表测试低压测电压，应为 220/380V，且三相平衡。

• 悬挂警告牌，空载运行 72h，无异常后即可带动负载运行。

4.4.2 落地变压器安装

落地变压器台与杆上变压器台的主要区别是将变压器安装在地面上的混凝土台上，其标高应大于 500mm，上面装有与主筋连接的角钢或槽钢滑道，油枕侧偏高。安装时将变压器的底轮取掉或装上止轮器。其他有关安装、接线、测试、送电合闸、运行等与杆上变压器台相同。

安装好后，应在变压器周围装设防护遮栏，高度不小于 1.70m，与变压器距离应大于或等于 2.0m 并悬挂警告牌“禁止攀登、高压有电”。落地变压器台布置如图 4-25 所示。安装方法基本同前。

4.5 变压器的试验与检查

电力变压器在运输、安装及运行过程中，可能会造成结构性故障和绝缘老化，其原因复杂，如外力的碰撞、振动和运行中的过电压、机械力、热作用以及自然气候变化等都是影响变压器正常运行的因素。因此，安装投入运行前的和正常运行中的变压器应有定期的试验和检查。

4.5.1 变压器的绝缘油

(1) 变压器油在变压器中的作用 变压器油是一种绝缘性能良好的液体介质，是矿物油。其主要作用有三方面：

① 使变压器芯子与外壳及铁芯有良好的绝缘作用，变压器的绝缘油，是充填在变压器芯子和桶皮之间的液体绝缘。充填于变压器内各部空隙间，使桶内没有气隙，加强了变压器绕组的层间和匝间的绝缘强度。同时，对变压器绕组绝缘起到了防潮作用。

② 使变压器运行中加速冷却，变压器的绝缘油在变压器外壳内，通过上、下层间的温差作用，构成油的对流循环。变压器油可以将变压器芯子的温度，通过对流循环作用经变压器的散热器与外界低温介质（空气）间接接触，再把冷却后的低温绝缘油，经循环作用送回到变压器芯子内部，如此循环，达到冷却的目的。

③ 灭弧作用。变压器油除能起到上述两种作用外，还可以在某种特殊运行状态时，起到加速变压器外壳内的灭弧作用。由于变压器油是经常运动的，因此，当变压器内有某种故障而引起电弧时，能够加速电弧的熄灭。例如；因变压器的分接开关接触不良或绕组的层间与匝间短路引起电弧的产生，这时变压器油通过运动冲击了电弧，使电弧拉长，并降低了电弧温度，增强了变压器油内的去游离作用，熄灭电弧。

(2) 变压器绝缘油的技术性能

① 变压器绝缘油的牌号，是按照绝缘油的凝固点而确定的。常用变压器油的牌号有：10 号油，凝固点在－10℃，北京地区室内变压器，常采用这种变压器油；25 号油，凝固点为－25℃，室外变压器常采用 26 号油。45 号油，凝固点为－45℃，在气候寒冷的地区被广泛使用，北京地区的个别山区室外变压器常采用这种变压器油。

② 变压器油的技术性能指标。

a. 耐压强度。单位体积的变压器油，其承受的电压强度往往采用油杯进行油耐压试验。在油杯内，电极直径为 25mm，厚为 6mm，间隙为 2.5mm 时的击穿电压值。一般交接试验中的变压器油耐压 25kV，新油耐压 30kV。新标准，对于 10kV 运行中的变压器绝缘油，耐压放宽至 20kV。

b. 凝固点。变压器油达到某一温度时，使变压器油的黏度达到最大，该点的温度即为变压器油的凝固点。

c. 闪点。是指变压器油达到某一温度时，油蒸发出的气体，如果临近火源即可引起燃烧，该时变压器油所达到的温度称为闪点。变压器油的闪点不能低于135℃。

d. 黏度。是指变压器油在50℃时的黏度（条件度或运动黏度mm^2/s）。为便于发挥对流散热作用，黏度小一些为好，但是黏度影响变压器油的闪点。

e. 密度。变压器油密度越小，说明油的质量越好，油中的杂质及水分容易沉淀。

f. 酸价。变压器油的酸价，是表示每克油所中和氢氧化钠的数量，用KOHmg/g油表示。酸价表明变压器油的氧化程度，酸价出现表示变压器油开始氧化，所以变压器油的酸价越低对变压器越有利。

g. 安定度。变压器油的安定度，是抗老化程度的参数，所以安定度越大，说明变压器油质量越好。

h. 灰分。表明变压器油内，含酸、碱、硫、游离碳、机械混合物的数量，也可说是变压器的纯度。因此，灰分含量越小越好。

4.5.2　变压器取油样

为了监测变压器的绝缘状况，每年需要取变压器油进行试验，这就要求采取一系列的措施，保证反映变压器油的真实绝缘状态。

(1) 变压器取油样的注意事项

① 取油样使用的瓶子，需经干燥处理。

② 运行中变压器取油样，应在干燥天气时进行。

③ 油量应一次取够，根据试验的需要，耐压试验时，油量不少于0.5L；做简化试验时，油量不少于1L。

(2) 变压器取油样的方法　变压器取油样应注意方法正确，否则将影响试验结果的正确性。

① 取油样时，在变压器下部放油截门处进行。可先放出2L变压器油，擦净截门，再用变压器油冲洗若干次。

② 用取出的变压器油，冲洗样瓶两次，才能灌瓶。

③ 灌瓶前，把瓶塞用净油洗干净，将变压器油灌入瓶后，立即将瓶盖盖好，并用石蜡封严瓶口，以防受潮。

④ 取油样时，先检查油标管；确定变压器是否缺油，若变压器缺油则不能取油样。

⑤ 启瓶时，要求室温与取油样时，不能温差过大，最好在同一温度下进行，否则会影响试验结果。

4.5.3 变压器补油

变压器补油应注意以下各方面：

① 补入的变压器油，要求与运行中变压器内绝缘油的牌号一致，并经试验合格，含混合试验。

② 补油应从变压器油枕上的注油孔处进行，补油要适量。

③ 变压器如果是在运行中，在进行补油前首先将重煤气掉闸改接信号。

④ 不能从下部油门处补油。

⑤ 补油过程中，注意及时排放油中气体，运行 24h 之后，才能将重煤气投入掉闸位置。

4.5.4 变压器分接开关的调整与检查

运行中系统电压过高或过低，影响设备的正常运行时，需要将变压器分接开关进行适当调整，以保持变压器二次侧电压的正常。

10kV 变压器分接开关有三个位置，调压范围为±5%，当系统的电压变化不超过额定电压的±5%时，可以通过调节变压器分接开关的位置解决电压过高或过低的问题。

无载调压的配电变压器，分接开关有三挡，即Ⅰ挡时，为10500/400V；Ⅱ挡时，为 10000/400V；Ⅲ挡时，为 9500/400V。

当系统电压过高，超过额定电压时，反映于变压器二次侧母线电压高，需要将变压器分接开关调到Ⅰ挡位置。如果系统电压低，达不到额定电压时，反映变压器二次侧电压低，则需要将变压器分接开关调至Ⅲ挡位置。即所谓的“高往高调，低往低调”。但是，变压器分接开关的调整，要注意相对地稳定，不可频繁调整，否则将影响变压器运行寿命。

(1) 变压器吊芯检查，对变压器分接开关的检查

① 检查变压器分接开关（无载调压变压器）的接点与变压器线圈的连接，应紧固、正确，各接触点应接触良好，转换接点应正确在某确定位置上，并与手把指示位置相一致。

② 分接开关的拉杆、分接头的凸轮、小轴销子等部件，应完整无损，转动盘应动作灵活、密封良好。

③ 变压器分接开关传动机械的固定，应牢靠，摩擦部分应有足够的润滑油。

(2) 变压器绕组直流电阻的测试要求 变压器分接开关的调整方法已于本书实际操作技术中做了具体介绍，故而本节重点介绍在调整变压器分接开关时，对绕组直流电阻的测试要求和电阻值的换算方法。

对绕组直流电阻的测试要求调节变压器分接开关时，为了保证安全，需要通过测量变压器绕组的直流电阻，具体了解分接开关的接触情况，因此应按照以下要求进行。

① 测量变压器高压绕组的直流电阻应在变压器停电后，并在履行安全工作规程的有关规定以后进行。

② 变压器应拆去高压引线，以避免造成测量误差，并且要求在测量前后应对变压器进行人工放电。

③ 测量直流电阻所使用的电桥，误差等级不能小于 0.5 级，容量大的变压器应使用 0.05 级 QJ-5 型直流电桥。

④ 测量前应查阅该变压器原始资料，做到预先掌握数据，为了可靠，在调整分接开关的前、后，分别测量线圈的直流电阻，每次测量之前，先用万用表的欧姆挡对变压器绕组的直流电阻进行粗测，同时按照测量数值的范围对电桥进行“预置数”，即将电桥的桥臂电阻旋钮事先按照万能表测出的数值调好。注意电桥的正确操作方法，不能损坏设备。

⑤ 测量变压器绕组的直流电阻，应记录测量时变压器的温度。

测量之后应换算到 20℃时的电阻值，一般可按下式计算：

$$R_{20}=\frac{T+20}{T+T_a}R_a$$

式中 R_{20}——折算到20℃时，变压器绕组的直流电阻；

R_a——温度为a时，变压器绕组直流电阻的数值；

T——系数，铜为235，铝为225；

T_a——测量时变压器绕组温度。

⑥ 变压器绕组Y接线时，按下式计算每相绕组的直流电阻的大小：

$$R_U=\frac{R_{UW}+R_{UV}-R_{VW}}{2}$$

$$R_V=\frac{R_{UV}+R_{VW}-R_{UW}}{2}$$

$$R_W=\frac{R_{VW}+R_{UW}-R_{UV}}{2}$$

⑦ 按照变压器原始报告中的记录数值与变压器测量后换算到同温度下进行比较，检查有无明显差别。所测三相绕组直流电阻的不平衡误差按下式计算，其误差不能超过±2%。

$$\Delta R\%=\frac{R_D-R_C}{R_C}\times 100\%$$

式中 $\Delta R\%$——三相绕组直流电阻差值百分数；

R_D——电阻值最大一相绕组的电阻值；

R_C——电阻值最小一相绕组的电阻值。

试验发现有明显差别时，分析原因，再倒回原挡位再次测量。

⑧ 试验合格后，将变压器恢复到具备送电的条件，送电观察分接开关调整之后的母线电压。

4.5.5 变压器的绝缘检查

变压器的绝缘检查主要是指交接试验、预防性试验和运行中的绝缘检查。

变压器的绝缘检查主要包含：绝缘电阻摇测、吸收比、绝缘油耐压试验和交流耐压试验。有关试验周期，预防性试验项目和标准，已在本书中作了介绍，本节重点介绍运行中对变压器绝缘检查的要求和影响变压器绝缘的因素以及变压器绝缘在不同温度时的换算。

(1) 变压器绝缘检查的要求

① 变压器的清扫、检查应当摇测变压器一、二次绕组的绝缘电阻。

② 变压器油要求每年取油样进行油耐压试验，10kV 以上的变压器油还要做油的简化试验。

③ 运行中的变压器每 1～3 年应进行预防性绝缘试验（又称绝保试验）。

(2) 影响变压器绝缘的因素 电气绝缘试验，是通过测量、试验、分析的方法，检测和发现绝缘的变化趋势，掌握其规律，发现问题，通过对电力变压器的绝缘电阻测量和绝缘耐压等试验，对变压器能否继续运行做出正确判断。为此，应准确测量，排除对设备绝缘产生影响的诸因素。

通常影响变压器绝缘的因素有以下方面。

① 温度的影响 测量时，由于温度的变化将影响绝缘测量的数值，因此进行试验时，应记录测试时的温度，必要时进行不同温度时的绝缘测量值的换算。由于变压器绝缘电阻的数值随变压器绕组的温度变化而变化，因此对运行变压器绝缘电阻的分析应换算至同一温度时进行。通常温度越高变压器的绝缘电阻值越低。

② 空气湿度的影响 对于油浸自冷式变压器，由于受空气湿度的影响，因此变压器瓷瓶表面的泄漏电流增加，导致变压器绝缘电阻数值的变化。当湿度较大时，绝缘电阻显著降低。

③ 测量方法对变压器绝缘的影响 测量方法的正确与否直接影响变压器的绝缘电阻值，例如，使用兆欧表测量变压器绝缘电阻时，所用的测量线是否符合要求，仪表是否准确等。

④ 电容值较大的设备，例如电缆、容量大的变压器、电机等需要通过吸收比试验来判断绝缘是否受潮，取 R_{60}/R_{15}：温度在 10～30℃时，绝缘，良好值为 1.3～2，低于该数值说明绝缘受潮，应进行干燥处理。

(3) 变压器绕组的绝缘电阻在不同温度时的换算 对于新出厂的变压器可按表 4-6 进行换算。

表 4-6 变压器绕组不同温差绝缘电阻换算系数

温差(t_2-t_1)/℃	5	10	15	20	25	30	35	40	45	55	60
绝缘电阻换算系数	1.23	1.5	1.84	2.25	2.75	3.4	4.15	5.1	6.2	7.5	11.2

注：t_2——出厂试验时温度；

t_1——交接试验时温度。

变压器运行中绝缘电阻温度系数，可按下式计算（换算为 120℃）：

$$K=10\times\frac{t-20}{40}$$

式中 K——绝缘电阻换算系数；

t——测定时的温度。

如果要将绝缘电阻换算至任意温度时，可按下式计算：

$$M\Omega_{\mathrm{tR}}=M\Omega_{\mathrm{t}}\times10\times\frac{t_{\mathrm{R}}-t}{40}$$

式中 $M\Omega_{\mathrm{tR}}$——换算到任意温度时的绝缘电阻值；

$M\Omega_{\mathrm{t}}$——试验时实测温度时的绝缘电阻值；

t——试验时实测温度；

t_{R}——换算后的温度。

例如，将变压器绕组绝缘电阻，换算为 20℃时，则上式即为：

$$M\Omega_{20}=M\Omega_{\mathrm{t}}\times10\times\frac{20-t}{40}$$

4.6 变压器的并列运行

4.6.1 变压器并列运行的条件

① 变压器容量比不超过 3∶1。

② 变压器的电压比要求相等，其变比最大允许相差±0.5%。

③ 变压器短路电压百分比（又称阻抗电压）要求相等，允许相差不超过±10%。

④ 变压器接线组别应相同。

变压器的并列运行，应根据运行负荷的情况，应该考虑经济运行，对于能满足上述条件的变压器，在实际需要时，可以并列运行。如不能满足并列条件时，则不允许并列运行。

4.6.2 变压器并列运行条件的含义

(1) 变压器接线组号 是表示三相变压器，一、二次绕组接线方式的代号。

在变压器并列运行的条件中，最重要的一条就是要求并列的变压器接线组号相同，如果接线组号不同的变压器并列后，即使电压的有效值相等，同样在两台变压器同相的二次侧，可能会出现很大的电压差（电位差），由于变压器二次阻抗很小，将会产生很大的环流而烧毁变压器，因此，接线组号不同的变压器是不允许并列运行的。

(2) 变压器的变比差值百分比 是指并列运行的变压器，实际运行变比的差值与变比误差小的一台变压器的变比之比的百分数，依照规定不应超过±0.5%。如果两台变压器并列运行，变比差值超过规定范围时，两台变压器的一次电压在相等的条件下，两台变压器的二次电压不等，同相之间有较大的电位差，并列时将会产生较大环流，会造成较大的功率损耗，甚至会烧毁变压器。

(3) 变压器的短路电压百分比（又称为阻抗电压的百分比）这个技术数据是变压器很重要的技术参数，是通过变压器短路试验得出来的。把变压器接于试验电源上，变压器的一次侧通过调压器逐渐升高电压，当调整到变压器一次侧电流等于额定电流时，测量一次侧实际加入的电压值为短路电压，将短路电压与变压器额定电压之比再乘以百分之百，即为短路电压的百分比。因为是在额定电流的条件下测得的数据，所以短路电压被额定电流来除就得短路阻抗，因此又称为百分比阻抗。

因为变压器的阻抗电压与变压器的额定电压和额定容量有关，所以不同容量的变压器短路阻抗也各不相同，一般说来，变压器并列运行时，负荷分配与短路电压的数值大小成反比，即短路电压大的变压器分配的负荷电流小，而短路电压小的变压器分配的负荷大，如果并列运行的变压器短路电压百分比之差超过规定时，会造成负荷的分配不合理，容量大的变压器带不满负载，而容量小的变压器要过负载运行，这样运行很不经济，不能达不到变压器并列运行的目的。

运行规程还规定，两台并列运行的变压器，其容量比不允许超过 3∶1，这也是从变压器经济运行的方面考虑的，因为容量比超过 3∶1，阻抗电压也相差较大，同样也满足不了第三个条件，并列运行还是不合理。

4.6.3 变压器并列运行应注意的事项

变压器并列运行，除应满足并列运行条件外，还应该注意安全操作，往往要考虑下列各方面。

① 新投入运行和检修后的变压器，在并列运行之前，首先要进行核相，并在变压器空载状态时试并列后，方可正式并列运行带负荷。

② 变压器的并列运行，必须考虑并列运行的合理性，不经济的变压器不允许并列运行，同时，还应注意，不应频繁操作。

③ 进行变压器的并列或解列操作时，不允许使用隔离开关和跌开式熔断器。并列和解列运行要保证正确的操作，不允许通过变压器倒送电。

④ 需要并列运行的变压器，在并列运行之前应根据实际情况，核算变压器负荷电流的分配，在并列之后立即检查两台变压器的运行电流分配是否合理。在需解列变压器或停用一台变压器时，应根据实际负荷情况，预计是否有可能造成一台变压器的过负荷，而且也应检查实际负荷电流，在有可能造成变压器过负荷的情况下，变压器不能进行解列操作。

4.7 变压器的检修与验收

4.7.1 变压器的检修周期

变压器的检修一般分为大修、小修，其检修周期规定如下：

（1）变压器的小修

① 线路配电变压器至少每两年小修二次。

② 室内变压器做到至少每年小修一次。

（2）变压器的大修 对于10kV及以下的电力变压器，假如不经常过负荷运行，可每10年左右大修一次。

4.7.2 变压器的检修项目

变压器小修的项目：

① 检查引线、接头接触有无问题。

② 测量变压器二次绕组的绝缘电阻值。

③ 清扫变压器的外壳以及瓷套管。

④ 消除巡视中所发现的缺陷。

⑤ 填充变压器绝缘油。

⑥ 清除变压器油枕集泥器中的水和污垢。

⑦ 检查变压器各部位油截门是否堵塞。

⑧ 检查气体继电器引线绝缘，受腐蚀者应更换。

⑨ 检查呼吸器和出气瓣，清除脏物。

⑩ 采用熔断器保护的变压器，检查熔丝或熔体是否完好，二次侧熔丝的额定电流是否符合要求。

⑪ 柱上配电变压器应检查变台杆是否牢固，木质电杆有无腐朽。

4.7.3 变压器大修后的验收检查

变压器大修后，应检查实际检修质量是否合格以及检修项目是否齐全。同时，还应验收试验资料以及检查有关技术资料是否齐全。

（1）变压器大修后应具备的资料

① 变压器出厂试验报告。

② 交接试验和测量记录。

③ 变压器吊芯检查报告。

④ 干燥变压器的全部记录。

⑤ 油、水冷却装置的管路连接图。

⑥ 变压器内部接线图、表计及信号系统的接线图。

⑦ 变压器继电保护装置的接线图和整个设备的构造图等。

(2) 变压器大修后应达到的质量标准

① 油循环通路无油垢、不堵塞。

② 铁芯夹紧螺栓绝缘良好。

③ 线圈、铁芯无油垢，铁芯的接地应良好无问题。

④ 线圈绝缘良好，各部固定部分无损坏、松动。

⑤ 高、低压线圈无移动、变位。

⑥ 各部位连接良好，螺栓拧紧，部位固定。

⑦ 紧固楔垫排列整齐，没有发生变形。

⑧ 温度计（扇形温度计）的接线良好，用500V兆欧表测量绝缘电阻，绝缘电阻应大于1MΩ。

⑨ 调压装置内清洁，接点接触良好，弹力符号标准。

⑩ 调压装置的转动轴灵活，封油口完好紧密，转动接点的转动正确、牢固。

⑪ 瓷套管表面清洁，无污垢。

⑫ 套管螺栓，垫片、法兰，填料等完好、紧密，没有渗漏抽现象。

⑬ 油箱、油枕和散热器内清洁，无锈蚀，渣滓。

⑭ 本体各部的法兰、接点和孔盖等需紧固，各油门开关灵活，各部位无渗漏油现象。

⑮ 防爆管隔膜密封完整，并有用玻璃刀刻划的“十”字痕迹。

⑯ 油面指示计和油标管清洁透明，指示准确。

⑰ 各种附件齐全，无缺损。

第5章 电力电容器

5.1 电力电容器的结构与补偿原理

5.1.1 电力电容器的种类

电力电容器的种类很多，按其运行的额定电压，分为高压电容器和低压电容器，额定电压在1kV以上的称为高压电容器，1kV以下的称为低压电容器。

在低压供电系统中，应用最广泛的是并联电容器（也称为移相电容器），本章以并联电容器为主要学习对象。

5.1.2 低压电力电容器的结构

低压电力电容器主要由芯子、外壳和出线端等几部分组成。芯子由若干电容元件串并联组成，电容元件用金属箔（作为极板），与绝缘纸或塑料薄膜（作为绝缘介质）叠起来一起卷绕后和紧固件经过压装而构成，并浸渍绝缘油。电容极板的引线经串、并联后引至出线瓷套管下端的出线连接片。电容器的金属外壳用密封的钢板焊接而成，外壳上装有出线绝缘套管、吊攀和接地螺钉，外壳内充以绝缘介质油。出线端由出线套管、出线连接片等元件构成。

5.1.3 电力电容器的型号

电力电容器的型号含义按照以下方式表示：

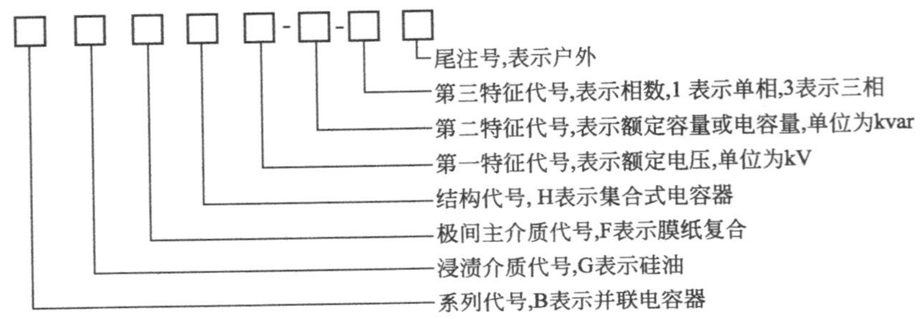

举例如下：

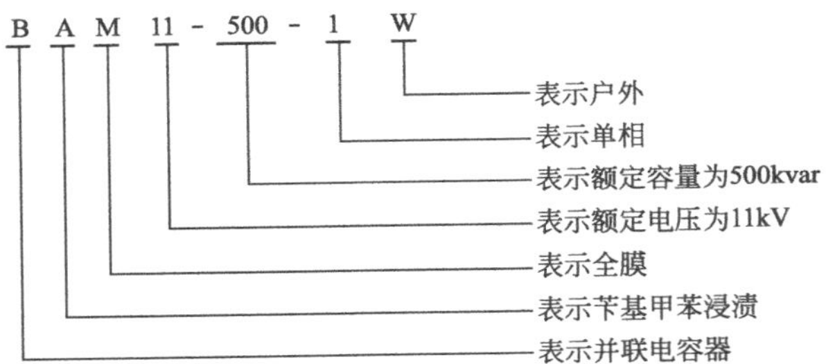

当电容器在交流电路中使用时，常用其无功功率表示电容器的容量，单位为 var 或 kvar；其额定电压用 kV 表示，通常有 0.23kV、0.4kV、6.3kV 和 10.5kV 等。

5.1.4 并联电容器的补偿原理

在实际电力系统中，异步电动机等感性负载使电网产生感性无功电流，无功电流产生无功功率，引起功率因数下降，使得线路产生额外的负担，降低线路与电气设备的利用率，还增加线路上的功率损耗、增大电压损失、降低供电质量。

从前面的交流电路内容的学习中我们知道，电流在电感元件中做功时，电流超前于电压 90°；而电流在电容元件中做功时，电流滞后电压 90°；在同一电路中，电感电流与电容电流方向相反，互差 180°，如果在感性负载电路中有比例地安装电容元件，则可使感性电流和容性电流所产生的无功功率可以相互补偿。因此在感性负荷的两端并联适当容量的电容器，利用容性电流抵消感性电流，将不做功的无功电流减小到一定的范围内，这就是无功功率补偿的原理。

5.1.5 补偿容量的计算

补偿容量计算公式如下：

$$Q_c=P\left(\sqrt{\frac{1}{\cos^2\varphi_1}-1}-\sqrt{\frac{1}{\cos^2\varphi_2}-1}\right)$$

式中 Q_c——需要补偿电容器的无功功率；

P——负载的有功功率；

$\cos\varphi_1$——补偿前负载的功率因数；

$\cos\varphi_2$——补偿后负载的功率因数。

5.1.6 查表法确定补偿容量

电力电容器的补偿容量可根据表 5-1 进行查找。

表 5-1 每 1kW 有功功率所需补偿容量 kvar

改进前的功率因数	改进后的功率因数											
	0.8	0.82	0.84	0.85	0.86	0.88	0.9	0.92	0.94	0.96	0.98	1
0.4	1.54	1.6	1.65	1.67	1.7	1.75	1.81	1.87	1.93	2	2.09	2.29
0.42	1.41	1.47	1.52	1.54	1.57	1.62	1.68	1.74	1.8	1.87	1.96	2.16
0.44	1.29	1.34	1.39	1.41	1.44	1.5	1.55	1.61	1.68	1.75	1.84	2.04
0.46	1.18	1.23	1.28	1.31	1.34	1.39	1.44	1.5	1.57	1.64	1.73	1.93
0.48	1.08	1.12	1.18	1.21	1.23	1.29	1.34	1.4	1.46	1.54	1.62	1.83
0.5	0.98	1.04	1.09	1.11	1.14	1.19	1.25	1.31	1.37	1.44	1.53	1.73
0.52	0.89	0.94	1	1.02	1.05	1.1	1.16	1.21	1.28	1.35	1.44	1.64
0.54	0.81	0.86	0.91	0.94	0.97	1.02	1.07	1.13	1.2	1.27	1.36	1.56
0.56	0.73	0.78	0.83	0.86	0.89	0.94	0.99	1.05	1.12	1.19	1.28	1.48
0.58	0.66	0.71	0.76	0.79	0.81	0.87	0.92	0.98	1.04	1.12	1.2	1.41

续表

改进前的功率因数	改进后的功率因数											
	0.8	0.82	0.84	0.85	0.86	0.88	0.9	0.92	0.94	0.96	0.98	1
0.6	0.58	0.64	0.69	0.71	0.74	0.79	0.85	0.91	0.97	1.04	1.13	1.33
0.62	0.52	0.57	0.62	0.65	0.67	0.73	0.78	0.84	0.9	0.98	1.06	1.27
0.64	0.45	0.5	0.56	0.58	0.61	0.66	0.72	0.77	0.84	0.91	1	1.2
0.66	0.39	0.44	0.49	0.52	0.55	0.6	0.65	0.71	0.78	0.85	0.94	1.14
0.68	0.33	0.38	0.43	0.46	0.48	0.54	0.59	0.65	0.71	0.79	0.83	1.08
0.7	0.27	0.32	0.38	0.4	0.43	0.48	0.54	0.59	0.66	0.73	0.82	1.02
0.72	0.21	0.27	0.32	0.34	0.37	0.42	0.48	0.54	0.6	0.67	0.76	0.96
0.74	0.16	0.21	0.26	0.29	0.31	0.37	0.42	0.48	0.54	0.62	0.71	0.91
0.76	0.1	0.16	0.21	0.23	0.26	0.31	0.37	0.43	0.49	0.56	0.65	0.85
0.78	0.05	0.11	0.16	0.18	0.21	0.26	0.32	0.38	0.44	0.51	0.6	0.8
0.8	—	0.05	0.1	0.13	0.16	0.21	0.27	0.32	0.39	0.46	0.55	0.75
0.82	—	—	0.05	0.08	0.1	0.16	0.21	0.27	0.34	0.41	0.49	0.7
0.84	—	—	—	0.03	0.05	0.11	0.16	0.22	0.28	0.35	0.44	0.65
0.85	—	—	—	—	0.03	0.08	0.14	0.19	0.26	0.33	0.42	0.62
0.86	—	—	—	—	—	0.05	0.11	0.17	0.23	0.3	0.39	0.59
0.88	—	—	—	—	—	—	0.06	0.11	0.18	0.25	0.34	0.54
0.9	—	—	—	—	—	—	—	0.06	0.12	0.19	0.28	0.49

5.2 电力电容器的安装

5.2.1 安装电力电容器的环境与技术要求

① 电容器应安装在无腐蚀性气体、无蒸汽以及没有剧烈震动、冲击、爆炸、易燃等危险的安全场所。电容器室的防火等级不低于二级。

② 装于户外的电容器应防止日光直接照射，装在室内时，受

阳光直射的窗户玻璃应涂成白色。

③ 电容器室的环境温度应满足制造厂家规定的要求，一般规定为－35～＋40℃。

④ 电容器室每安装 100kvar 的电容器应有 0.1m^2 以上的进风口和 0.2m^2 以上的出风口，装设通风机时，进风口要开向本地区夏季的主要风向，出风口应安装在电容器组的上端。进、排风机宜在对角线位置安装。

⑤ 电容器室可采用天然采光，电可用人工照明，不需要装设采暖装置。

⑥ 高压电容器室的门应向外开。

⑦ 为了节省安装面积，高压电容器可以分层安装于铁架上，但垂直放置层数应不多于三层，层与层之间不得装设水平层间隔板，以保证散热良好。上、中、下三层电容器的安装位置要一致，铭牌面向通道。

⑧ 两相邻低压电容器之间的距离不小于 50mm。

⑨ 每台电容器与母线相连的接线应采用单独的软线，不要采用硬母线连接的方式，以免安装或运行过程中对瓷套管产生装配应力，损坏密封造成漏油。

⑩ 电容器安装之前，要分配一次电容量，使其相间平衡，偏差不超过总容量的 5%。装有继电保护装置时，还应满足运行平衡电流误差不超过继电保护动作电流的要求。

⑪ 安装电力电容器时，电气回路和接地部分的接触面要良好。因为电容器回路中的任何不良接触，均可能产生高频振荡电弧，造成电容器的工作电场强度增高和发热损坏。

⑫ 安装电力电容器时，电源线与电容器的接线柱螺钉必须要拧紧，不能有松动，以防松动引起发热而烧坏设备。

⑬ 应安装合格的电容器放电装置，电容器组与电网断开后，极板上仍然存在电荷，两出线端存在一定的残余电压。由于电容器极间绝缘电阻很高，自行放电的速度会很慢，残余电压要延续较长的时间，因此为了尽快消除电容器极板上的电荷，对电容器组要加装与之并联的放电装置，使其停电后能自动放电。低压电容器可以用灯泡或电动机绕组作为放电负荷，放电电阻阻值不宜太高。

不论电容器额定电压是多少，在电容器从电网上断开 30s 后，其端电压应不超过特低安全电压，以防止电容器带电荷再次合闸和运行值班人员或检修人员工作时，触及有剩余电荷的电容器而发生危险。

5.2.2 电力电容器搬运的注意事项

① 若将电容器搬运到较远的地方，应装箱后再运。装箱时电容器的套管应向上直立放置。电容器之间及电容器与木箱之间应垫松软物。

② 搬运电容器时，应用外壳两侧壁上所焊的吊环，严禁用双手抓电容器的套管搬运。

③ 在仓库及安装现场，不允许将一台电容器置于另一台电容器的外壳上。

5.2.3 电容器的接线

单相电力电容器外部回路一般有星形和三角形两种连接方式。单相电容器的接线方式应根据其额定电压与线路额定电压确定接线方式，当电容器的额定电压与线路额定电压相等时，应将电容器的连接为三角形并接于回路中。当电容器的额定电压低于线路额定电压时，应将电容器的连接为星形，经过串并联组合后，再按三角形或星形并接于回路中。

为获得良好的补偿效果，在电容器连接时，应将电容器分成若干组后再分别接到电容器母线上。每组电容器应能分别控制、保护和放电。电容器的接线方式有低压集中补偿［如图 5-1(a) 所示］、低压分散补偿［如图 5-1(b) 所示］和高压补偿［如图 5-1(c) 所示］。

电容器采用三角形连接时，任何一个电容器击穿都会造成三相线路中两相短路，短路电流有可能造成电容器爆炸，这是非常危险的，因此 GB 50053—1994《10kV 及以下变电所设计规范》中规定：高压电容器组宜接成中性点不接地星形，容量较小（45kvar 及以下）时宜接成三角形。低压电容器组应接成三角形。

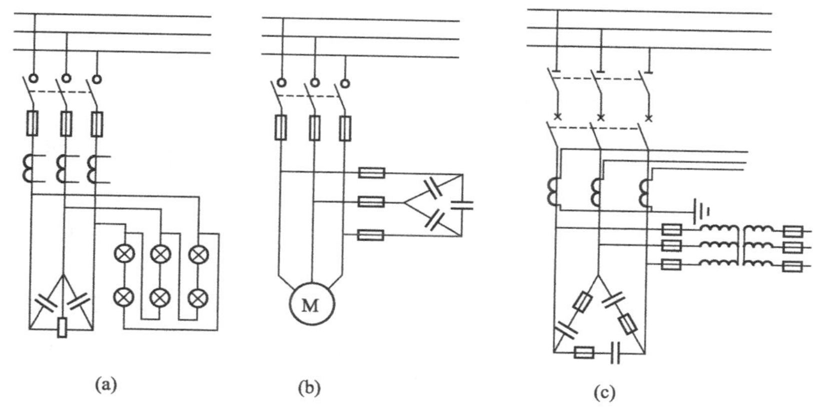

图 5-1 电容器补偿接线图

5.3 电力电容器的安全运行

电力电容器安全运行至关重要，新装电容器和维护运行中的电容器要进行详细的检查和监视，以保证安全运行。

5.3.1 新装电容器组投运条件

① 新装电容器组投运前按交接试验项目试验，并合格。

② 电容器及放电设备外观检查良好，无渗漏油现象。

③ 电容器组的接线正确，其额定电压与电网额定电压相符合。

④ 三相电容器的容量应平衡，其误差不应超过一相总容量的 5%。

⑤ 电容器组的外壳及框架接地与接地网的连接应牢固可靠。

⑥ 放电电阻的阻值和功率应符合规程要求，并经试验合格。

⑦ 与电容器组连接的电缆、断路器、熔断器等附件应该试验合格。

⑧ 电容器组的保护与监视回路必须完整且校验合格，才能投

入使用。

⑨ 电容器安装场所的建筑结构、通风设施应符合规程规定。

5.3.2 电力电容器组的投入和退出运行

正常情况下，电力电容器组的投入和退出运行应根据系统的无功电流、负荷的功率因数和电压等情况确定。

(1) 投入条件 在电力电容器组的各接点保持良好，没有松动和过热现象，套管清洁没有放电痕迹，外壳没有明显变形、漏油，在控制电器、保护电器和放电装置保持完好的前提下，当功率因数低于 0.85 时，要投入电容器组；系统电压偏低时，可以投入电容器组。

(2) 退出条件 当电力电容器运行参数异常，超出电容器的工作条件时，在下列情况下应退出电容器组。

① 当功率因数高于 0.95 且仍有上升的趋势时。

② 电容器组所接的母线电压超过电容器额定电压的 1.1 倍或电容器的电流超过其额定电流的 1.3 倍时。

③ 电容器室的温度超过±40℃范围时。

④ 电容器爆炸。

⑤ 电容器喷油或起火。

⑥ 瓷套管发生严重放电、闪络。

⑦ 连接点严重过热或熔化。

⑧ 电容器内部或放电设备有严重异常响声。

⑨ 电容器外壳有异形膨胀。

5.3.3 电容器组运行检查

(1) 运行前检查

① 电容器组投入运行前，先检查其铭牌等内容，再按交接试验项目检查电容器是否完好，试验是否合格。

② 电容器外观良好，外壳无凸出或渗、漏油现象，套管无裂纹。

③ 放电回路完整，放电装置的电阻值和容量均应符合要求。

④ 接线应正确无误，其电压与电网电压相符。

⑤ 三相电容器相间应保持平衡，误差不超过一相总容量的5%。

⑥ 各部件连接牢靠，触动接触良好，外壳接地与接地网的连接应牢固可靠。

⑦ 电容器组保护装置的整定值正确，并将保护装置投入运行位置。监视回路应完善，温度计齐全。

⑧ 开关设备应符合要求，投入运行前处于断开位置。

⑨ 电容器室的建筑结构、通风设施应符合规程要求。

(2) 巡视检查

① 日常巡视检查　电容器日常巡视检查的主要内容有：观察电容器外壳有无膨胀变形现象；各种仪表的指示是否正常；电容器有无过热现象；瓷套管是否松动和发热，有无放电痕迹；熔体是否完好；接地线是否牢固，放电装置是否完好，放电回路有无异常，放电指示灯是否熄灭；运行中的线路接点是否有火花；电容器内部有无异常响声等。

② 定期检查　电容器运行中的定期检查内容主要有：用兆欧表逐个检查电容器端头与外壳之间有无短路现象，两极对外壳绝缘电阻不应低于1000MΩ；测量电容器电容量的误差，额定电压在1kV以上时不能超过1%；检查外壳的保护接地线、保护装置的动作情况、断路器及接线是否完好；检查各螺栓的松紧和接触情况，放电回路的熔体是否完好，风道是否有积尘等，清扫电容器周围的灰尘。

③ 运行监视

a. 检测运行参数。第一是环境温度，电容器安装处的环境温度超过规定温度时，应采取措施，无论是低温还是高温都容易击穿；第二是使用电压，电容器允许在1.1倍额定电压下短时运行，但不能和最高允许温度同时出现，当电容器在较高电压下运行时，必须采取有效的降温措施；第三是使用电流，不能长时间超过1.3倍额定电流。

b. 电力电容器的保护熔断器突然熔断时，在未查明原因之前，不可更换熔体恢复送电，应查明原因，排除故障后再重新投入运行。

c. 电容器重新投入前，必须充分放电，禁止带电合闸。如果电容器本身有存储电荷，将它接入交流电路中，电容器两端所承受的电压就会超过其额定电压。如果电容器刚断电即又合闸，因电容器本身有存储的电荷，故电容器所承受的电压可以达到 2 倍以上的额定电压，会产生很大的冲击电流，这不仅有害于电容器，更可能烧断熔断器或造成断路器跳闸，造成事故。因此，电力电容器严禁带电荷合闸，以防产生过电压。电力电容器组再次合闸，应在其断电 3min 后进行。

d. 如果发现电容器外壳膨胀、漏电或出现火花等异常现象，应立即退出运行。为保证安全，电容器在断电后检修人员接近之前，无论该电容器是否装有放电装置，都必须用可携带的专门的放电负载进行人工放电。必要时应用装在绝缘棒上的接地金属棒对电容器进行单独放电。

④ 异常运行　电容器在运行过程中可能会出现下面几种异常情况。

a. 外壳渗漏油。搬运、接线不当、温度剧烈变化、外壳漆层脱落、锈蚀等原因都会造成渗漏油现象。应及时修复补油，严重时需要更换电容器。

b. 外壳膨胀变形。运行中的电容器在电压作用下内部介质析出气体或击穿部分绝缘元件，电极对外壳放电而产生更多的气体使外壳膨胀，这是电容器发生故障的前兆，发现外壳膨胀时应及时采取措施。

c. 电容器爆炸起火。电容器内部元件发生极间或者电极对外壳绝缘击穿时，会导致电容器爆炸，因此要加强运行中的巡视检查和保护。

d. 电容器内部有异常响声。如果听见电容器有“吱吱”声或“咕咕”声，这是内部局部放电的声音，应立即停止运行，查找故障。

e. 温升过高。长期过电压运行、内部元件击穿、短路与介质老化、损耗不断增加等都会引起温升过高，应有效控制。

f. 开关掉闸。电容器组在内部发生故障时会导致开关掉闸，在没有查明原因，排除故障之前，不准强行送电。

5.3.4 电力电容器的保护

(1) 短路保护　电力电容器在运行中最严重的故障是短路故障，所以必须进行短路保护，不同电压等级的电容器组选用不同的短路保护装置，对于低压电容器和容量不超过 400kvar 的高压电容器，可装设熔断器作为电容器的相间短路保护；对于容量较大的高压电容器，采用高压断路器控制，装设过电流继电器作为相间短路保护。

(2) 过载保护 将含有高次谐波的电压加在电容器两端时，由于电容器对高次谐波的阻抗很小，因此电容器很容易发生过载现象。安装在大型整流设备和大型电弧炉等附件的电容器组，需要有限制高次谐波的措施，保证电容器有过载保护。

(3) 过压保护 为避免电网电压波动影响电容器两端电压的波动，凡是电容器装设处可能超过其额定电压 10%时，应当对电容器进行过电压保护，避免长期过电压运行导致电容器寿命减少或介质击穿。

5.3.5 电力电容器的常见故障和排除

(1) 电力电容器组在运行中的常见故障和处理 见表 5-2。

表 5-2 电力电容器常见故障的原因与排除方法

现象	产生原因	处理方法
渗漏油	搬运方法不当，使瓷套管与外壳交接处碰伤；在旋转接头螺栓时用力太猛造成焊接处损伤；原件质量差、有裂纹	更正搬运方法，出现裂纹后，应更新设备
	保养不当，使外壳漆脱落，铁皮生锈	经常巡视检查，发现油漆脱落，应及时补修
	电容器投运后，温度变化剧烈，内部压力增加，使渗油现象严重	注意调节运行中电容的温度
外壳膨胀	内部发生局部放电或过电压	对运行中的电容器应进行外观检查，发现外壳膨胀应采取措施；如降压使用，膨胀严重的应立即停用
	期限已过或本身质量有问题	立即停用
电容器爆炸	电容器内部发生相间短路或相对外壳的击穿（这种故障多发生在没有安装内部元件保护的高压电容器组）	安装电容器内部元件保护，使电容器在酿成爆炸事故前及时从电网中切出。一旦发生爆炸事故，首先应切断电容器与电网的连接。另外，也可用熔断器对单台电容器保护

续表

现象	产生原因	处理方法
发热	电容器室设计、安装不合理，通风条件差，环境温度高	注意通风条件、增大电容之间的安装距离
	接头螺钉松动	停电时，检查并拧紧螺钉
	长期过电压，造成过负荷	调换为额定电压高的电容器
	频繁投切使电容器反复受到浪涌电流的影响	运行中不要频繁投切电容器
瓷绝缘表面闪络	由于清扫不及时，使瓷绝缘表面污秽，在天气条件较差或遇到各种内外过电压时，即可发生闪络	经常清扫，保持其表面干净无灰尘，对于污秽严重的地区，要采取反污秽措施
异常响声	有"吱吱"或"咕咕"声时一般为电容器内部有局部放电	经常巡视，注意声响
	有"咕咕"声时，一般为电容器内部崩溃的前兆	发现有声响应立即停运，检修并查找故障

(2) 排除故障方面的注意事项

① 修理故障电容器时应设专人监护，且不得在现场对电容器进行内部检修，保证满足真空净化条件。

② 应确认故障电容器已停电，并确保不会误送电。

③ 应对电容器进行充分的人工放电，确保不存在残余电荷，处理故障时还应戴绝缘手套。

④ 处理故障时，应先拉开电容器组的断路器及上下隔离开关，如果采用熔断器保护，还应取下熔管。

⑤ 处理以氯化联苯为浸渍介质的电容器故障时，必须佩戴防毒面罩与橡胶手套，并注意避免皮肤和衣服沾染氯化联苯液体。

⑥ 电容器如果内部断线，熔管或引线接触不良，在两级间还可能有残余电荷等，此类情况通过自动放电和人工放电都放不掉残余电荷。因此在接触故障电容器前，还应戴好绝缘手套，用短路线短路故障电容器的两极，使其放电。

第6章 高压电器

6.1 高压隔离开关

6.1.1 高压隔离开关的结构

常用的高压隔离开关有 GN19-10、GN19-10C，相对应类似的老产品有 GN6-10、GN8-10。以 GN6-10T 为例，如图 6-1 所示，主要有下述部分。

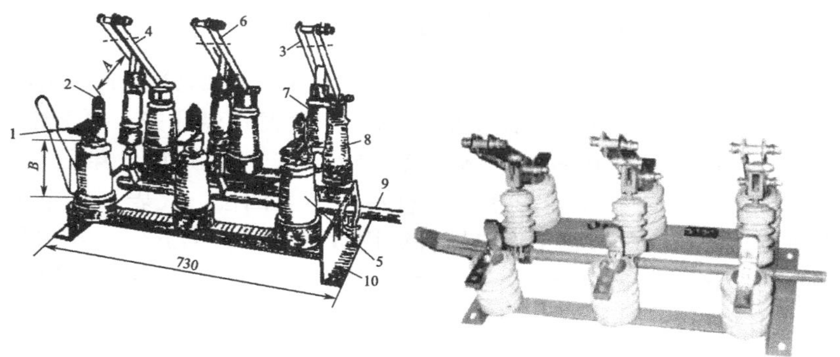

图 6-1 GN6-10T 外观与实物

1—连接板；2—静触头；3—接触条；4—夹紧弹簧；5—套管瓷瓶；6—镀锌钢片；7—传动绝缘；8—支持瓷瓶；9—传动主轴；10—底架

(1) 导电部分 由一条弯成直角的铜板构成静触头，其有孔的一端可通过螺钉和母线相连接，叫连接板，另一端较短，合闸时它与动力片（动触头）相接触（图中零件1、2）。

两条铜板组成接触条（零件3），又称为动触头，可绕轴转动一定的角度，合闸时它吸合静触头。两条铜板之间有夹紧弹簧（零件4）用以调节动、静触头间的接触压力，同时两条铜板，在流过相同方向的电流时，它们之间产生相互吸引的电动力，这就增大了接触压力，提高了运行可靠性。在接触条两端安装有镀锌钢片（零件6）叫磁锁，它保证在流过短路故障电流时，磁锁磁化后产生相互吸引的力量，加强触头的接触压力，来提高隔离开关的动、热稳定性。

(2) 绝缘部分 动、静触头分别固定在支持瓷瓶（零件8）或套管瓷瓶（零件6）上。为了能够使动触头与金属的、接地的传动部分绝缘，采用了瓷质绝缘的拉杆绝缘子（零件7）。

(3) 传动部分 有主轴、拐臂、拉杆绝缘子等。

(4) 底座部分 由钢架组成。支持瓷瓶或套管瓷瓶以及传动主轴都固定在底座上，底座应接地。

总之，隔离开关结构简单，无灭弧装置，处于断开位置时有明显的断开点，其分、合状态很直观。

6.1.2 高压隔离开关的型号及技术数据

隔离开关的型号，如GN6-10T/400，由六个部分组成。从左至右：第一位，是代表该设备的名称，G代表隔离开关。第二位，是代表该设备的使用环境，W代表户外，N代表户内。第三位，是设计序号，有6、8、19等。横杠后的为第四位，代表工作电压等级，以kV为单位，工作电压等级用数字表示。第五位，表示其他特征，G——改进型，T——统一设计，D——带接地刀闸，K——快分式，C——瓷套管出线。第六位，是额定电流，以A为单位。

例如，GN19-10C/400表示：隔离开关，户内式，设计序号为19，工作电压10kV，套管出线，额定电流400A。GW9-10/600代表：隔离开关、户外型，设计序号为9，工作电压为10kV，额定电流为 600A。这种开关一般装设在供电部门与用电单位的分界杆上，称为第一断路隔离开关。

隔离开关的技术数据见表 6-1。

表 6-1 常用高压隔离开关主要技术数据

型号	额定电压/kV	额定电流/kA	极限通过电流/kA		5s 热稳定电流/kA
			峰值	有效值	
GN6-10T/400 GN8-10T/400	10	400	52	30	14
GN19-10/400 GN19-10C/400	10	400	52	30	20
GW1-10/400	10	400	25	15	14
GW9-10/400	10	400	25	15	14

6.1.3 高压隔离开关的技术性能

隔离开关没有灭弧装置，不可以带负荷进行操作。

对于 10kV 的隔离开关，在正常情况下，它允许的操作范围是：

① 分、合母线的充电电流。

② 分、合电压互感器和避雷器。

③ 分、合一定容量的变压器或一定长度的架空电缆线路的空载电流（详见有关的运行规程）。

6.1.4 高压隔离开关的用途

室外型的，包括单极隔离开关以及三极隔离开关，常用作把供电线路与用户分开的第一断路隔离开关；室内型的，往往与高压断路器串联连接，配套使用，用以保证停电的可靠性。

此外，在高压成套配电设备装置中，隔离开关往往用作电压互感器、避雷器、配电所用变压器及计量柜的高压控制电器。

6.1.5 高压隔离开关的安装

户外型的隔离开关，露天安装时应水平安装，使带有瓷裙的支持瓷瓶确实能起到防雨作用，户内型的隔离开关，在垂直安装时，静触头在上方，带有套管的可以倾斜一定角度安装。一般情况下，静触头接电源，动触头接负荷，但安装在受电柜里的隔离开关，采用电缆进线时，则电源在动触头侧，此种接法俗称“倒进火”。

隔离开关两侧与母线及电缆的连接应牢固，如有铜、铝导体，接触时，应采用铜铝过渡接头，以防电化腐蚀。

隔离开关的动、静触头应对准，否则合闸时就会出现旁击现象，合闸后动、静触头接触面压力不均匀，会造成接触不良。

隔离开关的操作机构、传动机械应调整好，使分、合闸操作能正常进行，没有抗劲现象。还要满足三相同期的要求，即分、合闸时三相动触头同时动作，不同期的偏差应小于 3mm。此外，处于合闸位置时，动触头要有足够的切入深度，以保证接触面积符合要求；但又不能合过头，要求动触头距静触头底座有 3～5mm 的空隙，否则合闸过猛时将敲碎静触头的支持瓷瓶。处于拉开位置时，动、静触头间要有足够的拉开距离，以便有效地隔离带电部分，这个距离应不小于 160mm，或者动触头与静触头之间拉开的角度应小于 65°。

6.1.6 高压隔离开关的操作与运行

隔离开关都配有手力操动机构，一般采用 CS6-1 型。操作时要先拔出定位销，分、合闸动作要果断、迅速，终了时注意不可用力过猛，操作完毕一定要用定位销销住，并目测其动触头位置是否符合要求。

用绝缘杆操作单极隔离开关时，合闸应先合两边相，后合中相，分闸时，顺序与此相反。

必须强调，不管合闸还是分闸的操作，都应在不带负荷或负荷在隔离开关允许的操作范围之内时才能进行。为此，操作隔离开关之前，必须先检查与之串联的断路器，应确定处于断开位置。如隔离开关带的负荷是规定容量范围内的变压器，则必须先停掉变压器的全部低压负荷，令其空载之后再拉开该隔离开关，送电时，先检查变压器低压侧主开关确在断开位置，才能合隔离开关。

如果发生了带负荷分或合隔离开关的误操作，则应冷静地避免可能发生的另一种反方向的误操作。也就是说，已发现带负荷误合闸后，不得再立即拉开，当发现带负荷分闸时，若已拉开，不得再合（若刚拉开一点，发觉有火花产生时，可立即合上）。

对运行中的隔离开关应进行巡视。在有人值班的配电所中应每班一次，在无人值班的配电所中，每周至少一次。

日常巡视的内容，首先观察有关的电流表，其运行电流应在正常范围内，其次根据隔离开关的结构，检查其导电部分接触应良好，无过热变色，绝缘部分应完好，以及无闪络放电痕迹，再就是传动部分应无异常（无扭曲变形、销轴脱落等）。

6.1.7 高压隔离开关的检修

隔离开关连接板的连接点过热变色，说明接触不良，接触电阻大，检修时应打开连接点，将接触面锉平再用砂纸打光（但开关连接板上镀的锌不要去除），然后将螺钉拧紧，并要用弹簧垫片防松。

动触头存在旁击现象时，可旋动固定触头的螺钉，或稍微移动支持绝缘子的位置，以消除旁击；若三相不同期，则可通过调整拉杆绝缘子两端的螺钉，通过改变其有效长度来克服。

触头间的接触压力可通过调整夹紧弹簧来实现，而夹紧的程度可用塞尺来检查。

触头间一般可涂中性凡士林以减少摩擦阻力，延长使用寿命，还可防止触头氧化。

隔离开关处于断开位置时，触头间拉开的角度或其拉开距离不符合规定时，应通过拉杆绝缘子来调整。

6.2 高压负荷开关

6.2.1 负荷开关的结构及工作原理

负荷开关主要有 FN2-10 及 FN3-10 两种。如图 6-2 所示是 FN2-10 型高压负荷开关外形。

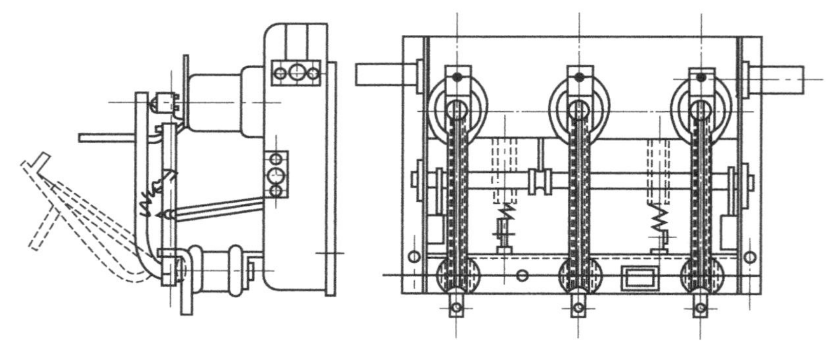

图 6-2 FN2-10 型高压负荷开关外形

FN2-10 的结构及工作原理简介如下。

(1) 导电部分 出线连接板、静主触头及动主触头，接通时，流过大部分电流，而与之并联的静弧触头与动弧触头则流过小部分电流：动弧触头及静弧触头的主要任务是在分、合闸时保护主触头，使它们不被电弧烧坏。因此，合闸时弧触头先接触，然后主触头才闭合，分闸时主触头先断开，这时弧触头尚未断开，电路尚未切断，不会有电弧。待主触头完全断开后，弧触头才断开，这时才燃起电弧，然而动、静弧触头已迅速拉开，且又有灭弧装置的配合，电弧很快熄灭，电路被彻底切断。

(2) 灭弧装置 气缸、活塞、喷口等。

(3) 绝缘部分 支持瓷瓶，借以支持动触头；气缸绝缘子，借以支持静触头并作为灭弧装置的一部分。

(4) 传动部分 主轴、拐臂、分闸弹簧、传动机构、绝缘拉杆、分闸缓冲器等。

(5) 底座 钢制框架。

总之，负荷开关的结构虽比隔离开关要复杂，但仍比较简单，且断开时有明显的断开点。由于它具有简易的灭弧装置，因而有一定的断流能力。

现在再简要地分析一下其分闸过程：分闸时，通过操动机构，使主轴转 90°，在分闸弹簧迅速收缩复原的爆发力作用下，主轴的这一转动完成的非常快，主轴转动带动传动机构，使绝缘拉杆向上运动，推动动主触头与静主触头分离，此后，绝缘拉杆继续向上运动，又使动弧触头迅速与静弧触头分离，这是主轴作分闸转动引起的一部分联动动作。同时，还有另一部分联动动作：主轴转动，通过连杆使活塞向上运动，从而使汽缸内的空气被压缩，缸内压力增大，当动弧触头脱开静弧触头引燃电弧时，气缸内强有力的压缩空气从喷嘴急速喷出，使电弧很快熄灭，弧触头之间分离速度快，压缩空气吹弧力量强，使燃弧持续时间不超过 0.03s。

6.2.2 负荷开关的型号及技术数据

负荷开关的型号，如 FN2-10RS/400，由七个部分组成。从左至右：第一位，是该设备的名称，F 代表负荷开关；第二位，表示该设备的使用环境，W 代表户外，N 代表户内；第三位，设计序号，有 1、2、3 型，其中 1 型是老产品，目前常用的是 2 型及 3 型，3 型的外观如图 6-3 所示。横线后的第四位代表该设备的额定工作电压，以 kV 为单位；第五位表示是否带高压熔断器，用 R 表示带有熔断器，不带熔断器的就不注；第六位是进一步表明带熔断器的负荷开关其熔断器是装在负荷开关的上面还是下面，s 表示装在上面，如装在下面就不注；第七位，表示其规格，即额定电流，以 A 为单位。

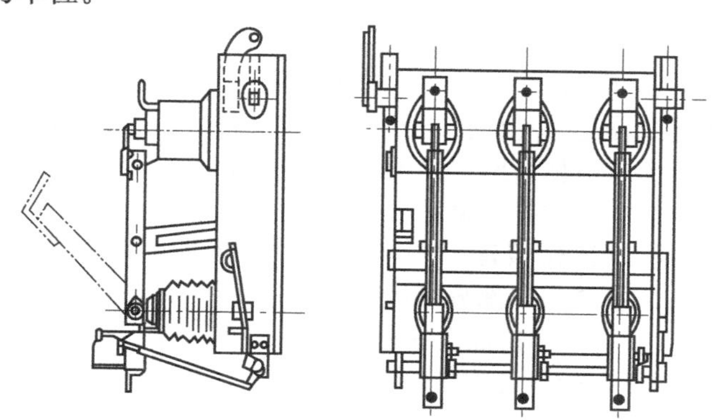

图 6-3 FN3-10 型高压负荷开关外形

［例］ FN2-10R/400 的含义是：负荷开关、户内、设计序号为 2、额定电压为 10kV、带熔断器（装在负荷开关下方）、额定电

流为 400A。

负荷开关的技术数据列于表 6-2 中。

表 6-2 高压负荷开关技术数据

型　号	额定电压/kV	额定电流/A	10kV 最大开短电流/A	极限通过电流峰值/kV	10s 热稳定电流，有效值/kA
FN2-10/400 FN2-10R/400	10	400	1200	25	4

6.2.3 负荷开关的用途

负荷开关可分、合额定电流及以内的负荷电流，可以分断不大的过负荷电流。因此可用来操作一般负荷电流、变压器空载电流、长距离架空线路的空载电流、电缆线路及电容器组的电容电流。配有熔断器的负荷开关，可分开短路电流，对中、小型用户可当作断流能力有限的断路器使用。

此外，负荷开关在断开位置时，像隔离开关一样无显著的断开点，因此也能起到隔离开关的隔离作用。

6.2.4 负荷开关的维护

根据分断电流的大小及分合次数来确定负荷开关的检修周期。工作条件差、操作任务重的易造成静弧触头及喷嘴烧坏，烧损较重的应予更换，而烧损轻微者可以修整再用。

高压熔断器是一种保护电器，当系统或电气设备发生过负荷或短路时，故障电流使熔断器内的熔体发热熔断，切断电路，起到保护作用。本节只介绍户内型高压熔断器。

(1) 结构及工作原理　户内型高压熔断器又称作限流式熔断器，它的结构主要由四部分组成，如图 6-4 所示。

① 熔丝管　其构造如图 6-5 所示。

7.5A 以下的熔丝往往绕在截面为六角形的陶瓷骨架上，7.5A 以上的熔丝则可以不用骨架。采用紫铜作为熔丝材料，熔丝为变截面的，在截面变化处焊上锡球或搪一层锡。

保护电压互感器专用的熔丝，其引线采用镍铬线，以便造成 100Ω 左右的限流电阻。熔丝管的外壳为瓷管，管内充填石英砂，

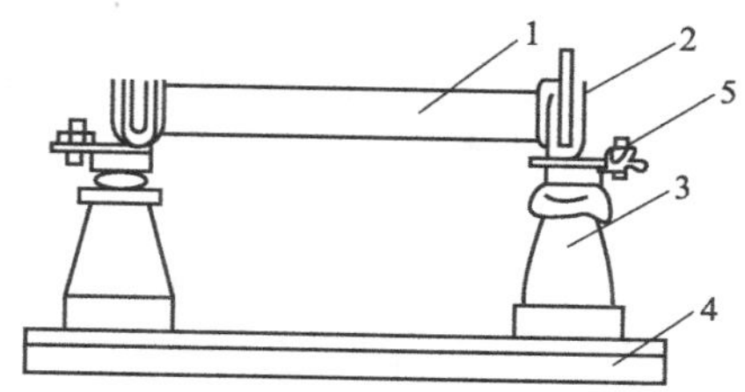

图 6-4 RN1-10 型熔断器外形

1—熔管；2—触头座；3—支持绝缘子；4—底板；5—接线座

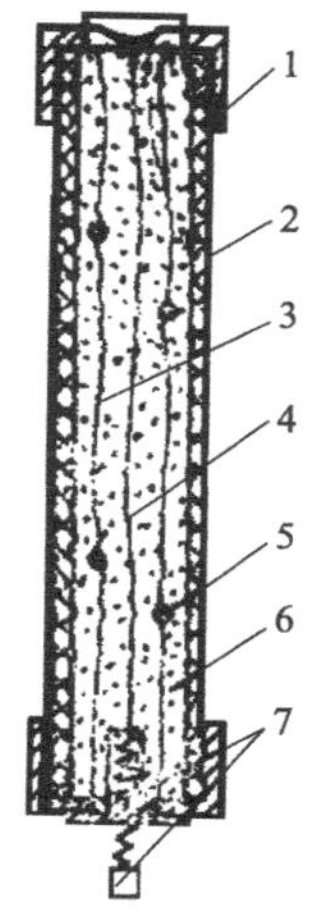

图 6-5 RN1 型熔断器熔管剖面图

1—管帽；2—瓷管；3—工作熔件；4—指示熔件；5—锡球；
6—石英砂填料；7—熔断指示器

以获得灭弧性能。

② 触头座　熔丝管插接在触头座内，方便更换熔丝管。触头座上有接线板，以便于与电路相连接。

③ 绝缘子　是基本绝缘，用它支持触头座。

④ 底板　钢制框架。

它的工作原理是：当过电流使熔丝发热以至熔断时，整根熔丝熔化，金属微粒喷向四周，钻入石英砂的间隙中，由于石英砂对电弧的冷却作用和去游离作用，因此电弧很快熄灭。由于灭弧能力强，能在短路电流来达到最大值之前，电弧就被熄灭，因此可限制短路电流的数值，特别是专门用于保护电压互感器的熔断器内的限流电阻，其限流效果非常明显。熔丝熔断后，指示器即弹出，显示熔丝“已熔断”。

变截面的熔丝、石英砂充填、限流电阻、很强的灭孤能力等，这都是普通熔丝管所不具备的，因而不得用普通熔丝管来代替 RN 型熔丝管。

(2) 户内型高压熔断器的型号及技术数据 高压熔断器的型号，如 RN1-10 20/10 由六部分组成，从左起：第一位，设备名称，R 代表熔断器；第二位，使用环境，N 代表户内型；第三位，设计序号，以数字表示，1 是老产品，3 是改进的新产品；第四位(横线之后)，额定工作电压，用数字表示，单位是 kV；第五位(空格后，斜线前)，熔断器的额定电流，以数字表示，单位是 A；第六位（斜线后)，熔体的额定电流，用数字表示，以 A 为单位。

如，RN1-10 20/10 代表：熔断器，户内型，设计序号为 1、额定工作电压 10kV、熔断器额定电流 20A、熔体额定电流 10A。

表 6-3 列出了 RN1-10 及 RN3-10 型熔丝管容量及熔丝额定电流，可供选配。

表 6-3 RN $\frac{1}{3}$-10 型规格

熔断器容量/A	熔体额定电流/A	熔断器容量/A	熔体额定电流/A
20	2 3 5 7 7.5 10 15 20	150	150
50	30 40 50	200	200
10	75 100		

RN2-10 型高压熔断器是为保护电压互感器而专门安装的熔断器，其熔体只有额定电流为 0.5A 的一种，其熔丝引线为镍铬丝，约为 100Ω 起限制故障电流的作用。

RN 型高压熔断器的技术数据详见表 6-4。

(3) 户内型高压熔断器的用途 RN1-10 及 RN3-10 型高压熔断器，用于 10kV 配电线路和电气设备（如所用变压器、电容器

表 6-4 RN 型高压熔断器的技术数据

型号	额定电压/kV	额定电流/A	最大分断电流有效值/kA	最小分断电流额定电流倍数	最大三相断流容量/MV·A
RN1-10	10	20	12	不规定	200
		50 100 150 200		1.3	
RN2-10	10	0.5	50	0.6～1.8A 1min 内熔断	100

等）作过载以及短路保护。RN2-10 及 RN4-10 型高压熔断器，为电压互感器专用熔断器。

6.3 高压户外型熔断器

6.3.1 户外型高压熔断器的结构及工作原理

户外型高压熔断器又称为跌开式熔断器，也称为跌落保险。目前常用的是 RW3-10 型和 RW4-10 型两种。如图 6-6 和图 6-7 所示是它们的外形。它们的结构大同小异，一般由以下几个部分组成。

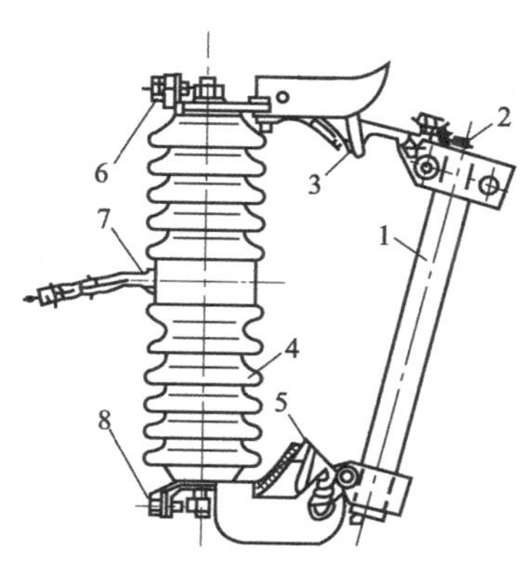

图 6-6 RW3-10 型跌开式熔断器外形

1—熔管；2—熔丝元件；3—上触头；4—绝缘瓷套管；5—下触头；6—端部螺栓；7—紧固板

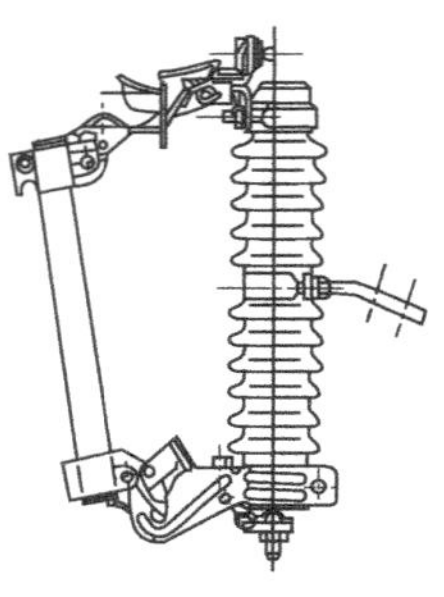

图 6-7　RW4-10 型跌开式熔断器外形

(1) 导电部分　上、下接线板，用以串联接于被保护电路中；上静触头、下静触头，用来分别与熔丝管两端的上、下动触头相接触，来进行合闸，接通被保护的主电路，下静触头与轴架组装在一起。

(2) 熔丝管　由熔管、熔丝、管帽、操作环、上动触头、下动触头、短轴等组成。熔管外层为酚纸管或环氧玻璃布管，管内壁套以消弧管，消弧管的材质是石棉，它的作用是防止熔丝熔断时产生的高温电弧烧坏熔管，另一作用是方便灭弧。熔丝的结构如图 6-8 所示。熔丝在中间，两端以软、裸、多股铜绞线作为引线，拉紧两端的引线通过螺钉分别压按在熔管两端的动触头接线端上。短轴可嵌入下静触头部分的轴架内，使熔丝管可绕轴转动自如。操作环用来进行分、合闸操作。

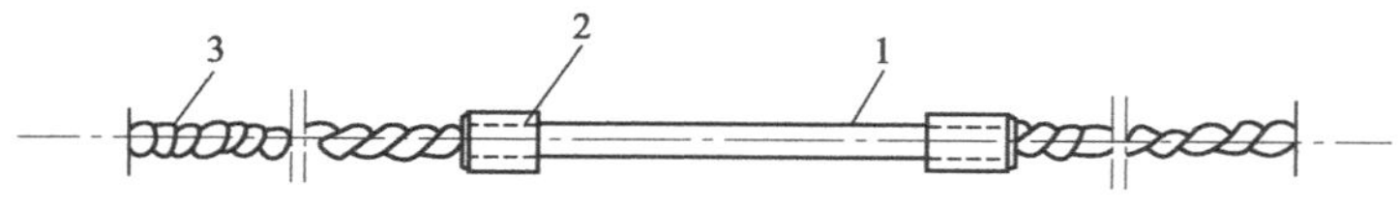

图 6-8　RW-10 型熔断器的熔丝外形

1—熔体；2—套圈；3—绞线

(3) 绝缘部分　绝缘瓷瓶。

(4) 固定部分　在绝缘瓷瓶的腰部有固定安装板。跌开式熔断器的工作原理是：将熔丝穿入熔管内，两端拧紧，并使熔丝位于熔管中间偏上的地方，上动触头会因为熔丝拉紧的张力而垂直于熔丝管向上翘起，用绝缘拉杆将上动触头推入上静触头内，成闭合状态（合闸状态）并保持这一状态。

当被保护线路发生故障，故障电流使熔丝熔断时，形成电弧，消弧管在电弧高温作用下分解出大量气体，使管内压力急剧增大，气体向外高边喷出，对电弧形成强有力的纵向吹弧，使电弧迅速拉长而熄灭。与此同时，熔丝熔断，熔丝的拉力消失，使锁紧机构释放，熔丝管在上静触头的弹力及其自重的作用下，会绕轴翻转跌落，形成明显的断开距离。

6.3.2 跌开式熔断器的型号及技术数据

跌开式熔断器的型号与户内型高压熔断器基本相同，只是把户内（N）改为户外（W）而已。RW型跌开式熔断器的技术数据见表6-5。

表6-5 RW型跌开式熔断器技术数据

型号	额定电压/V	额定电流/A	熔丝额定电流/A	断流容量/MV·A
RW3-10及 RW4-10	10	50 100 200	3,5,7.5,10, 15,20,25,30, 40,50,60,75, 100,150,200	75 100 200

另外，RW型跌开式熔断器像户外型隔离开关（W型）一样可以分、合正常情况下560kV·A及以下容量的变压器空载电流，可以分、合正常情况下10km及以下长度的架空线路的空载电流，可以分合一定长度的正常情况下的电缆线路的空载电流。

6.3.3 跌开式熔断器的用途

跌开式熔断器，在中、小型企业的高压系统中，广泛地用作变压器和线路的过载和短路保护及控制电器，并对被检修及停电的电气设备或线路作为起隔离作用而设置的明显断开点。

6.3.4 跌开式熔断器的安装

对跌开式熔断器的安装应满足产品说明书及电气安装规程的要求。

① 对下方的电气设备的水平距离，不能小于0.5m。

② 相间距离，室外安装时应小于 0.7m；室内安装时，不能小于 0.6m。

③ 熔丝管底端对地面的距离，装于室外时以 4.5m 为宜，装于室内时，以 3m 为宜。

④ 熔丝管与垂线的夹角一般应为 15°～30°。

⑤ 熔丝应位于消弧管的中部偏上处。

6.3.5 跌开式熔断器的操作与运行

操作跌开式熔断器时，应有人监护，使用合格的绝缘手套，穿戴符合标准。

操作时动作应果断、准确而又不要用力过猛、过大。要用合格的绝缘杆来操作。对 RW3-10 型，拉闸时应往上顶鸭嘴；对 RW4-10 型，拉闸时应用绝缘杆金属端钩穿入熔丝管的操作环中拉下。合闸时，先用绝缘杆金属端钩穿入操作环，令其绕轴向上转动到接近上静触头的地方，稍加停顿，看到上动触头确已对准上静触头，就果断而迅速地向斜上方推，使上动触头与上静触头良好接触，并被锁紧机构锁在这一位置，然后轻轻退出绝缘杆。

运行中，触头接触处滋火，或一相熔丝管跌落，一般都属于机械性故障（如熔丝未上紧，熔丝管上的动触头与上静触头的尺寸配合不合适，锁紧机构有缺陷，受到强烈震动等），应根据实际情况进行维修。如分断时的弧光烧蚀作用使触头出现不平，应停电并采取安全措施后，再进行维修，将不平处打平、打光，消除缺陷。

6.4 高压开关操动机构与簧操动机构

6.4.1 高压开关操作机构

(1) 操动机构的作用 为了保证人身安全，即操作人应与高压带电部分保持足够的安全距离，以防触电和电弧灼伤，必须借助于操动机构间接地进行高压开关的分、合闸操作。

首先，使用操动机构可以满足对受力情况及动作速度的要求，保证了开关动作的准确、可靠和安全。其次，操动机构可以与控制开关以及继电保护装置配合，完成远距离控制及自动操作。

总之，操动机构的作用是：保证操作时的人身安全，满足开关对操动速度、力度的要求，根据运行方式需要实现自动操作。

(2) 操动机构的型号 常用的操动机构主要有三种形式：手力式、弹簧储能式以及电磁式。目前常用的操动机构的型号有 CS2、CT7、CT8、CD10 等。

操动机构的型号，如 CS2-114，由四部分组成，从左至右：第一位，设备名称，C 表示操动机构；第二位，操动机构的形式，S 表示手力式，T 表示弹簧储能式，D 表示电磁式；第三位，设计序号，以数字表示，第四位（横线后），其他特征，如档类或脱扣器代号及个数等。一般用 I、Ⅱ、Ⅲ表示挡类，用 114 等代表脱扣器的代号及个数。

(3) 操动机构的操作电源 操作电源是供给操动机构、继电保护装置及信号等二次回路的电源。

对操作电源的要求，首先是要求在配电系统发生故障时，仍可以保证继电保护和断路器的操动机构可靠地工作，这就要求操作电源相对于主回路电源有独立性，当主回路电源突然停电时，操作电源在一段时间内仍能维持供电，再有是该电源的容量应能满足合闸操作电流的要求。

操作电源主要分为交流和直流两大类。

① 交流操作电源，一般由电压互感器（或再通过升压）或由所用变压器供电。CS2 型手力操动机构和 CT7、CT8 型弹簧操动机构均采用交流操作，广泛地用于中、小型变、配电所。

② 直流操作电源往往是由整流装置或蓄电池组提供的。在 10kV 变、配电所中，直流操作电源的电压大多采用 220V，也有的采用 110V。CD 型电磁操动机构需配备直流操作电源。定时限保护一般也采用直流操作电源。直流操作广泛应用于大、中型及重要的变、配电所。

6.4.2 簧操动机构

CT7、CT8 是弹簧操动机构，它们可以电动储能，也可以手动储能。用手动储能时，CT7 是采用摇把（CT8 是采用压把），本节仅叙述 CT7 型操动机构。

CT7 可以用交流或直流操作，但一般采用交流操作，操作电源的电压多采用交流 220V，该电源可以取自所用变压器，但多数由电压互感器提供，这时要有一台容量在 1kV·A 左右的单相变压器，将电压互感器二次侧 100V 电压升高至 220V，供操作用。

(1) 弹簧操动机构的操作方式

① 合闸：手动方式是通过弹簧操动机构箱体面板上的控制按钮或扭把。电动方式是通过高压开关柜面板上的控制开关，使合闸电磁铁吸合。

② 分闸：手动方式是通过弹簧操动机构箱体面板上的控制按钮或扭把。电动方式又分为主动方式和被动（保护）方式两类：主动方式是通过高压开关柜面板上的控制开关，可使分闸电磁铁吸合；被动方式是通过过电流脱扣器或者通过失压脱扣器。

弹簧操动机构也可装设各种脱扣器，并同时在其型号中标明。如 CT8-114，就是装有两个瞬时过电流脱扣器和一个分离脱扣器的弹簧操动机构。弹簧操动机构除用来进行少油断路器的分、合闸操作外，还可用来实现自动重合闸或备用电源自动投入。

为防止合闸弹簧疲劳，合闸后可不再进行“二次储能”。但有自动重合闸或备用电源自动投入要求的，合闸弹簧应经常处于储能状态，即合闸后又自动使储能电动机启动，带动弹簧实现“二次储能”。

(2) 弹簧操动机构的结构 CT 型弹簧操动机构的结构原理如图 6-9 所示，该操动机构有“储能”“合闸”和“分闸”三种动作。

(3) 弹簧操动机构的控制电路 CT 型弹簧操动机构的操作闭路原理如图 6-10 所示。整个控制电路原理可分为储能回路（〈1〉、〈2〉）、合闸回路（〈3〉、〈4〉）和分闸回路（〈5〉、〈6〉）三个部分。储能回路其工作过程如下：

合 SA-M—MF—机械弹簧拉伸、储能、到位机械—SQ 动作—┬—SQ1 开—M 停
　　　　　└—SQ2 合—HL-Y 亮

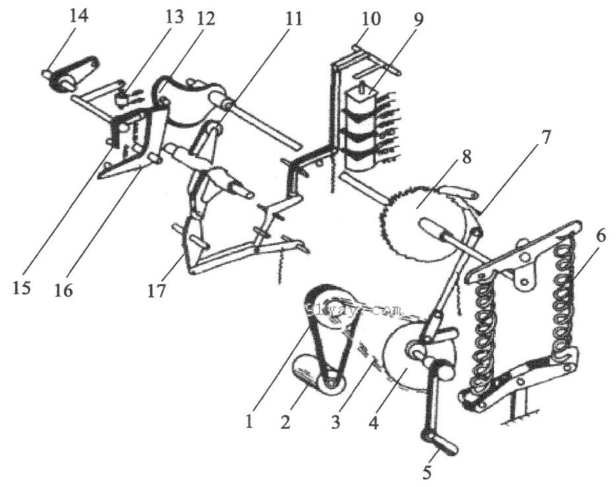

图 6-9 CT7 型弹簧机构原理

1—电动机；2—皮带；3—链条；4—偏心轮；5—手柄；6—合闸弹簧；7—棘爪；8—棘轮；9—脱扣器；10、17—连杆；11—拐臂；12—凸轮；13—合闸线器；14—输出轴；15—掣子；16—杠杆

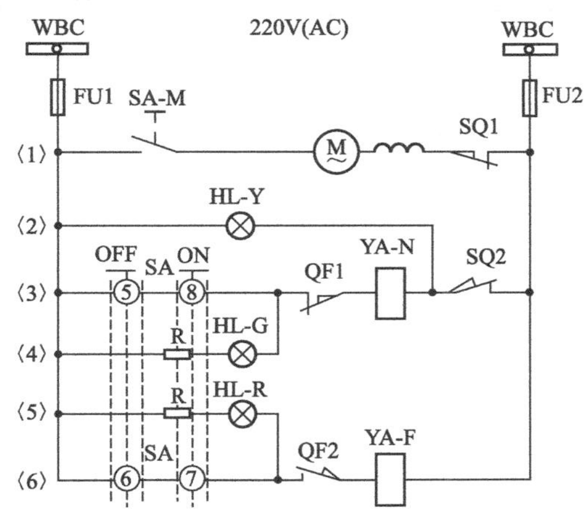

图 6-10 CT8 操动机构控制电路

WBC—控制小母线；FU1、FU2—控制回路熔断器；SA-M—储能电机回路扳把开关；SQ—储能限位开关；HL-Y—黄色（或白色）指示灯；HL-G—绿色指示灯；HL-R—红色指示灯；R—指示灯串接电阻器；SA—分合闸操作开关；QF—断路器辅助接点；YA-N—断路器合闸线圈；YA-F—断路器分闸线圈

合闸回路其动作过程如下：将万能转换开关 SA 由垂直位置右转 45°，使触点（⑤、⑧）接通，则：

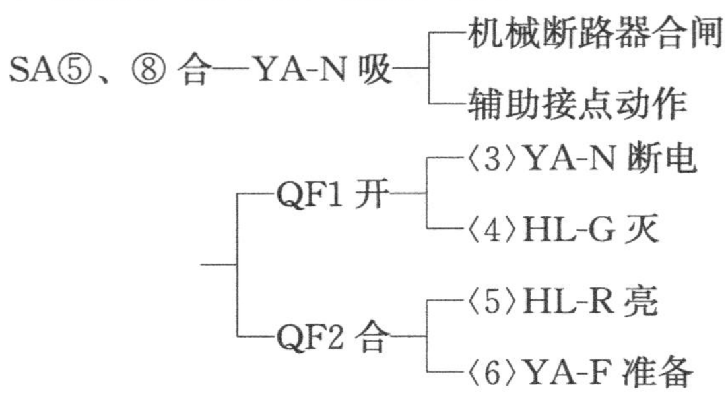

从以上过程可以看出：YA-N 通电工作时间不长，它由于 SA⑤、⑧接通而通电工作，由于 QFl 断开而断电，工作时间只有零点几秒，QF 接点与断路器的状态几乎是同步变换，而 QF 接点同时又决定了哪个指示灯亮。因此、红灯（HL-R）亮就代表了断路器处于合闸状态，绿灯（HL-G）亮就代表了断路器处于分闸状态。

另外，操作机构内的 QF 接点，应调整得在合闸过程中常开接点 QF2 先闭合，常闭接点 QF1 后断开，以保证当合闸发生短路故障时可以迅速分闸（由 QF2 先闭合为分闸提前准备好了条件），而 QF1 断开得迟一些，用以保证合闸可靠。

分闸回路动作过程如下：将万能转换开关 SA 由水平位置左转 45°，使触点⑥、⑦接通，则

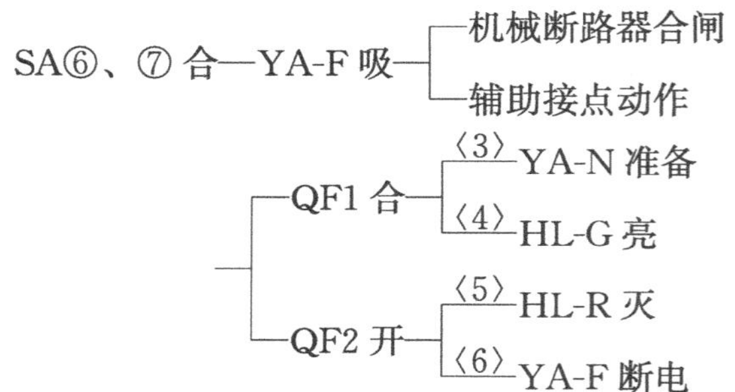

通过以上过程可以看出：YA-F 通电工作时间很短，它由于 SA⑥、⑦接通而通电工作，由 QF2 断开而断电。

对于操作回路的几个电器，在此加以说明。

① SA 开关，它是用来发出分、合闸操作命令的。该开关有 6 个工作位置，如图 6-11 所示。其中分、合这两个位置是不能保持的，为保证分、合闸操作的可靠，操作时，用手将操作手把转到分、合位置后不要立即松手，当听到断路器动作的声音，看到红、绿指示灯变换之后再松开，使其自动复位至已分、已合位置。

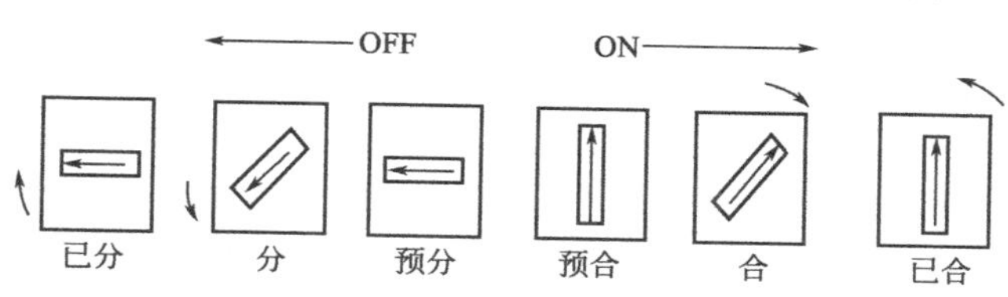

图 6-11 LW2-2-1a\4\6a\40\30/F8 的工作位置

② FUl、FU2 为操作回路熔断器，起过载及短路保护作用。常常采用 R1 型熔断器，其外型如图 6-12 所示。为防止储能电动机旋转时熔丝熔断，往往选用额定电流为 10A 的熔丝管，而熔断器也选用 10A 的，即 R1-10/10。

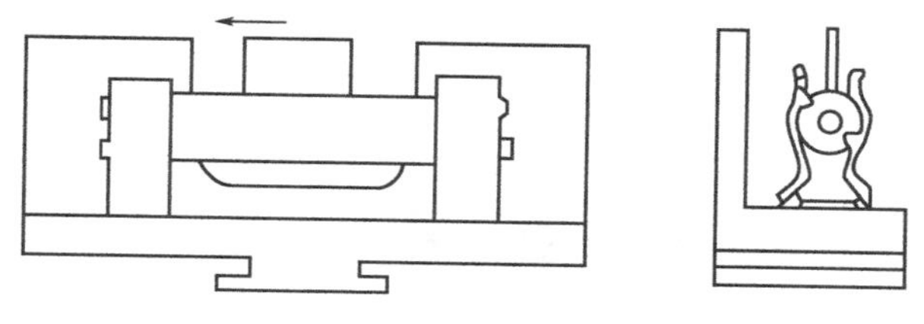

图 6-12 R1 型熔断器外形

③ HL-R、HL-G 断路器工作状态的指示灯，又是监视分、合闸回路完好性的指示灯。HL-R 红灯亮时表明断路器处于合闸状态，同时又表明分闸回路完好，HL-G 绿灯亮时表明断路器处于分闸状态，同时又表明合闸回路完好。HL-R、HL-G 指示灯总是串上一个电阻 R，这个 R 可以防止因灯泡、灯口短路而引起误分闸或误合闸。一般采用直流 220V 操作电源，指示灯泡用 220V，15W，则串入的电阻应为 2.5kΩ、25W。

弹簧操动机构的电气技术数据如下。

储能电动机：

形式：单相交流串励整流子式。

额定电流：不大于 5A。

额定功率：433W。

额定转速：6000r/min。

额定电压：交流 220V。

额定电压下储能时间：不大于 10s。

电机工作电压范围：额定电压的 85%～110%。

合闸电磁铁：

额定电压：交流 220V。

额定电流：铁芯释放情况下，6.9A；铁芯吸合情况下，2.3A。

额定容量：铁芯释放情况下，1520V・A；铁芯吸合情况下，506V・A。

20℃时线圈电阻：28.2Ω。

动作电压范围：额定电压的 85%～110%。

脱扣器：

分励脱扣器（4 型）：

额定电压：交流 220V。

额定电流：铁芯释放情况下，0.78A；铁芯吸合情况下，0.31A。

额定功率：铁芯释放情况下，172V・A；铁芯吸合情况下，68V・A。

20℃线圈电阻值：127Ω。

电压范围：额定电压的 65%～120%。

6.5 高压开关的联锁装置

6.5.1 装设联锁装置的目的

为了保证操作安全，操作高压开关必须按一定的操作顺序，如果不按这种顺序操作，就可能导致事故。为防止可能出现的误操作，必须在高压配电设备上采用技术措施，装设联锁后，就可以保证必须按规定的操作顺序进行操作，否则就无法进行，有效地防止了误操作。

此外，两路电源不允许并路操作，或两台变压器不允许并列运行，一旦误并列就会发生事故，轻则由于环流而导致断路器掉闸，造成停电，重则由于相位不同，而导致相间短路，造成重大事故。

故在有关的开关之间加装“联锁”，可以防止误并列。

总之，装设联锁的目的在于防止误操作和误并列。

6.5.2 联锁装置的技术要求

联锁装置应能根据实际需要分别实现以下功能。

① 防止带负荷操作隔离开关，即只有当与之串联的断路器处于断开位置时，隔离开关才可以操作。

② 防止误入带电设备间隔。即断路器、隔离开关来断开，则该高压开关柜的门打不开。

③ 防止带接地线合闸或接地隔离开关未拉开就合断路器送电。

④ 防止误分、合断路器，如手车式高压开关柜的手车未进入工作位置或试验位置，则断路器不能合闸。

⑤ 防止带电挂接地线或带电台接地隔离开关。以上这五个防止，简称为“五防”。

⑥ 不允许并路的两路电源向不分段的单母线供电，以防误并路。

⑦ 不允许并路的两路电源向分段的单母线供电，如有高压联络开关时，防止误并路。

联锁装置实现闭锁的方式应是强制性的。即在执行误操作时，由于联锁装置的闭锁作用而执行不了。一般不要采用提示性的，因为在误操作的某些特殊情况下，一般的提示形式可能不会引起注意或被误解，所以强制性的闭锁更直接、更有效。

联锁装置的结构应尽量简单、可靠、操作维修方便，尽可能不增加正常操作和事故处理的复杂性，不影响开关的分、合闸速度及特性，也不影响继电保护及信号装置的正常工作。因此，要优先选用机械类联锁装置，如果采用电气类联锁装置，其电源要与继电保护、控制、信号回路分开。

6.5.3 联锁装置的类型

联锁装置根据其工作原理，可分为机械联锁和电气联锁两大类。

GG-1A 型固定式高压开关柜，其隔离开关和断路器都固定安装在同一个铁架构上。对于这种开关柜，常见的有以下联锁方式。

(1) 机械联锁装置

①“挡柱”——在断路器的传动机构上加装圆柱形挡块。在开关柜的面板上有一圆洞，当断路器处于合闸状态时，档柱从面板圆洞中被推出，恰好挡住隔离开关操作机构的定位销，使定位销无法拔出，隔离开关无法使用，这样就能有效地防止带负荷分、合隔离开关的误操作。

如图 6-13 所示是“挡柱”联锁方式的示意图。

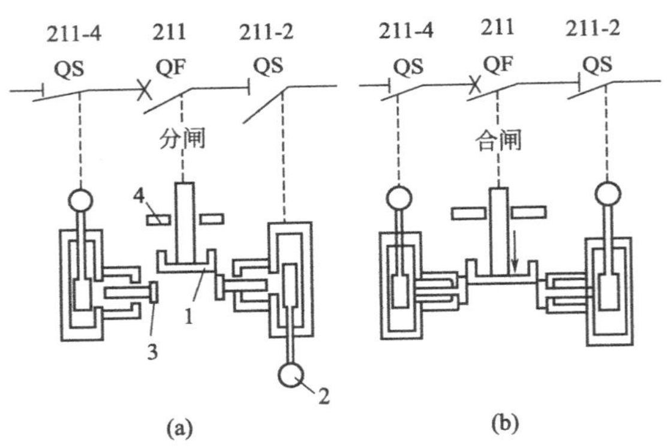

图 6-13 “挡柱”联锁方式示意图

1—与断路器传动机械联动的挡柱；2—隔离开关操作手柄；3—弹簧销钉；4—高压开关柜面板

② 连板——在电压互感器柜上，电压互感器隔离开关的操动机构，通过一个连板与一套辅助接点联动。辅助接点是电压互感器的二次侧开关，当通过操动机构拉开电压互感器一次侧隔离开关时，电压互感器二次侧开关（辅助接点）也通过连板被转动到断开位置，可以防止通过电压互感器造成反送电。

③ 钢丝绳——已调好长度的一条钢丝绳，通过滑轮导向后，将两台不允许同时合闸的隔离开关的操动机构连接起来，一台开关合上后，钢丝绳被拉紧，再合另一台开关时，由于一定长度的钢丝绳的限制而不能合闸，这样就可用来防止误并列。

④ 机械程序锁——KS1 型程序锁是一种机械程序闭锁装置，

它具有严格的程序编码，使操作顺序符合规程规定，如不按规定的操作顺序操作，操作就进行不下去。

这种程序闭锁装置已形成系列产品，目前有 17 种锁，例如模拟盘锁、控制手把锁、户内左刀闸锁、户内右刀闸锁、户内前网门锁、户内后网门锁等，用户可以根据自己的接线方式和配电设备装置的布置型式，选择不同的锁组合后，进行程序编码，就能满足电力供电系统对防止误操作的要求。

程序锁都由锁体、锁轴及钥匙等部分组成。锁体是主体部件，锁体上有钥匙孔，孔边有两个圆柱销，这两个圆柱销与钥匙上的两个编码圆孔相对应。两孔和钥匙牙花都按一定规律变化，相对位置进行排列组合，可以构成上千种的编码，使上千把锁的钥匙不会重复，从而保证在同一个变、配电所内的所有的锁之间互开率几乎为零。

锁轴是程序锁对开关设备实现闭锁的执行元件，只有锁轴被释放时，开关设备才能操作。而锁轴的释放，必须要由两把合适的钥匙同时操作才行，一把是上一步操作所装的程序锁的钥匙。

另一把是本步操作所装的程序锁的钥匙。用这两把钥匙使锁轴释放，进行本步开关操作，操作后，上一步操作的钥匙被锁住而留下来，而本步操作的钥匙取出来，去插到下步操作的程序锁上。由于这把钥匙取出，因此这步操作的程序锁，其锁轴被制止，该开关设备被锁定在这个运行状态。

(2) 电气联锁装置

① 电磁锁——在隔离开关的操作机构上安装成套电磁联锁装置。它由电磁锁和电钥匙两部分组成，其结构原理如图 6-14 所示。

图中Ⅰ为电磁锁部分，Ⅱ为电钥匙部分。在电磁锁部分中，2 为锁销，平时在弹簧 3 的作用下，保持向外伸出状态，而伸出部分正好插到操动机构的定位孔中，将操作手柄锁住，使其不能动作。电磁锁上有两个铜管插座，与电钥匙的两个插头相对应。其中，一个铜管插座接操作直流电源的负极，另一个铜管插座连接断路器的常开辅助点 QF，如图 6-15 所示。图中，QS1 为断路器电源侧的隔离开关的电磁锁插座，QS2 作为断路器负荷侧的隔离开关的电磁锁插座。

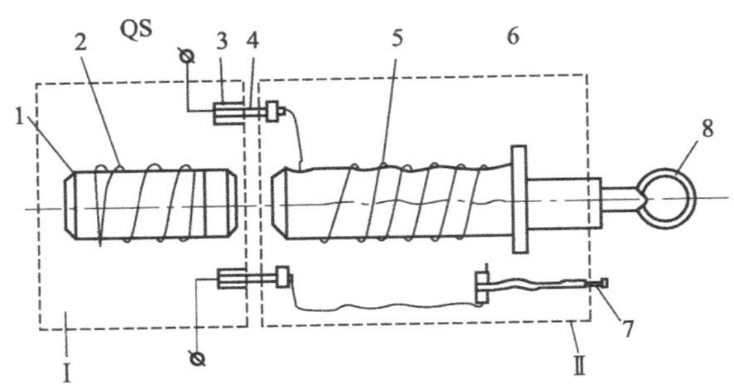

图 6-14 电气联锁装置结构

1—电锁；2—锁销；3—弹簧；4—铜管插座；
5—电钥匙；6—电磁铁；7—解除按钮；8—金属环

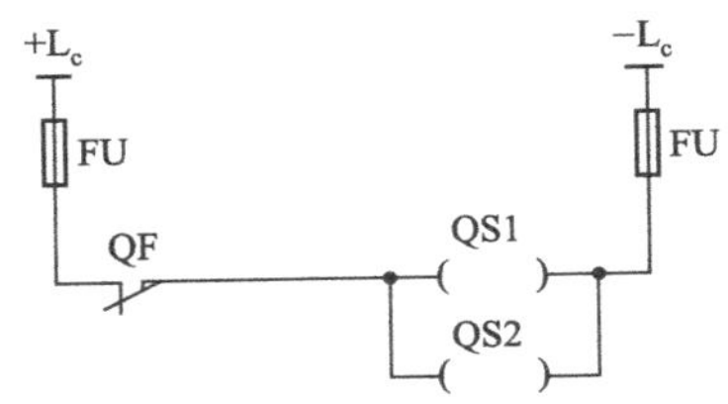

图 6-15 电气联锁接线原理图

正常合闸操作时，值班人员拿来电钥匙，插入电磁锁 QS1 插座内，于是，图 6-14 中电钥匙的吸引线圈 5 就改接入控制回路(操作回路)，当断路器处于分断状态，其辅助接点 QE 吸合。则 QSl 电钥匙的吸引线圈通电，电磁铁 6 产生电磁吸力，将电磁锁中的锁销 2 吸出，解除了对电源侧隔离开关的闭锁，这时可以合该隔离开关。确已合好后，将 QS1 的电钥匙的解除按钮按下，切断吸引线圈的电源，锁销在弹簧作用下插入与隔离开关合闸位置对应的定位孔中，将该状态锁定，拔下电钥匙。再将它插入 QS2，合上负荷隔离开关，拔下电钥匙，然后再去合断路器。如此，有效地防止了带负荷操作隔离开关。

② 辅助接点互锁——在不允许同时合闸的两台断路器的合闸电路中，分别串联接入对方断路器的常闭辅助接点，如图 6-16 所示。

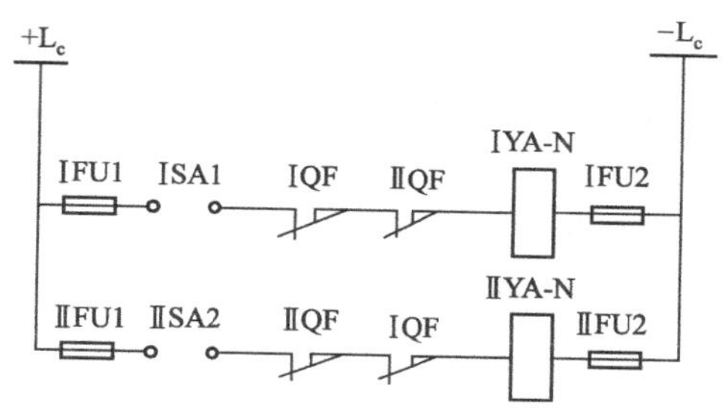

图 6-16 电气互锁原理图

当一路电源断路器处于合闸状态时，其常闭辅助接点断开（例ⅡQF 断开），则这一路电源断路器合闸线圈（1YA-H）的电路被切断，就不可能进行合闸。同样，当这一路电源断路器合上闸时，则其常闭辅助接点（ⅠQF）打开，阻断了另一路电源断路器的合闸回路（ⅠYA-N 的回路），使它不能合闸，如此实现了两台断路器之间的联锁。

以上是有关 GG-1A 型高压开关柜常采用的机械联锁和电气联锁的一些类型。

还有一种常用的 GFC 型手车式高压开关柜，它把开关安装在一个手车内，手车推入到柜内时，断路器两侧所连接的动触头与柜上的静触头接通，相当于 GG-1A 柜的上、下隔离开关，因此称作一次隔离触头。断路器做传动试验时，将手车外拉至一定位置，上、下动触头都与柜的静触头脱开，但二次回路仍保持接通，这时可空试断路器的分、合动作。断路器检修时，可将手车整个拉出外。

手车式高压开关柜具有以下联锁，这些联锁都是机械联锁：

开关柜在工作位置时，断路器必须先分闸后，才能拉出手车，切断一次隔离触头，反之，断路器在合闸状态时，手车不能推入柜内，也就不能使一次隔离触头接触。这就保证了隔离触头不会带负荷改变分、合状态，相当于隔离开关不会在带负荷的情况下操作。

手车入柜后，只能在试验位置和工作位置才能合闸，否则断路器不能合闸。这一联锁保证了只有在隔离触头确已接触良好（手车在工作位置时）或确已隔离（手车在试验位置时）时，断路器才可以操作，才可进行分、合闸。对于前者，断路器的分、合闸是为了切断或接通主回路（一次回路），对于后者，断路器的分、合闸是为了进行调整和试验。

断路器处于合闸状态时，手车的工作位置和试验位置不能互换。如果未将断路器分闸就拉动手车，则断路器自动跳闸。

第7章 仪用互感器

7.1 仪用互感器的构造工作原理

7.1.1 仪用互感器的构造工作原理

（1）仪用互感器的分类 仪用互感器是一种特殊的变压器，在电力供电系统中普遍采用，是供测量和继电保护用的重要电气设备，根据用途的不同分为电压互感器（简称 PT）和电流互感器（CT）两大类。

（2）仪用互感器的用途 在电力供电系统高压配电设备装置中，仪用互感器的用途有以下几个方面。

① 为配合测量和继电保护的需要，电压和电流统一的标准值，使测量仪表和继电器标准化，如电流互感器二次绕组的额定电流都是 5A；电压互感器二次绕组的额定线电压都是 100V。

② 电压互感器把高电压变成低电压，电流互感器把大电流变成小电流。

7.1.2 电压互感器的构造和工作原理

电压互感器按其工作原理可以分为电容分压原理（在 220kV 以上系统中使用）和电磁感应原理两类。常用的电压互感器是利用电磁感应原理制造的，它的基本构造与普通变压器相同，如图 7-1

所示。主要由铁芯、一次绕组、二次绕组组成，电压互感器一次绕组匝数较多，二次绕组匝数较少，使用时一次绕组与被测量电路并联，二次绕组与测量仪表或继电器等也与电压线圈并联。由于测量仪表、继电器等电压线圈的阻抗很大，因此，电压互感器在正常运行中相当于一个空载运行的降压变压器的二次电压基本上等于二次电动势值，且取决于恒定的一次电压值，所以电压互感器在准确度所允许的负载范围内，能够精确地测量一次电压。

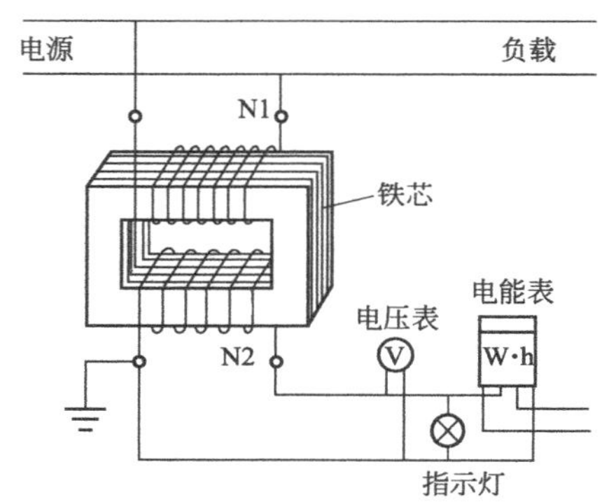

图 7-1　电压流互感器构造原理图

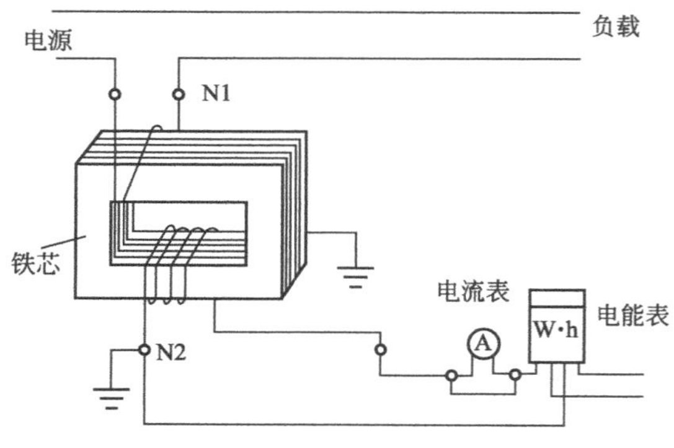

图 7-2　电流互感器构造原理图

7.1.3　电流互感器的构造和工作原理

电流互感器也是按电磁感应原理工作的。它的结构与普通变压器相似，主要由铁芯、一次绕组和二次绕组等几个主要部分组成，如图 7-2 所示。所不同的是电流互感器的一次绕组匝数很少，使用时一次绕组串联在被测线路里；而二次绕组匝数较多，与测量仪表和继电器等电流线圈串联使用。运行中电流互感器一次绕组内的电流取决于线路的负载电流，与二次负载无关（与普通变压器正好相反），由于接在电流互感器二次绕组内的测量仪表和继电器的电流线圈阻抗都很小，因此电流互感器在正常运行时，接近于短路状态，接近于一个短路运行的变压器，这是电流互感器与变压器的不同之处。

7.2 仪用互感器的型号及技术数据

7.2.1 电压互感器型号及技术数据

(1) 电压互感器的型号表达式 电压互感器按其结构形式，可分为单相、三相。从结构上可分双绕组、三绕组以及户外装置、户内装置等。通常，型号用横列拼音字母及数字表示，各部位字母含义见表 7-1。

表 7-1 电压互感器的型号的含义

字母排列顺序	代号含义
1	J——电压互感器
2(相数)	D——单相，S——三相
3(绝缘形式)	J——油浸式；G——干式 Z——浇注式；C——瓷箱式
4(结构形式)	B——带补偿绕组 W——五柱三绕组 J——接地保护

电压互感器数据型号：

• JDZ-10——单相双绕组浇注式绝缘的电压互感器，额定电压 10kV。

• JSJW-10——三相三绕组五铁芯柱油浸式电压互感器，额定电压 10kV。

• JDJ-10——单相双绕组油浸式电压互感器，额定电压 10kV。

(2) 电压互感器的额定技术数据 见表 7-2。

表 7-2 常用电压互感器的额定技术数据

型号	额定电压/V			额定容量/V·A			最大容量/V·A	绝缘形式	附注
	原线圈	副线圈	辅助线圈	0.5 级	1 级	3 级			
JDJ-10	10000	100	42	80	150	320	640	油浸式	单相户内
JSJB-10	10000	100		120	200	480	960	油浸式	三相户内
JSJW-10	10000	100	$100/\sqrt{3}$	120	200	480	960	油浸式	三相五柱式、户内
JDZ-10	10000	100		80	150	320	640	环氧树脂浇注	单相户内
JDZJ-10	$10000/\sqrt{3}$	$100/\sqrt{3}$	$100/\sqrt{3}$	40				环氧树脂浇注	单相户内
JSZW-10	10000	100	$100/\sqrt{3}$	120	180	450	720	环氧树脂浇注	三相五柱户内

① 变压比 电压互感器常常在铭牌上标出一次绕组和二次绕组的额定电压，变压比是指一次与二次绕组额定电压之比 $K=U_{1e}/U_{2e}$。

② 误差和准确度级次 电压互感器的测量误差形式可分为两种：一种是变比误差（电压比误差），另一种是角误差。

变比误差决定于下式：

$$\Delta U\%=\frac{KU_2-U_{1N}}{U_{1N}}\times 100\%$$

式中 K——电压互感器的变压比；

U_{1N}——电压互感器一次额定电压；

U_2——电压互感器二次电压实测值。

所谓角误差是指二次电压的相量 U_2 与一次电压相量间的夹角 δ，角误差的单位是（$'$）。当二次电压相量超前于一次电压相量时，规定为正角差，反之为负角差。正常运行的电压互感器角误差是很小的，最大不超过 4°，一般都在 1°以下。电压互感器的两种误差与下列因素有关。

① 与互感器二次负载大小有关，二次负载加大时，误差加大。

② 与互感器绕组的电阻、感抗以及漏抗有关，阻抗和漏抗加大同样会使误差加大。

③ 与互感器励磁电流有关，励磁电流变大时，误差也变大。

④ 与二次负载功率因数（$\cos\varphi$）有关，功率因数减小时，角误差将显著增大。

⑤ 与一次电压波动有关，只有当一次电压在额定电压（U_{1e}）的±10%的范围内波动时，才能保证不超过准确度规定的允许值。

电压互感器的准确等级，是以最大变比误差简称比差和相角误差简称角差来区分的，见表 7-3，准确度级次在数值上就是变比误差等级的百分限值，通常电力工程上常把电压互感器的误差分为 0.5 级、1 级和 3 级三种。另外，在精密测量中尚有一种 0.2 级试验用互感器。准确等级的具体选用，应根据实际情况来确定，例如用来馈电给电度计量专用的电压互感器，应选用 0.5 级，用来馈电给测量仪表用的电压互感器，应选用 1 级或 0.5 级，用来馈电给继电保护用的电压互感器应具有不低于 3 级次的准确度。实际使用中，经常是测量用电压表、继电保护以及开关控制信号用电源混合使用一个电压互感器，这种情况下，测量电压表的读数误差可能较大，因此不能作为计算功率或功率因数的准确依据。

表 7-3 电压互感器准确级次和误差限值

准确级次	误差限值		一次电压变化范围	二次负荷变化范围
	比差(±)/%	角差(±)/(′)		
0.5	0.5	20	$(0.85\sim1.15)U_{1e}$	$(0.25\sim1)S_{2e}$
1	1.0	40		
3.0	3.0	不规定		

注：U_{1e} 为电压互感器一次绕组额定电压。

S_{2e} 为电压互感器相应级次下的额定二次负荷。

由于电压互感器的误差与二次负载的大小有关，因此同一电压互感器对应于不同的二次负载容量，在铭牌上标注几种不同的准确度级次，而电压互感器铭牌上所标定的最高的准确级次，称为标准正确级次。

电压互感器的容量是指二次绕组允许接入的负荷功率，分为额定容量和最大容量两种，以 V・A 表示。由于电压互感器的误差是随二次负载功率的大小而变化的，容量增大，准确度降低，因此铭牌上每一个给定容量是和一定的准确级次相对应的，通常所说的额定容量，是指对应于最高准确级次的容量。

最大容量是符合发热条件规定的最大容量，除特殊情况及瞬时负荷需用外，一般正常运行情况下，二次负荷不能达到这个容量。

电压互感器的接线组别是指一次绕组线电压与二次绕组线电压间的相位关系。10kV 系统常用的单相电压互感器，接线组别为 1/1-12，三相电压互感器接线组别为 Y/Y0-12（Y，yn12）或 Y/Y0-12(YN，yn12)。

(3) 10kV 系统常用电压互感器

① JDJ-10 型电压互感器

a. 用途及结构概述。这种类型电压互感器为单相双绕组，油浸式绝缘，户内安装，适用于 10kV 配电系统中，作为电压、电能和功率的测量以及继电保护用，目前在 10kV 配电系统中应用最为广泛。该互感器的铁芯采用壳式结构，由条形硅钢片叠成，在中间铁芯柱上套装一次及二次绕组，二次绕组绕在靠近铁芯的绝缘纸筒上，一次绕组分别绕在二次绕组外面的胶纸筒上，胶纸筒与二次绕组间设有油道。器身利用铁芯夹件固定在箱盖上，箱盖上装有带呼吸孔的注油塞。

b. 外型及参考安装尺寸。外型及安装尺寸如图 7-3 所示。

② JSJW-10 型电压互感器　这种类型电压互感器为三相三绕组五铁芯柱式油浸电压互感器，适用于户内。在 10kV 配电系统中供测量电压（相电压和绕电压）、电能、功率、继电保护、功率因数以及绝缘监察使用。该互感器的铁芯采用旁铁轭（边柱）的芯式结构（称五铁芯柱），由条形硅钢片叠成。每相有三个绕组（一次绕组、二次绕组和辅助二次绕组），三个绕组构成一体，三相共有三组线圈分别套在铁芯中间的三个铁芯柱上，辅助二次绕组。绕

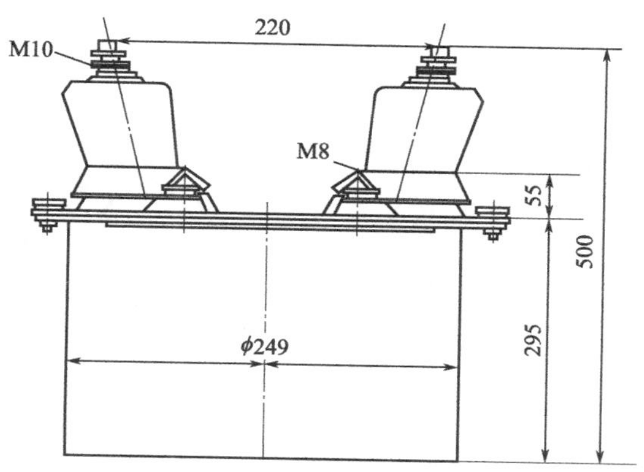

图 7-3 JDJ-10 电压互感器外形

在靠近铁芯里侧的绝缘纸筒上，外面包上绝缘纸板，再在绝缘纸板外面绕制二次绕组，一次绕组分段绕在二次绕组外面；一次和二次绕组之间置有角环，以利于绝缘和油道畅通。三相五柱电压互感器铁芯结构示意及线圈接线如图 7-4 所示。

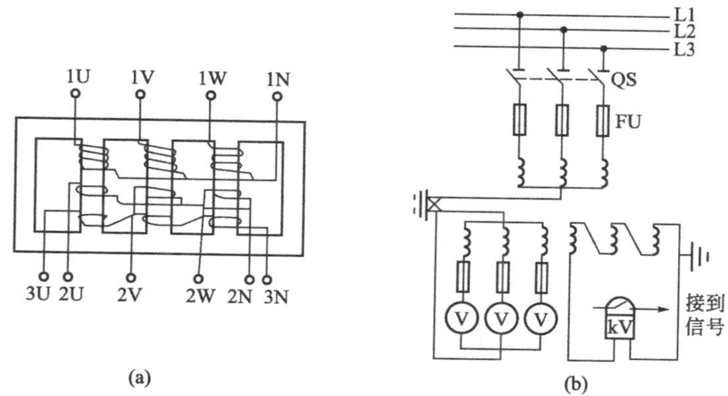

图 7-4 三相五柱电压互感器铁芯结构示意图及线圈接线图

这种类型互感器的器身用铁芯夹件固定在箱盖上，箱盖上装有高低压出线瓷套管、铭牌、吊攀及带有呼吸孔的注油塞，箱盖下的油箱呈圆筒形，用钢板焊制，下部装有接地螺栓和放油塞。JSJW-

10 电压互感器外形尺寸如图 7-5 所示。

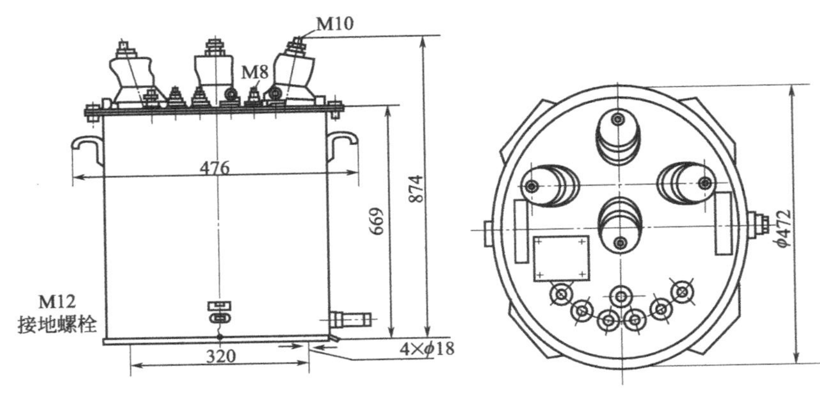

图 7-5 JSJW-10 型电压互感器外形尺寸

③ JDZJ-10 型电压互感器 这种类型电压互感器为单相三绕组浇注式绝缘户内用设备，在 10kV 配电系统中可供测量电压、电能、功率及接地继电保护等使用，可利用三台这种类型互感器组合来代替 JSJW 型电压互感器，但不能作单相使用。该种互感器体积较小，气候适应性强，铁芯采用硅钢片卷制成 C 形或叠装成方形，外露在空气中。其一次绕组、二次绕组及辅助二次绕组同心绕制在铁芯中，用环氧树脂浇注成一体，构成全绝缘型结构，绝缘浇注体下部涂有半导体漆并与金属底板及铁芯相连，以改善电场的性能。该种电压互感器外形尺寸如图 7-5 所示。

④ JSZJ-10 型电压互感器 这种类型电压互感器为三相双绕组油浸式户内用电压互感器。铁芯为三柱内铁芯式，三相绕组分别装设在三个柱上，器身由铁芯件安装在箱盖上，箱盖上装有高、低压出线瓷套管以及铭牌、吊攀及带有呼吸孔的注油塞，油箱为圆筒形，下部装有接地螺栓和放油塞。如图 7-6 所示为 JSZJ-10 型电压互感器外形及安装尺寸，如图 7-7 所示为 JSZJ-10 型电压互感器接线方式。

该种电压互感器，一次高压侧三相共有六个绕组，其中三个是主绕组，三个是相角差补偿绕组，互相接成 Z 形接线，即以每相线圈与匝数较少的另一相补偿线圈连接。为了能更好补偿，要求正相序连接，即U相主绕组接V相补偿绕组，V相主绕组接W相补偿绕组，W相主绕组接U相补偿绕组。这样接法减少了互感器的误差，提高了互感器的准确级次。

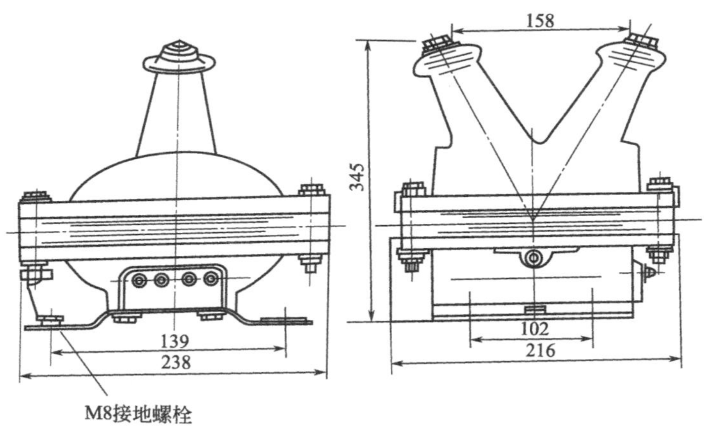

图 7-6 JSZJ-10 型电压互感器外形及安装尺寸

JSJB-10 型电压互感器如图 7-7 所示。在 10kV 配电系统中，可供测量电压（相电压及线电压）、电能、功率以及继电保护用。由于采用了补偿线圈减少了角误差，因此更适宜供给电度计量使用。

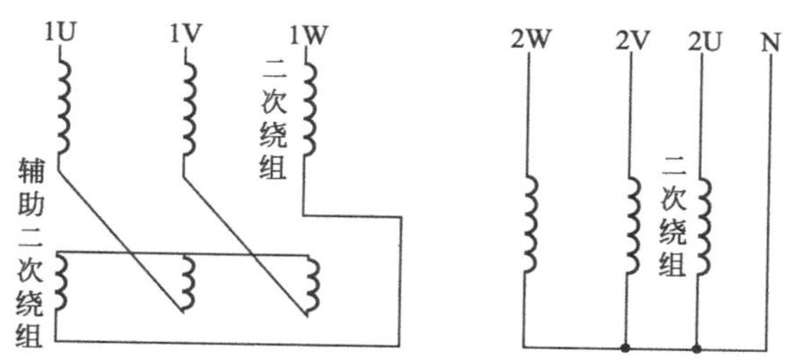

图 7-7 JSJB-10 型电压互感器接线

7.2.2 电流互感器的型号及技术数据

(1) 电流互感器的型号表达式 电流互感器的形式多样，按照用途、结构形式、绝缘形式及一次绕组的形式来分类，通常型号用横列拼音字母及数字来表达，各部位字母含义见表 7-4。

表 7-4 电流互感器型号字母含义

字母排列次序	代 号 含 义
1	L—电流互感器
2	A—穿墙式 Y—低压的 R—装入式 C—瓷箱式 B—支持式 C—手车式 F—贯穿复匝式 D—贯穿单匝式 M—母线式 J—接地保护 Q—线圈式 Z—支柱式
3	C—瓷绝缘 C—改进式 X—小体积柜用 K—塑料外壳 L—电缆电容型 Q—加强式 D—差动保护用 M—母线式 P—中频的 S—速饱和的 Z—浇注绝缘 W—户外式 J—树脂浇注
4	B—保护级 Q—加强式 D—差动保护用 J—加大容量 L—铝线

电流互感器型号举例：

① LQJ-10 电流互感器，线圈式树脂浇注绝缘，额定电压为 10kV。

② LZX-10 电流互感器，浇注绝缘小体积柜用，额定电压为 13kV。

③ LFZ2-10 电流互感器，贯穿复匝式，树脂浇注绝缘，额定电压为 10kV。

(2) 电流互感器的额定技术数据 见表 7-5。

表 7-5 常用电流互感器的额定技术数据

型号	额定电流比	级次组合	准确度	二次负荷/Ω				10%倍数		1s稳定倍数	动稳定倍数
				0.5级	1级	3级	D级 10级	Ω	倍数		
LFC-10	10/5	0.5/5	3			1.2	2.4	1.2	7.5	75	90
LFC-10	50～150/5	0.5/0.5	0.5	0.6	1.2	3		0.6	14	75	165

续表

型号	额定电流比	级次组合	准确度	二次负荷/Ω				10%倍数		1s稳定倍数	动稳定倍数
				0.5级	1级	3级	D级10级	Ω	倍数		
LFC-10	400/5	1/1	1		0.6	1.6		0.6	1.2	80	250
LFCQ-10	30～300/5	0.5/0.5	0.5	0.6				0.6	12	110	250
LFCD-10	200～400/5	D/0.5	0.5	0.6				0.6	14	175	165
LDCQ-10	100/5	0.5/0.5	0.5	0.8				0.8	38	120	95
LQJ-10	5～100/5	0.5/3	0.5	0.4				0.4	>5	90	225
LQZ_1-10	600～1000/5	0.5/3	0.5	0.4	0.6			0.4	≥25	50	90
LMZ_1-10	2000/5	0.5/D	0.5	1.6	2.4			1.6	≥2.5		

① 变流比　电流互感器的变流比，是指一次绕组的额定电流与二次绕组额定电流之比。由于电流互感器二次绕组的额定电流都规定为5A，所以变流比的大小主要取决于一次额定电流的大小。目前电流互感器的一次额定电流等级（A）有：5，10，15，20，80，40，50，75，100，150，200，250，300，400，500，600，750，800，1000，1200，1500，2000，3000，4000，5000～6000，8000，10000，15000，20000，25000。

目前，在10kV，用户配电设备装置中，电流互感器一次额定电流选用规格，一般在15～1500A范围内。

② 误差和准确度级次　电流互感器的测量误差可分为两种：一种是相角误差（简称角差），另一种是变比误差（简称比差）。

变比误差由下式决定：

$$K=\frac{I_2-I_1}{I_1}\times 100\%$$

式中　K——电流互感器的变比误差；

I_1——电流互感器二次额定电流；

I_2——电流互感器二次电流实测值。

电流互感器相角误差，是指二次电流的相量与一次电流相量间的夹角之间的误差，相角误差的单位是（′）。并规定，当二次电流相量超前于一次电流相量时，为正角差，反之为负角差。正常运行的电流互感器的相角差一般都在 2°以下。电流互感器的两种误差，具体与下列条件有关。

a. 与二次负载阻抗大小有关，阻抗加大，误差加大。

b. 与一次电流大小有关，在额定值范围内，一次电流增大，误差减小，当一次电流为额定电流的 100%～120%时，误差最小。

c. 与励磁安匝（I_0N_1）大小有关，励磁安匝加大，误差加大。

d. 与二次负载感抗有关，感抗加大，电流误差将加大，而角误差相对减少。

电流互感器的准确级次，是以最大变比误差和相角差来区分的，准确级次在数值上就是变比误差限值的百分数，见表 7-6。电流互感器准确级次有 0.2 级、0.5 级、1 级、3 级、10 级和 D 级几种。其中 0.2 级属精密测量用，工程中电流互感器准确级次的选用，应根据负载性质来确定，如电度计量一般选用 0.5 级；电流表

表 7-6　电流互感器的准确级次和误差限值

准确级次	一次电流为额定电流的百分数/%	误差限值		二次负荷变化范围
		比差(±)/%	相角差(±)/(′)	
0.2	10	0.5	20	$(0.25\sim1)S_n$
	20	0.35	15	
	100～120	0.2	10	
0.5	10	1	60	$(0.25\sim1)S_n$
	20	0.75	45	
	100～120	0.5	30	
1	10	2	120	$(0.25\sim1)S_n$
	20	1.5	90	
	100～120	0.5	60	
3	50～120	3.0	不规定	$(0.5\sim1)S_n$
10	50～120	10	不规定	
D	10	3	不规定	S_n
	$100n$	−10		

计选用 1 级；继电保护选用 3 级；差动保护选用 D 级。用于继电保护的电流互感器，为满足继电器灵敏度和选择性的要求，应根据电流互感器的 10%倍数曲线进行校验。

③ 电流互感器的容量　电流互感器的容量，是指它允许接入的二次负荷功率 S_n（V·A），由于 $S_n=I_{2e}^2 I_{f2}$，I_{f2} 为二次负载阻抗，I_{2e}^2 为二次线圈额定电流（均为 5A），因此通常用额定二次负载阻抗（Ω）来表示。根据国家标准规定，电流互感器额定二次负荷的标准值，可为下列数值之一（V·A）：5、10、15、20、25、30、40、50、60、80、100。那么，当额定电流为 5A 时，相应的额定负载阻抗值为（Ω）：0.2、0.4、0.6、0.8、1.0、1.2、1.6、2.0、2.4、3.2、4.0。

a. n 为额定 10%倍数。

b. 误差限值是以额定负荷为基准的。

由于互感器的准确级次与功率因数有关，因此，规定上列二次额定负载阻抗是在负荷功率因数为 0.8（滞后）的条件下给定的。

④ 保护用电流互感器的 10%倍数　由于电流互感器的误差与励磁电流 I_0 有着直接关系，当通过电流互感器的一次电流成倍增长时，使铁芯产生饱和磁通，励磁电流急剧增加，引起电流互感器误差迅速增加，这种一次电流成倍增长的情况；在系统发生短路故障时是客观存在的。为了保证继电保护装置在短路故障时可靠地动作，要求保护用电流互感器能比较正确地反映一次电流情况，因此，对保护用的电流互感器提出一个最大允许误差值的要求，即允许变比误差最大不超过 10%，角差最大不超过 7°。所谓 10%倍数，就是指一次电流倍数增加到 n 倍（一般规定 6～15 倍）时，电流误差达到 10%，此时的一次电流倍数 n 称为 10%倍数，10%倍数越大表示此互感器的过电流性能越好。

影响电流互感器误差的另一个因素是二次负载阻抗。二次阻抗增大，使二次电流减小，去磁安匝减少，同样使励磁电流加大和误差加大。为了使一次电流和二次阻抗这两个影响误差的主要因素互相制约，控制误差在 10%范围以内，各种电流互感器产品规格给出了 10%误差曲线。所谓电流互感器的 10%误差曲线，就是电流误差为 10%的条件下，一次电流对额定电流的倍数和二次阻抗的关系曲线（图 7-8 给出 LQJC-10 型电流互感器 10%倍数曲线）。利用10%误差曲线，可以计算出与保护计算用一次电流倍数相适应的最大允许二次负载阻抗。

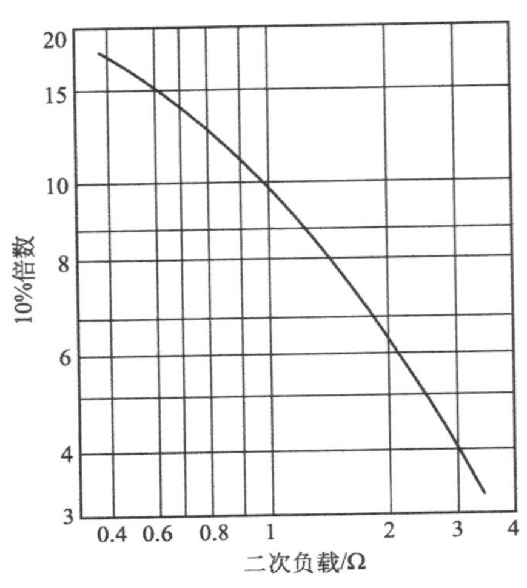

图 7-8 LQJC-10 型电流互感器 10%倍数曲线

⑤ 热稳定及动稳定倍数　电流互感器的热稳定及动稳定倍数，是表达互感器能够承受短路电流热作用和机械力的能力。

热稳定电流，是指互感器在 1s 内承受短路电流的热作用而不会损伤的一次电流有效值。所谓热稳定倍数，就是热稳定电流与电流互感器额定电流的比值。

动稳定电流，是指一次线路发生短路时，互感器所能承受的无损坏的最大一次电流峰值。动稳定电流，一般为热稳定电流的 2.55 倍。所谓动稳定倍数，就是动稳定电流与电流互感器额定电流的比值。

(3) 10kV 系统常用电流互感器

① LQJ-10、LQJC-10 型电流互感器　这种类型电流互感器为线圈式、浇注绝缘、户内型。在 10kV 配电系统中，可作为电流、电能和功率测量以及继电保护用。互感器的一次绕组和部分二次绕组浇注在一起，铁芯是由条形硅钢片叠装而成，一次绕组引出线在顶部，二次接线端子在侧壁上。外形及安装尺寸如图 7-9 所示。

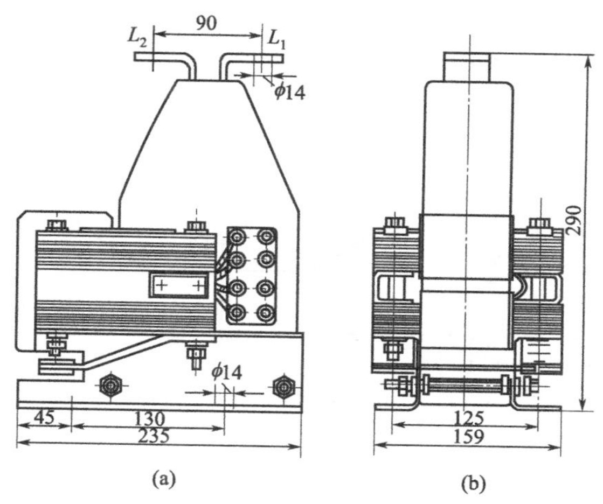

图 7-9　LQJ-10、LQJC-10 电流互感器外形及安装尺寸

② LFZ2-10、LFZD2-10 型电流互感器　这种类型电流互感器在 10kV 配电系统中可作为电流及电能和功率测量以及继电保护用。结构为半封闭式，一次绕组为贯穿复匝式，一、二次绕组胶注为一体，叠片式铁芯和安装板夹装在浇注体上。LFZ2-10 外形及安装尺寸如图 7-10 所示，LFZD-10 外形及安装尺寸如图 7-11 所示。

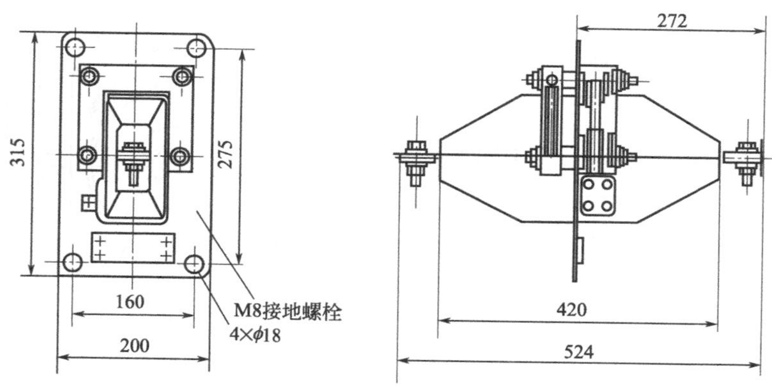

图 7-10　LFZ-10、LFZD-10 型电流互感器外形及安装尺寸

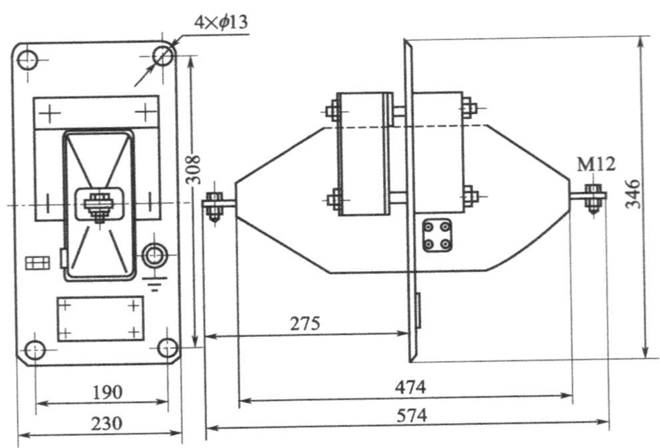

图 7-11 LFZD-10、LFZD1-10 型电流互感器外形及安装尺寸

③ LDZ1-10、LDZJ1-10 型电流互感器 这种类型电流互感器为单匝式、环氧树脂浇注绝缘、户内型，用于 10kV 配电系统中，可以测量电流、电能和功率以及作为继电保护用。本型互感器铁芯用硅钢带卷制成环形，二次绕组沿环形铁芯径向绕制，一次导电杆为铜棒（800A 及以下者）或铜管（1000A 及以上）制成，外形及安装尺寸如图 7-12 所示。

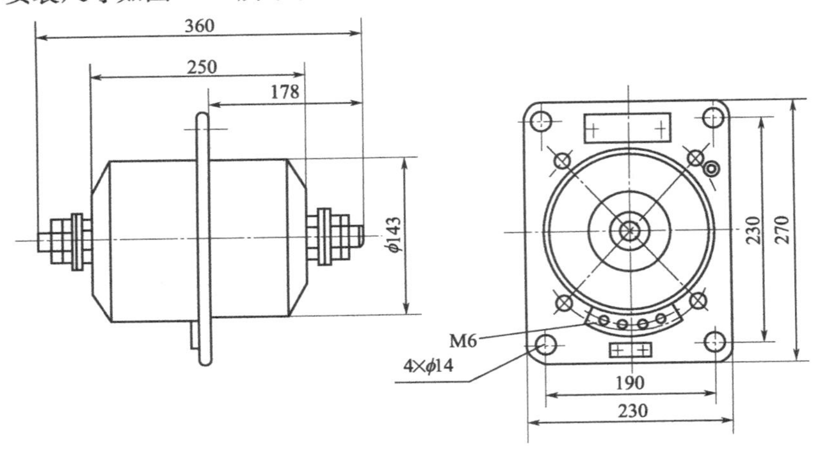

图 7-12 LDZ-10、LDZJ-10 型电流互感器外形及安装尺寸

7.3 仪用互感器的极性与接线

7.3.1 仪用互感器极性的概念

仪用互感器是一种特殊的变压器，它的结构形式与普通变压器相同，绕组之间利用电磁相互联系。在铁芯中，交变的主磁通在一次和二次绕组中感应出交变电势，这种感应电势的大小和方向随时间在不断地作周期性变化。所谓极性，就是指在某一瞬间，一次和二次绕组同时达到高电位的对应端，称之为同极性端，通常用注脚符号“。”或“+”来表示，如图 7-13 所示。由于电流互感器是变换电流用的，因此，一般以一次绕组和二次绕组电流方向确定极性端。极性标注有加极性和减极性两种标注方法，在电力供电系统中，常用互感器都按减极性标注。减极性的定义是：当电流同时从一次和二次绕组的同极性端流入时，铁芯中所产生的磁通方向相同，或者当一次电流从极性端子流入时，互感器二次电流从同极性端子流出，称之为减极性。

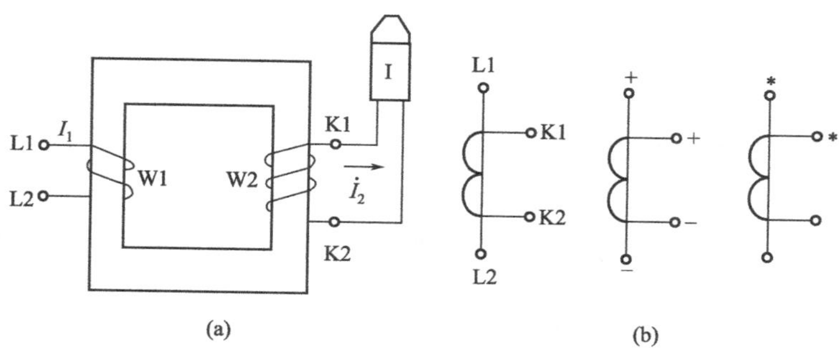

图 7-13 电流互感器极性标注

7.3.2 仪用互感器极性测试方法

在实际连接中，极性连接是否正确，会影响到继电保护能否正确可靠动作以及计量仪表的准确计量。因此，互感器投入运行前必须进行极性检验。测定互感器的极性有交流法和直流法两种，在现实测定中，常用简单的直流法，如图 7-14 所示。它是在电流互感器的一次侧经过一个开关 SA 接入 1.5V、3V 或 4.5V 的干电池。在电流互感器二次侧接入直流毫安表或毫伏表（也可用万用表的直流毫伏或毫安档）。在测定中，当开关 SA 接通时，如电表指针正摆，则 L1 端与 K1 端是同名端，如果电表指针反摆就是异名端了。

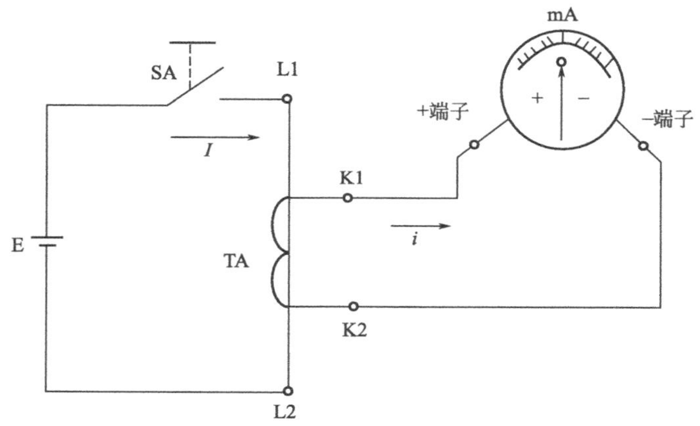

图 7-14　校验电流互感器绕组极性的接线图

mA—中心零位的毫安表；E—干电池；SA—刀开关；TA—被试电流互感器

7.3.3　电压互感器的接线方式

电压互感器的接线方式有以下几种。

(1) 一台单相电压互感器的接线　如图 7-15 所示，这种按线在三相线路上，只能测量其中两相之间的线电压，用来连接电压表、频率表及电压继电器等。为安全起见，二次绕组须有一端（通常取 x 端）接地。

(2) 两台单相电压互感器 V/V 形接线　V/V 形接线称为不完全三角形接线，如图 7-16 所示，这种接线主要用于中性点不接地系统或经消弧电抗器接地的系统，可以用来测量三个线电压，用于连接线电压表、三相电度表、电力表和电压继电器等。它的优点是接线简单、易于应用，且一次线圈没有接地点，减少系统中的对地

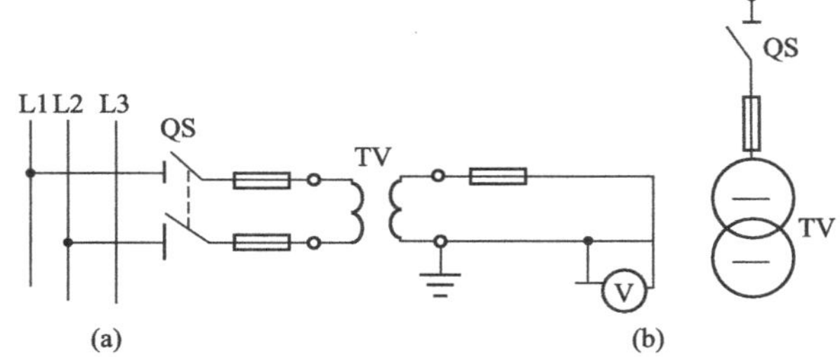

图 7-15 一个单相电压互感器的接线图

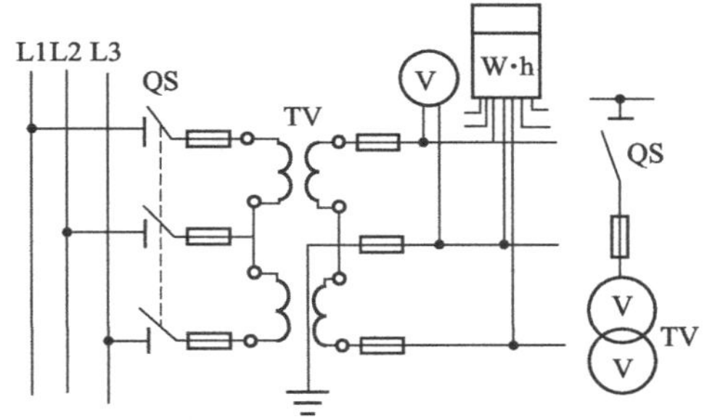

图 7-16 两个单相电压互感器 V/V 形接线

电压互感器的接线方案

励磁电流，避免产生过电压。然而，由于这种接线只能得到线电压或相电压，因此，使用存在局限性，它不能测量相对地电压，不能起绝缘监测作用以及作为接地保护用。

V/V 形接线为安全起见，通常将二次绕组 V 相接地。

(3) 三台单相电压互感器 Y/Y 形接线 如图 7-17 所示，这种接线方式可以满足仪表和继电保护装置取用相电压和线电压的要求。在一次绕组中点接地情况下，也可装配绝缘监察电压表。

(4) 三相五柱式电压互感器或三台单相三绕组电压互感器 Y/Y/L 形接线 如图 7-18 所示，这种互感器接线方式，在 10kV 中性点不接地系统中应用广泛，它既能测量线电压、相电压又能组成绝缘监察装置和供单相接地保护用。两套二次绕组中，Y0 形接线的二次绕组称作基本二次绕组，用来接仪表、继电器及绝缘监察电压表，开口三角形（△）接线的二次绕组，被称作辅助二次绕组，用来连接监察绝缘用的电压继电器。系统正常工作时，开口三角形两侧的电压接近于零，当系统发生一相接地时，开口三角形两端出现零序电压，使电压继电器得电吸合，发出接地预告信号。

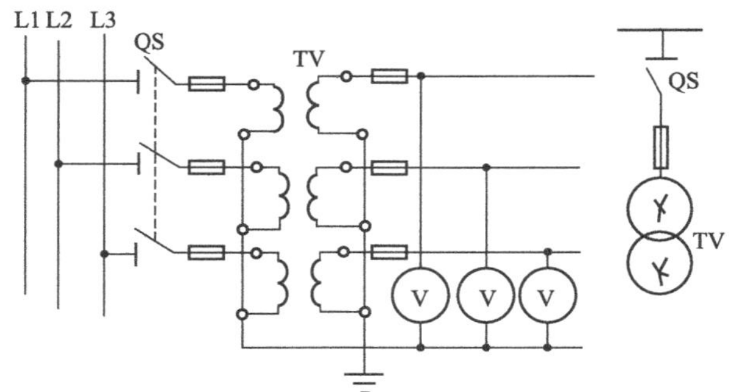

图 7-17　三只单相电压互感器 Y/Y 形接线

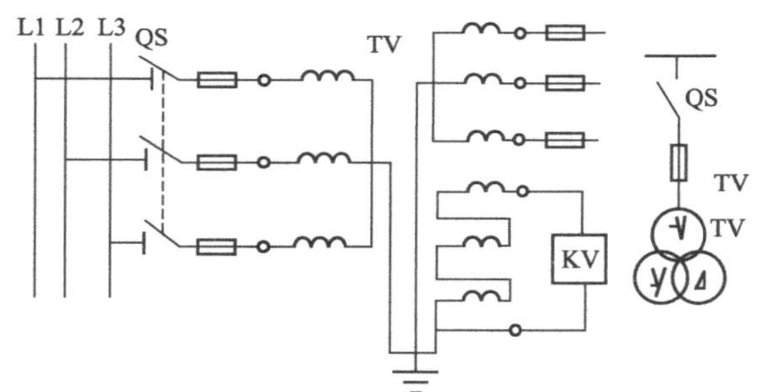

图 7-18　三个单相三线圈电压互感器或一个三相五芯柱电压互感器接成 Y/Y

7.3.4　电流互感器的接线方式

(1) 一台电流互感器接线　如图 7-19(a) 所示，这种接线是用来测量单相负荷电流或三相系统负荷中某一相电流。

(2) 三台电流互感器组成星形接线　如图 7-19(b) 所示，这种接线可以用来测量负荷平衡或不平衡的三相电力供电系统中的三相电流。这种三相星形接线方式组成的继电保护电路，可以保证对各种故障（三相、两相短路及单相接地短路）具有相同的灵敏度，所以，可靠性稳定。

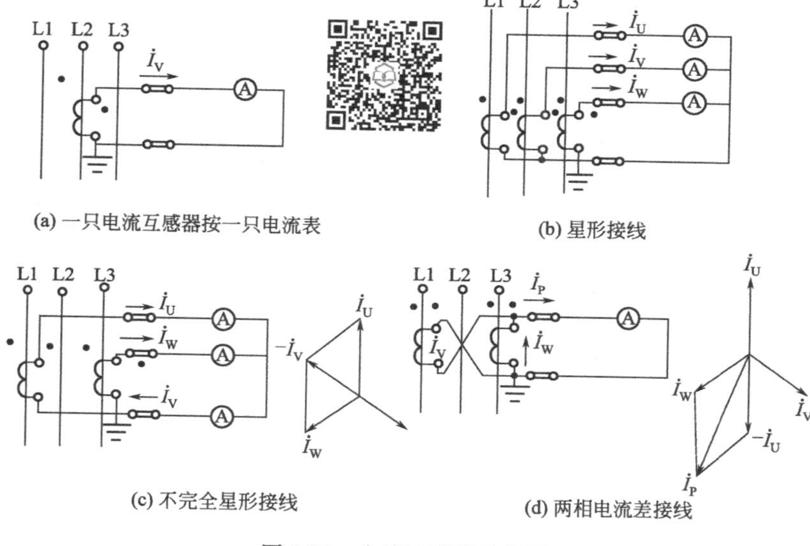

(a) 一只电流互感器按一只电流表　(b) 星形接线

(c) 不完全星形接线　(d) 两相电流差接线

图 7-19　电流互感器的接线

(3) 两台电流互感器组成不完全星形接线方式　如图 7-19(c) 所示，这种接线在 6～10kV 中性点不接地系统中广泛应用。从图中可以看出，通过公共导线上仪表中的电流，等于 U、W 相电流的相量和，即等于 V 相的电流。即

$$\dot{I}_U+\dot{I}_V+\dot{I}_W=0$$

$$\dot{I}_V=-(\dot{I}_U+\dot{I}_W)$$

不完全星形接线方式构成的继电保护电路，可以对各种相间短路故障进行保护，但灵敏度一般相同，与三相星形接线比较，灵敏度较差。由于不完全星形接线方式比三相星形接线方式少了 1/3 的设备，因此，节省了投资费用。

(4) 两台电流互感器组成两相电流差接线　如图 7-19(d) 所示，这种接线方式通常适用于继电保护线路中。例如，线路或电动机的短路保护及并联电容器的横联差动保护等，它能用作各种相间短路，但灵敏度各不相同。这种接线方式在正常工作时，通过仪表或继电器的电流是 W 相电流和 U 相电流的相量差，其数值为电流

互感器二次电流的$\sqrt{3}$倍。即：

$$\dot{I}_{\mathrm{P}}=\dot{I}_{\mathrm{W}}-\dot{I}_{\mathrm{U}}$$

$$I_{\mathrm{P}}=\sqrt{3}I_{\mathrm{U}}$$

7.3.5 电压、电流组合式互感器接线

电压、电流组合式互感器由单相电压互感器和单相电流互感器组合成三相，组合在同一油箱体内，如图 7-20(a) 所示。目前，国产 10kV 标准组合式互感器型号为 JLSJW-10 型，具体接线方式如图 7-20(b) 所示。

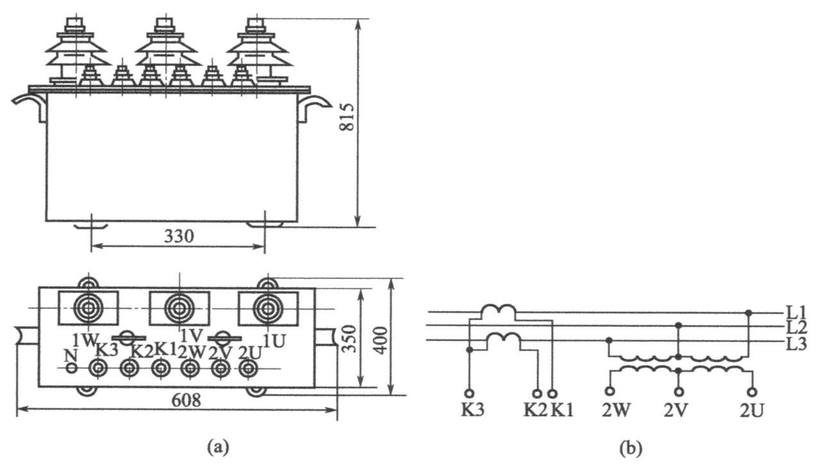

图 7-20 JLSJW-10 型电压、电流组合互感器外形及安装尺寸

这种组合式互感器，具有结构简单、使用方便、体积小的优点，通常在户外小型变电站及高压配电线路上作电能计量及继电保护用。

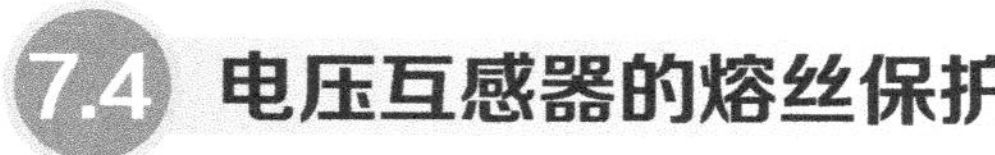

7.4 电压互感器的熔丝保护

电压互感器一、二次侧装设熔断器的作用及熔丝的选择。电压互感器通常安装在变配电所电源进线侧或母线上，对电压互感器如

果使用不当，会直接影响高压系统的供电可靠性。为防止高压系统受电压互感器本身故障或一次引线侧故障的影响，在电压互感器一次侧（高压侧）装设熔断器进行保护。

10kV 电压互感器采用 RN2 型（或 RN4 型）户内高压熔断器，这种熔断器熔体的额定电流为 0.5A，1min 内熔体熔断电流为 0.6～1.8A，最大开断电流为 50kA，三相最大断流容量为 1000MV·A，熔体具有 (100±7)Ω 的电阻，且熔管采用石英砂填充，因此这种熔断器具有很好的灭弧性能和较大的断流能力。

电压互感器一次侧熔丝的额定电流（0.5A），是根据其机械强度允许条件而选择的最小可能值，它比电压互感器的额定电流要大很多倍，因此二次回路发生过电流时，有可能不熔断。为了防止电压互感器二次回路发生短路所引起的持续过电流损坏互感器，在电压互感器二次侧还需装设低压熔断器，一般户内配电设备装置的电压互感器选用 10/3～5A 型，户外装置的电压互感器可选用 15/6A 型。常用二次侧低压熔断器型号有：R1 型、RL 型及 GF16 型或 AM16 型等，户外装置通常选用 RM10 型。

7.4.1 电压互感器一次侧 (高压侧) 熔丝熔断的原因

运行中的电压互感器，高压侧熔丝熔断是经常发生的，原因也是多方面的，归纳起来大概有以下几方面。

① 电压互感器二次短路，而二次侧熔断器由于熔丝规格选用过大不能及时熔断，而造成一次侧熔丝熔断。

② 电压互感器一次侧引线部位短路故障或本身内部短路（单相接地或相间短路）故障。

③ 系统发生过电压（如单相间歇电弧接地过电压、铁磁谐振过电压、操作过电压等）造成电压互感器铁芯磁饱和，励磁电流变大引起一次侧熔丝熔断。

7.4.2 电压互感器一、二次侧熔丝熔断后的检查与处理方法

(1) 电压互感器一、二次侧一相熔丝熔断后电压表指示值的反映 运行中的电压互感器发生一相熔丝熔断后，电压表指示值的具

体变化与互感器的接线方式以及二次回路所接的设备状况都有关系，不可以一概用定量的方法来说明，而只能概括地定性为：当一相熔丝熔断后，与熔断相有关的相电压表及线电压表的指示值都会有不同程度的降低，与熔断相无关的电压表指示值接近正常。

在 10kV 中性点不接地系统中，采用有绝缘监视的三相五柱电压互感器时，当高压侧有一相熔丝熔断时，由于其他未熔断的两相正常相电压相位相差 120°，合成结果出现零序电压，在铁芯中会产生零序磁通，在零序磁通的作用下，二次开口三角接法绕组的端头间会出现一个 33V 左右的零序电压，而接在开口三角端头的电压继电器一般规定整定值为 25～40V，因此有可能启动，而发出“接地”警报信号。在这里应当说明，当电压互感器高压侧某相熔丝熔断后，其余未熔断的两相电压相量，之所以还能保持 120°相位差（即中性点不发生位移）的原因是，当电压互感器高压侧发生一相熔丝熔断后，熔断相电压为零，其余未熔断两相绕组的端电压是线电压，每个线圈的端电压应该是二分之一线电压值。这个结论在不考虑系统电网对地电容的前提下可以认为是正确的。

但是实际上，在高压配电系统中，各相对地电容及其所通过的电容电流是客观存在和不可忽视的，如果把这些各相对地电容，都用一个集中的等值电容来代替，可以画成如图 7-21 所示的系统分

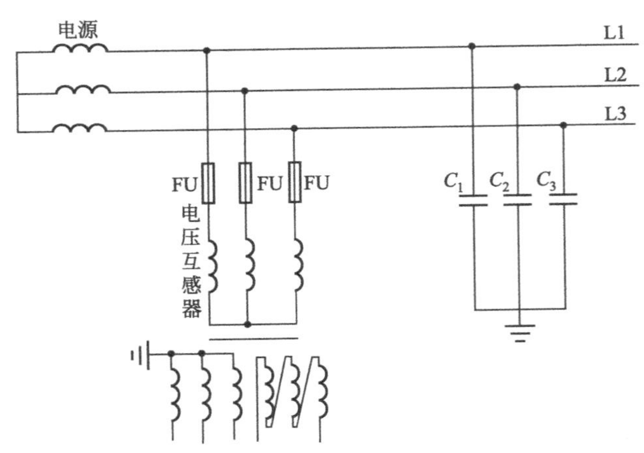

图 7-21 不接地系统对地电容示意图

析图。从图中可知，各相的对地电容是和电压互感器的一次绕组并联形成的。由于电压互感器的感抗相当大，故对地电容所构成的容抗 X_f 远远小于感抗，那么负载中性点电位的变化，即加在电压互感器一次绕组的电压对称度，主要取决于容抗。因为容抗三相基本是对称的，所以电压互感器绕组的端电压也是对称的。因此，熔断器未熔断两相的相电压，仍基本保持正常相电压，且两相电压要保持 120°的相位差（中性点不发生位移）。

此外，当电压互感器一次侧（高压侧）一相熔丝熔断后，由于熔断相与非熔断相之间的磁路构成通路，非熔断两相的合成磁通可以通过熔断相的铁芯和边柱铁芯构成磁路，结果在熔断相的二次绕组中，感应出一定量的电势（通常在 0～60%的相电压之间）这就是为什么当一次侧二相熔丝熔断后，二次侧电压表的指示值不为零的主要原因。

(2) 运行中电压互感器熔丝熔断后的处理

① 运行中的电压互感器。当熔丝熔断时，应首先用仪表（如万用表）检查二次侧（低压侧）熔丝有无熔断。通常可将万用表档位开关置于交流电压档（量限置于 0～250V），测量每个熔丝管的二端有没有电压以判断熔丝是否完好。如果二次侧熔丝无熔断现象，那么故障一般是发生在一次高压侧。

② 低压二次侧熔丝熔断后，应更换符合规格的熔丝试送电。如果再次发生熔断，说明二次回路有短路故障，应进一步查找和排除短路故障。

③ 高压熔丝熔断的处理及安全注意事项：10kV 及以下的电压互感器运行中发生高压熔丝熔断故障，应首先拉开电压互感器高压侧隔离开关，为防止互感器反送电，应取下二次侧低压熔丝管，经验证明无电后，仔细查看一次引线侧及瓷套管部位是否有明显故障点（如异物短路、瓷套管破裂、漏油等），注油塞处有无喷油现象以及有无异常气味等，必要时，用兆欧表摇测绝缘电阻。在确认无异常情况下，可以戴高压绝缘手套或使用高压绝缘夹钳进行更换高压熔丝的工作。更换合格熔丝后，再试送电，如再次熔断则应考虑互感器内部是否有故障，要进一步检查试验。

更换高压熔丝应注意的安全事项：更换熔丝必须采用符合标准

的熔断器，不能用普通熔丝，否则电压互感器一旦发生故障，由于普通熔丝不能限制短路电流和熄灭电弧，因此很可能烧毁设备和造成大面积停电事故。

停用电压互感器应事先取得有关负责人的许可，应考虑到对继电保护、自动装置和电度计量的影响，必要时将有关保护装置与自动装置暂时停用，以防止误动作。

应有专人监护，工作中注意保持与带电部分的安全距离，防止发生人身伤亡。

7.5 电压互感器的绝缘监察作用

7.5.1 中性点不接地系统一相接地故障

在我国电力供电系统中，3～10kV 的电力网从供电可靠性及故障发生的情况来看，目前均采用中性点不接地方式或经消弧电抗器接地的方式。

在中性点不接地的电力供电系统中，中性点的电位是不固定的，它随着系统三相对地电容的不平衡而改变，通常在架设电力线路时，应采取合理的换位措施，从而使各相对地分布电容尽可能地相等，这样可以认为三相系统是对称的，系统中性点与大地等电位。为便于分析，我们将系统中每相对地的分布电容可以用一个集中电容 C 来代替，如图 7-22 所示。

在正常工作状态时，电源的相电流等于负载电流和对地的电容电流的相量和，每相对地电容电流大小相等，彼此相位差 120°，每相电容电流超前相电压 90°，如图 7-22(b) 所示。三相对地电容电流的相量和等于零，没有电流在地中流动。每相对地电压 $\dot{U}_U$、$\dot{U}_V$ 和 $\dot{U}_W$ 是对称的，在数值上等于电源的相电压。

如果线路换位不完善，使各相对地电容不相等时，三相对地电容电流相量和就会不等于零，系统的中性点与大地的电位不等，产生电位差，使得三相对地电压不对称。

当系统发生一相金属性接地故障时，如果当 W 相发生金属性

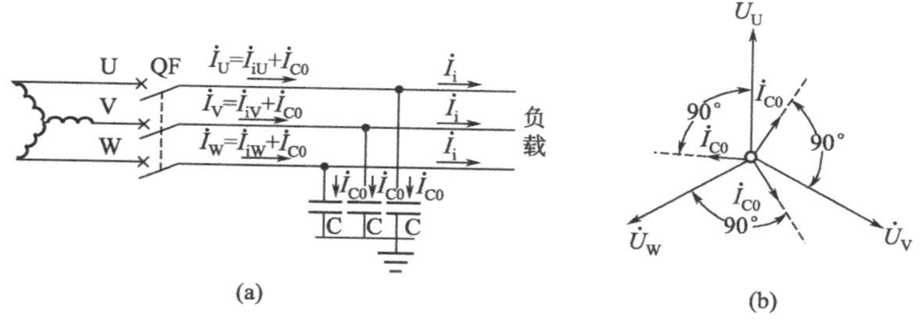

图 7-22　中性点不接地的三相系统正常工作状态

接地时，它与大地间的电压变为零（$U_W=0$），而其他未接地故障的两相（U 相和 V 相）对地电压各升高到正常情况下的$\sqrt{3}$倍，即等于电源的线电压值：$\dot U'_U=\sqrt{3}U_U$，$\dot U'_V=\sqrt{3}U_V$，如图 7-23 所示。可以假设在 W 相发生接地故障时，在接地处产生一个与电压 U_W 大小相等而符号相反的 $-U_W$ 电压，这样各相对地电压的相量和为：

$$\dot U'_U=\dot U_U+(-\dot U_W)=\dot U_U-\dot U_W=\sqrt{3}U_U$$

$$\dot U_V=\dot U_V+(-\dot U_W)=\dot U_V-\dot U_W=\sqrt{3}U_V$$

从图 7-23 可知，U_V 与 U_U 之间的相角是 60°，由于 U 相和 V 相的对地电压都增大到原来的$\sqrt{3}$倍，所以 U 相和 V 相的对地电容电流也都增大到原来的$\sqrt{3}$倍。W 相因发生接地，所以本身对地电容被短路，电容电流等于零，但接地点的故障电流（如图 7-23 所示），根据节点电流定律可以写出：

$$\dot I_C=-(\dot I_{CU}+\dot I_{CV})$$

从相量图 7-23(b) 可以看出：$\dot I_{CU}$ 超前 U_U90°，$\dot I_{CV}$ 超前 U_V90°，可见这两个电流之间的相角差亦是 60°。通过相量分析计算可以求得：

$$I_C=\sqrt{3}I_{CU}=\sqrt{3}I_{CV}$$

又因为 $I_{CU}=\sqrt{3}I_{C0}$，所以 $I_C=3I_{C0}$。由此可知，系统发生金属性接地故障时，接地点电容电流是每相正常电容电流的三倍。如

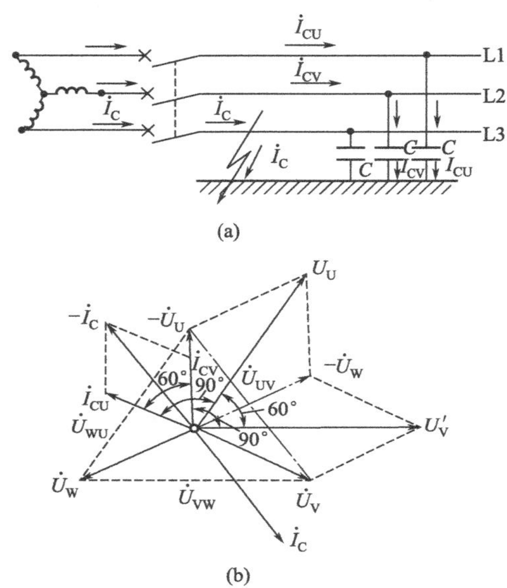

图 7-23 中性点不接地系统，W 相一相接地的情形

果知道系统每相对地电容 C，通过欧姆定律可以推出接地电容电流绝对值为：

$$I_C=3\omega CU_U$$

式中 U_U——系统的相电压，V；

ω——角频率，rad/s；

C——相对地电容，F。

上式说明，接地电容电流 I_C 与电网的电压、频率和相对地间的电容值构成正比关系。接地电容电流 I_C 还可以近似利用下列公式估算：

对于架空网路：

$$I_C=\frac{UL}{350}$$

对于电缆网路：

$$I_C=\frac{UL}{10}$$

式中 U——电网线电压，kV；

L——同一电压系统电网总长度，km。

综上所述，在中性点不接地的三相电力供电系统中，发生一相接地故障时，会出现以下情况。

① 金属性接地时，接地相对地电压为零，非接地两相对地电压升高到相电压的$\sqrt{3}$倍，即等于线电压，而各相之间电压大小和相位保持不变，可概括为：“一低，两高，三不变”。

② 虽然发生一相接地后，三相系统的平衡没有破坏（相电压和线电压大小、相位均不变），用电器可以继续运行，但由于未接地，相对地电压升高，在绝缘薄弱系统中有可能发生另外一相接地故障，造成两相短路，使事故扩大，因此，不允许长时间一相接地运行（一般规定不超过 2h）。应当注意，对于电缆线路，一旦发生单相接地，其绝缘一般不可能自行恢复，因此不宜继续运行，应尽快切断故障电缆的电源，避免事故扩大。

③ 单相弧光接地具有很大的危险性，这是因为电弧容易引起两相或三相短路造成事故扩大。此外断续性电弧还能引起系统内过电压，这种内部过电压，能达到 4 倍相电压，甚至更高，容易使系统内绝缘薄弱的电气设备击穿，造成较难修复的故障。弧光接地故障的形成与接地故障点通过容性电流的大小有关，为避免弧光接地对电力供电系统造成危险，当系统接地电流大于 5A 时，发电机、变压器和高压电动机应考虑装设动作跳闸的接地保护装置。当 10kV 系统接地电流大于 30A 时，为避免出现电弧接地危害，中性点应采用经消弧电抗器接地的方式（如图 7-24 所示）。消弧电抗器是一个带有可调铁芯的线圈，当发生单相接地故障时，它产生一个与接地电容电流相位差 180°的电感电流，来达到补偿作用，通过调整铁芯电感来达到适当地补偿，能使接地故障处的电流变得很小，从而减轻了电弧接地的危害。

④ 在单相不完全接地故障时，各相对地电压的变化与接地过渡电阻的大小有关系，一般具体情况比较复杂。在一般情况下，接地时相对地电压降低，但不到零，非接地的两相对地电压升高，但不相等，其中一相电压低于线电压，另一相允许超过线电压。

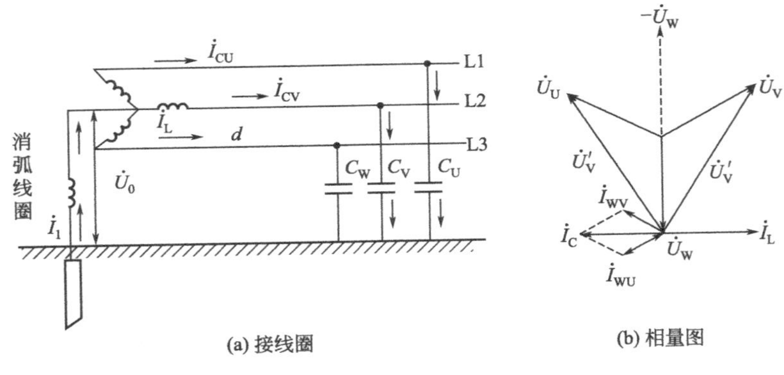

(a) 接线圈　　(b) 相量图

图 7-24　中性点经消弧线圈接地

7.5.2 绝缘监察作用

如前所述，在中性点不接地系统中，由于单相接地故障并不会破坏三相系统的平衡，因此相电压和线电压的数值和相位均不变，只是接地相对地电压降低，未接地的两相对地电压升高，系统仍能维持继续运行。但是这种接地故障必须及早发现和排除，以防止发展成两相短路或其他形式的短路故障。由于在中性点不接地系统中，任何一处发生接地故障都会出现零序电压，因此可以利用零序电压来产生信号，实现对系统接地故障的监视，这样的装置称为绝缘监察装置。

(1) 绝缘监察装置原理接线　绝缘监察用电压互感器的原理接线图，如图 7-25 所示，它是由一台三相五柱式电压互感器（JSJW-10）或三台单相三线圈电压互感器（JDZJ-10）组成，为能进行绝缘监察，电压互感器高压侧中性点应接地。互感器二次侧的基本绕组接成星形，供测量电压及提供信号、操作电源用，辅助绕组连接成开口三角形，在开口三角形两端应接有过电压继电器。

电压互感器通常安装在变电站电源进线侧或母线上，正常运行情况下，系统三相对地电压对称，没有零序电压，三只相电压表读数基本相等（由于系统三相对地电容不完全平衡及互感器磁路不对称等原因使三只相电压表读数会略有差别），开口三角形两端没有

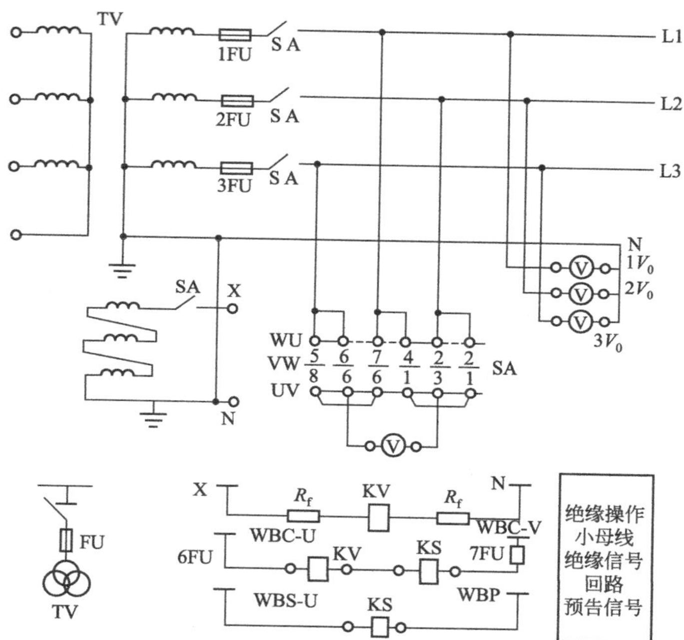

图 7-25 绝缘监察电压互感器原理接线图

FU—熔断器；SA—辅助开关；KV—电压继电器；KS—信号继电器；R_f—附加电阻

电压或有一个很小的不平衡电压（通常不超过 10V）。当系统某一相发生金属性接地故障时，接地相对地电压为零，而其他两相对地电压升高$\sqrt{3}$倍，此时接在电压互感器二次星形绕组上的三只电压表反映出“一低、两高”。同时，在开口三角两端处出现零序电压，使过电压继电器 KV 动作，并发出接地故障预告信号。

当系统发生金属性接地故障时，开口三角形绕组两端出现的零序电压约为 100V，如果是非金属性接地故障，则开口三角形绕组两端的零序电压小于 100V，为保证在系统发生接地故障时，电压继电器可靠、灵敏地发出信号，通常电压继电器整定动作电压为 26～40V。

(2) 开口三角形两端零序电压相量 正常运行时，由于电力供电系统三个相电压 $\dot{U}_U$、$\dot{U}_V$、$\dot{U}_W$ 是对称的，感应到电压互感器二次绕组中的三个相电压$\dot{U}_U$、$\dot{U}_V$、$\dot{U}_W$，也是对称的，它们的接线原理和相量图，如图 7-26 所示。开口三角形的三个绕组是首尾串联接线。因此，开口端（a_D、x_D）的电压是三个相电压的相量和，在正常运行情况下应为零（或有一个很小的不平衡电压），即：$U_{ax}=\dot{U}_U+\dot{U}_V+\dot{U}_W=0$，当电力供电系统发生接地故障时（例如假定 W 相接地），从图 7-27(a) 中可以看出，电压互感器一次侧 W 相绕组的首端和尾端均是地电位，因此 W 相绕组上没有电压，感应到电压互感器二次侧 W 相绕组的电压也为零。由于 W 相接地后，W 相与大地等电位，因此，电压互感器一次侧 V 相绕组两端的电压为U_{VW}，U 相绕组两端的电压为U_{UW}，即都等于线电压。显然，感应到电压互感器二次侧相应的 U 相、V 相绕组电压也应该为正常情况下相电压的$\sqrt{3}$倍。

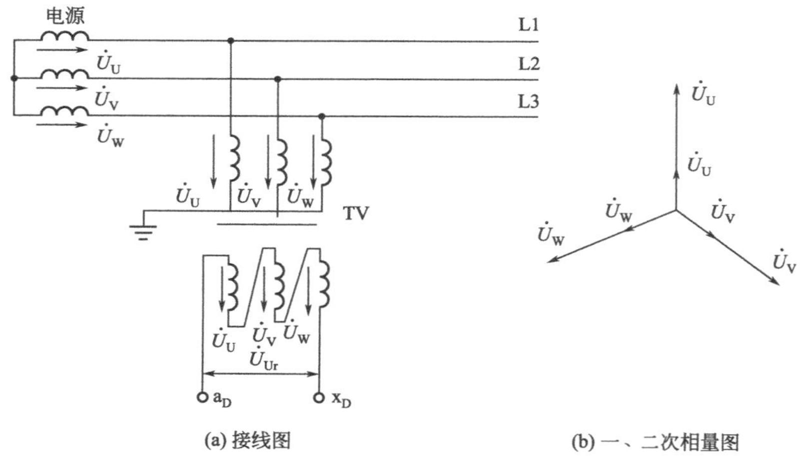

(a) 接线图　　(b) 一、二次相量图

图 7-26　正常时电压互感器开口三角电压情况

从图 7-27(b) 所示相量图分析，由于 W 相接地时，系统电源中性点对地电位为$-U_W$，因此各相对地电压为：

$$U_{WE}=U_W+(-U_W)=0$$

$$U_{UE}=U_U+(-U_U)=\sqrt{3}U_U$$

$$U_{VE}=U_V+(-U_W)=\sqrt{3}U_V$$

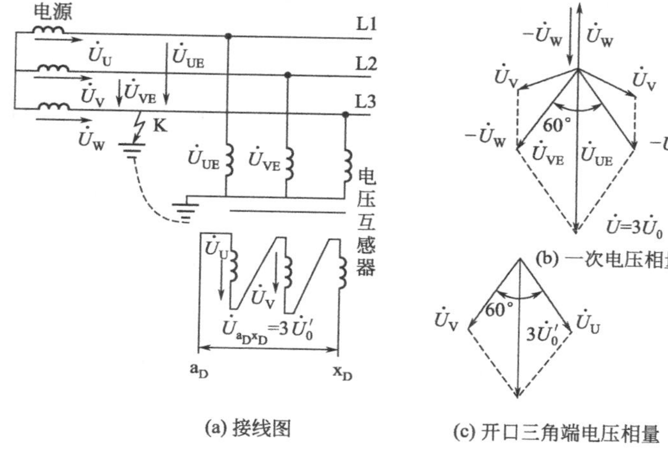

图 7-27 单相接地时电压互感器开口三角电压情况

这个结论和前面分析是基本相同的，即系统发生金属性接地故障时，接地相对地电压为零，其他未接地两相对地电压在数值上为相电压的$\sqrt{3}$倍，等于线电压。从相量图上还可以看出 U_{UE} 和 U_{VE} 的夹角为 60°，在这种情况下，加在电压互感器一次侧的三个相电压U_{WE}、U_{UE}、U_{VE} 不再不对称了，通过相量计算不难求得 $U_{UE}+U_{VE}=3U_0$，即合成电压为 3 倍的零序电压，同理感应到电压互感器二次侧开口三角形两端的电压 $U_{ax}=U_U+U_V=3U_0$，即此开口三角形两个端头间出现 3 倍的零序电压。

7.6 电流互感器二次开路故障

7.6.1 电流互感器二次开路的后果

正常运行的电流互感器，由于二次负载阻抗很小，可以认为是一个短路运行的变压器，根据变压器的磁势平衡原理，由于二次电流产生的磁通和一次电流产生的磁通是相互去磁关系，使得铁芯中的磁通密度（$B=\Phi/S$）保持在较低的水平，通常当一次电流为额定电流时，电流互感器铁芯中的磁通密度在1000GS左右，根据这个道理，电流互感器在设计制造中，铁芯截面选择较小。当二次开路时，二次电流变为零，二次去磁磁通消失，此时，由一次电流所产生的磁通全部成为励磁磁通，铁芯中磁通加速地增加，这样使得铁芯达到磁饱和状态（在二次开路情况下，一次侧流过额定电流时，铁芯中的磁通密度可达14000～18000GS），由于磁饱和这一根本的原因，产生下列情况。

① 二次绕组侧产生很高的尖峰波电压（可达几千伏），危害绝缘设备和人身安全。

② 铁芯中产生剩磁，使电流互感器变比误差和相角误差加大，影响计量准确性，所以运行中的电流互感器二次不允许开路。

③ 铁芯损耗增加，发热严重，有可能烧坏绝缘。

7.6.2 电流互感器二次开路的现象

运行中的电流互感器二次发生开路，在一次侧负荷电流较大的情况下，可能会有下列情况。

① 因铁芯电磁振动加大，有异常噪声。

② 因铁芯发热，有异常气味。

③ 有关表计（如电流表、功率表、电度表等）指示减少或为零。

④ 如因二次回路连接端子螺钉松动，可能会有滋火现象和放电声响，随着滋火，有关表计指针有可能随之摆动。

7.6.3 电流互感器二次开路的处理方法

运行中的电流互感器发生二次开路，能够停电的应尽量停电处理，不能停电的应设法转移和降低一次负荷电流，待度过高峰负荷后，再停电处理。如果是电流互感器二次回路仪表螺钉或端子排螺钉松动造成开路，在尽量降低负荷电流和采取必要安全措施（有人监护、注意与带电部位安全距离、使用带有绝缘柄的工具等）的情况下，可以不停电修理。

如果是高压电流互感器二次出口端处开路，则限于安全距离人不能靠近，必须在停电后才能处理。

第8章 继电保护装置与二次回路与保护

8.1 继电保护装置原理及类型

电力供电系统包括发电、变电、输电、配电和用电等环节，成千上万的电气设备和数百或上千千米的线路组合在一起构成了复杂的系统。自然条件和人为的影响（如雷电、暴雨、狂风、冰雹、误操作等）使得发生电气事故的可能性大量存在，而电力供电系统又是一个统一的整体，一处发生事故就可能迅速扩大到其他地方。例如10kV中性点不接地系统，当一相金属性接地故障时，另两相对地电压就会升高，威胁着整个线路上电气设备，另外，发生电气短路事故时，由于短路电流的热效应和电动力的作用，往往使电气设备遭到致命的破坏。

因此，必须保证电力供电系统安全可靠地运行，只有在此前提下才能谈到运行的经济性、合理性。为了保证电力供电系统运行可靠，必须设置继电保护装置。

8.1.1 继电保护装置的任务

① 监视电力供电系统的正常运行。当电力供电系统发生异常运行时（如在中性点不直接接地的供电系统中，发生单相接地故障、变压器运行温度过高、油面下降等），继电保护装置应准确地

作出判断并发出相应的信号或警报，使值班人员得以及时发现，迅速处理，使之尽快恢复正常。

② 当电力供电系统中发生损坏设备或危及系统安全运行的故障时，继电保护装置应能立即动作，使故障部分的断路器掉闸，切除故障点，防止事故扩大，以确保系统中非故障部分继续正常供电。

③ 继电保护装置还可以实现电力系统自动化和运动化，如自动重合闸、备用电源自动投入、遥控、遥测、遥信等。

8.1.2 对继电保护装置的基本要求

(1) 动作选择性 电力供电系统发生故障时，继电保护装置动作，但只切除系统中的故障部分，而其他非故障部分仍继续供电，如图 8-1 所示。

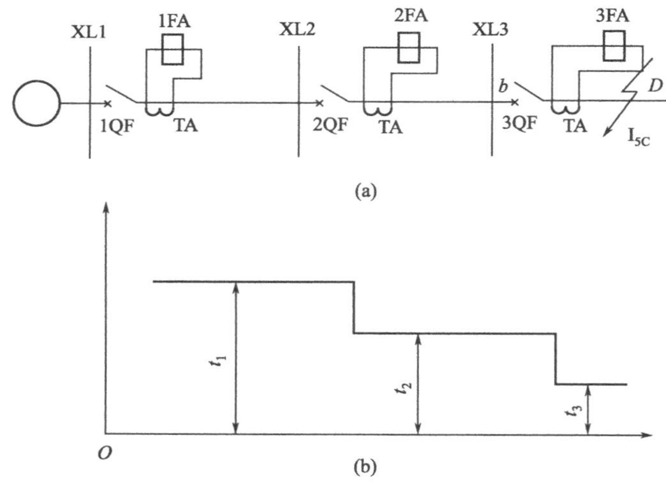

图 8-1 选择性示意图

继电保护装置的选择性，是靠选择合适的继电保护类型和正确计算整定值，使各级继电保护相互很好地配合而实现的。当确定了继电保护装置类型后，在整定值的配合上，通过设定不同的动作时限，可以使上级线路断路器继电保护动作时限，比本级线路的断路器继电保护动作时限大一个时限级差 Δt，一般取 0.5～0.7s。

图 8-1 线路的始端装有过电流保护，当线路 3（XL_3）的 b 点发生短路故障时，短路电流从电源流经线路 1（XL1）、线路 2（XL2）及线路 3（XL3），把故障电流传递到短路点 D 处。短路电流要同时通过各线路的电流互感器进入各自的继电保护系统，各组继电保护中的电流继电器都应该有反应，甚至于同时动作（只要电流达到保护整定电流时），但由于整定的动作时限不同（原则是 $t_1 > t_2 > t_3$，时限级差 Δt 为 0.5～0.7s），所以线路 3 的继电保护首先动作使断路器出现掉闸，其他线路的继电保护，由于故障线路已经切除，则立即返回，这样就实现了选择性动作，保证了非故障线路的正常供电。

(2) 动作迅速性 为了减少电力供电系统发生故障时对电力供电系统所造成的经济损失，要求继电保护装置快速切除故障，因此，继电保护的整定时限不宜过长，对某些主设备和重要线路，采用快速动作的继电保护，以零秒时限使断路器掉闸，一般速断保护的总体掉闸时间不会超过 0.2s。

(3) 动作灵敏性 对于继电保护装置，应验算整定值的灵敏度，它应保证对于保护范围内的故障有足够的灵敏性。就是说，对于保护范围内的故障，不论故障点的位置和故障性质如何，都应迅速作出反应，为了保证继电保护动作的灵敏性，在计算出整定值时，应进行灵敏度的校验。

对于故障后参数量（如电流）增加的继电保护装置的灵敏度，又叫电流保护的灵敏系数，是保护装置所保护的区域内，在系统为最小运行方式条件下的短路电流与继电保护的动作电流换算到一次侧的电流值之比，灵敏度以 K_{se} 表示：

$$K_{se}=\frac{\text{保护范围末端的最小短路电流流经继电器保护的电流}}{\text{保护装置折算到一次侧的动作电流}}$$

规程中规定，继电保护的灵敏系数应为 1.2～1.5 才能满足要求，特别是电动机和变压器的速断保护，灵敏系数要求大于 2。

(4) 动作可靠性 继电保护的可靠性，系指在保护范围内发生故障时，继电保护应可靠地动作，而在正常运行状态，继电保护装置不会动作，就是说，继电保护既不误动作，又不拒绝动作，以保证继电保护装置的正确动作。

8.1.3 继电保护装置的基本原理及其框图

(1) 继电保护装置的基本原理 电力供电系统运行中的物理量，如电流、电压、功率因数角等参数都有一定的数值，这些数值在正常运行和故障情况，对于保护范围以内的故障和保护范围以外的故障都是不一样的，是有明显区别的。如电力供电系统发生短路故障时，总是电流突增、电压突降、功率因数角突变。反过来说，当电力供电系统运行中的发生某种突变时，那就是电力供电系统发生了故障。

继电保护装置正是利用这个特点，在反映、检测这些物理量的基础上，利用物理量的突然变化来发现、判断电力供电系统故障的性质和范围，进而作出相应的反应和处理，如发出警告信号或使断路器掉闸等。

(2) 继电保保护装置的原理框图 继电保护装置的原理如图 8-2 所示。

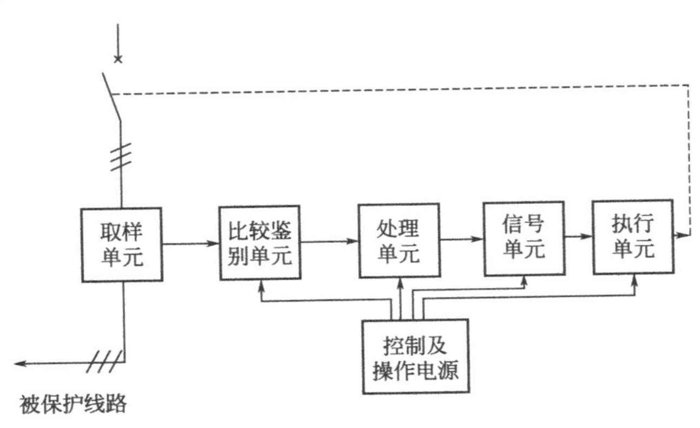

图 8-2 继电保护装置的原理框图

① 取样单元 它将被保护的电力供电系统运行中的物理量经过电气隔离（以确保继电保护装置的安全）并转换为继电保护装置中比较鉴别单元可以接收的信号。取样单元一般由一台或几台传感器组成，如电流互感器就可以认为电流传感器；电压互感器就可以认为是电压传感器等。

为了便于理解，以 10kV 系统的某类电流互感器为例。对于电流保护，取样单元一般就是由 2 台（或 2 台以上）电流互感器构成的。

② 比较鉴别单元　该单元中包含有给定单元，由取样单元送来的信号与给定单元给出的信号相比较，以便确定往下一级处理单元发出何种信号。

在电流保护中，比较鉴别单元由四只电流继电器组成，两只作为速断保护，另两只作为过电流保护。电流继电器的整定值部分即为给定单元，电流继电器的电流线圈则接收取样单元（电流互感器）送来的电流信号，当电流信号达到电流整定值时，电流继电器动作，通过其接点向下一级处理单元发出使断路器最终掉闸的信号，若电流信号小于整定值，则电流继电器不会动作，传向下级单元的信号也不动作。本单元不仅通过比较来确定电流继电器是否动作，而且能鉴别是要按“速断”还是按“过电流”来动作，并把“处理意见”传送到下一单元。

③ 处理单元　它接受比较鉴别单元的送来信号，并按比较鉴别单元的要求来进行处理。该单元一般由时间继电器、中间继电器等构成。

在电流保护中，若需要按“速断”处理，则让中间继电器动作；若需要按“过电流”处理，则让时间继电器动作进行延时。

④ 信号单元　为便于值班员在继电保护装置动作后尽快掌握故障的性质和范围，应用信号继电器作出明显的标志。

⑤ 执行单元　继电保护装置是一种电气自动装置，由于对它有快速性的要求，因此有执行单元，将对故障的处理通过执行单元进行实施。执行单元一般有两类：一类是声、光信号电器，例如电笛、电铃、闪光信号灯、光字牌等；另一类为断路器的操作机构，它可使断路器分闸及合闸。

⑥ 控制及操作电源　继电保护装置要求有自己的交流或直流电源，对此，在以后章节还要较详细地介绍。

8.1.4　保护类型

(1) 电流保护　该继电保护是根据电力供电系统的运行电流变化而动作的保护装置，按照保护的设定原则、保护范围及原理特点可分为：

① 过负荷保护。作为电力供电系统中的重要电气设备（如发电机、主变压器）的安全保护装置，例如：变压器的过负荷保护，是按照变压器的额定电流或限定的最大负荷电流而确定的。当电力变压器的负荷电流超过额定值而达到继电保护的整定电流时，即可在整定时间动作，发出过负荷信号，值班人员可根据保护装置的动作信号，对变压器的运行负荷进行调整和控制，以达到变压器安全运行的目的，使变压器运行寿命不低于设计使用年限。

② 过电流保护。电力供电系统中，变压器以及线路的重要继电保护，是按照避开可能发生的最大负荷电流而整定的（就是保护的整定值要大于电机的自启动电流和穿越性短路故障的发生而流经本线路的电流）。当继电保护中流过的电流达到保护装置的整定电流时，即可在整定时间内使断路器掉闸，切除故障，使系统中非故障部分可以正常供电。

③ 电流速断保护。电流速断保护是对变压器和线路的主要保护。它是在保证电力供电系统被保护范围内发生严重短路故障时以最短的动作时限，迅速切除故障点的电流保护。它是按照系统最大运行方式的条件下，躲开线路末端或变压器二次侧发生三相金属性短路时的短路电流而设定的。当速断保护动作时，以零秒时限使断路器掉闸，切除故障。

(2) 电压保护　电压保护是电力供电系统发生异常运行或故障时，根据电压的变化而动作的继电保护。

电压保护按其在电力供电系统中的作用和整定值的不同可分为：

① 过电压继电保护。这是一种为防止电力供电系统由于某种原因使电压升高导致电气设备损坏而装设的继电保护装置。

② 低电压继电保护。这是一种为防止电力供电系统的电压由于某种原因突然降低致使电气设备不能正常工作而装设的继电保护装置。

③ 零序电压保护。这是一种用于三相三线制中性点绝缘的电力供电系统中，为防止一相绝缘破坏造成单相接地故障的继电保护。

(3) 方向保护　这是一种具有方向性的继电保护。对于环形电网或双回线供电的系统，当某部分线路发生短路故障，而故障电流的方向符合继电保护整定的电流方向时，则保护装置立即动作，切除故障点。

(4) 差动保护 这是一种按照电力供电系统中，被保护设备发生短路故障，在保护中产生的差电流而动作的一种保护装置。一般用作主变压器、发电机和并联电容器的保护装置，按其装置方式的不同可分为：

① 横联差动保护 横联差动保护常作为发电机的短路保护和并联电容器的保护，一般设备的每相均为双绕组或双母线时，采用这种差动保护，其原理如图 8-3 所示。

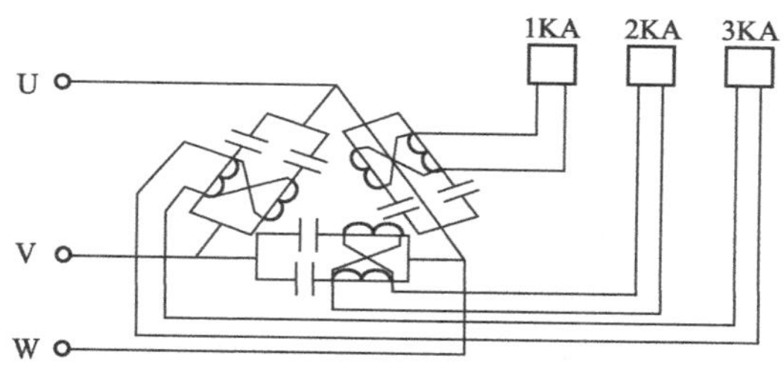

图 8-3 并联电容器的横联差动保护原理示意图

② 纵联差动保护 一般常作为主变压器保护，是专门保护变压器内部和外部故障的主保护，其原理示意如图 8-4 所示。

(5) 高频保护 这是一种作为主系统、高压长线路的高可靠性的继电保护装置。

(6) 距离保护 这种继电保护也是主系统的高可靠性、高灵敏度的继电保护，又称为阻抗保护，这种保护是按照线路故障点不同的阻抗值而整定的。

(7) 平衡保护 这是一种作为高压并联电容器的保护装置。继电保护有较高的灵敏性，对于采用双星形接线并联电容器组，采用这种保护较为合适。它是根据并联电容器发生故障时产生的不平衡电流而动作的一种保护装置。

(8) 负序及零序保护 这是作为三相电力供电系统中发生不对称短路故障与接地故障时的主要保护装置。

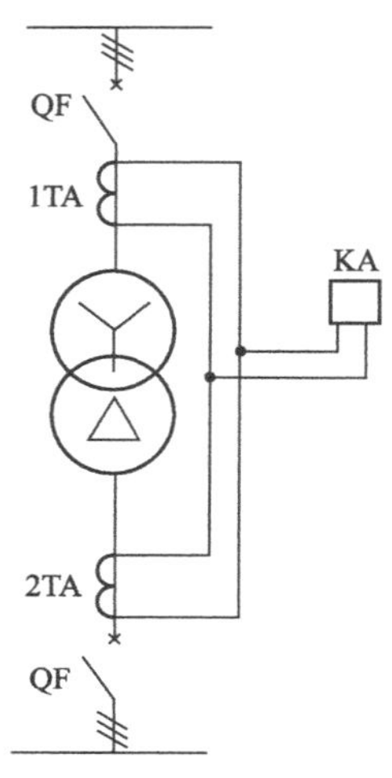

图 8-4 纵联差动保护原理示意图

(9) 煤气保护 这是作为变压器内部故障的主保护，为区别故障性质，分为轻煤气和重煤气保护，监测变压器工作状况。当变压器内部故障严重时，重煤气动作，使断路器掉闸，避免变压器故障范围的扩大。

(10) 温度保护 这是专门监视变压器运行温度的继电保护，可以分为警报和掉闸两种整定状态。

以上十种类型的继电保护装置，其中的比较鉴别单元、处理单元、信号单元是由电磁式、感应式等各种继电器构成的。随着技术的进步，电子器件以及计算机已逐步引入到继电保护的领域中，尽管目前尚不普遍，但却代表了继电保护发展方向。

8.2 变、配电所继电保护中常用的继电器

10kV 变、配电所一般容量不大，供电范围有限，故而常采用比较简单的继电保护装置，例如，过流保护、速断保护等。这里仅重点介绍一些构成过流、速断保护用的继电器。继电器内部接线如图 8-5 所示。

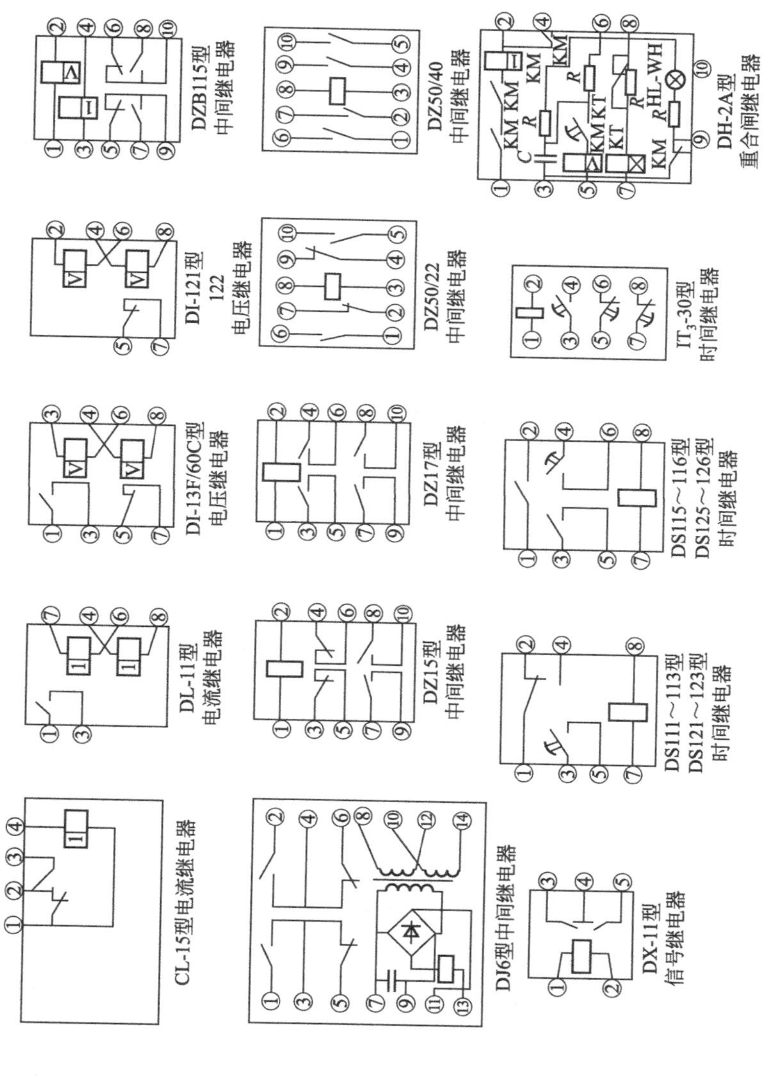

CL-15型电流继电器

DL-11型 电流继电器

DI-13F/60C型 电压继电器

DI-121型 122 电压继电器

DZB115型 中间继电器

DJ6型中间继电器

DZ15型 中间继电器

DZ17型 中间继电器

DZ50/22 中间继电器

DZ50/40 中间继电器

DX-11型 信号继电器

DS111～113型 DS121～123型 时间继电器

DS115～116型 DS125～126型 时间继电器

IT_3-30型 时间继电器

DH-2A型 重合闸继电器

图 8-5 常用继电器内部接线图

8.2.1 感应型 GL 系列有限取时限电流继电器

这种继电器应用于 10kV 系统的变配电所，作为线路变压器、电动机的电流保护。GL 型电流继电器是根据电磁感应的原理而工作的。主要由圆盘感应部分和电磁瞬动部分构成。由于继电器既有根据感应原理构成的反时限特性的部分，又有电磁式瞬动部分，因此称为有限、反时限电流继电器。但是，这种继电器以反时限特性的部分为主。GL 系列电流继电器的构造如图 8-6 所示。

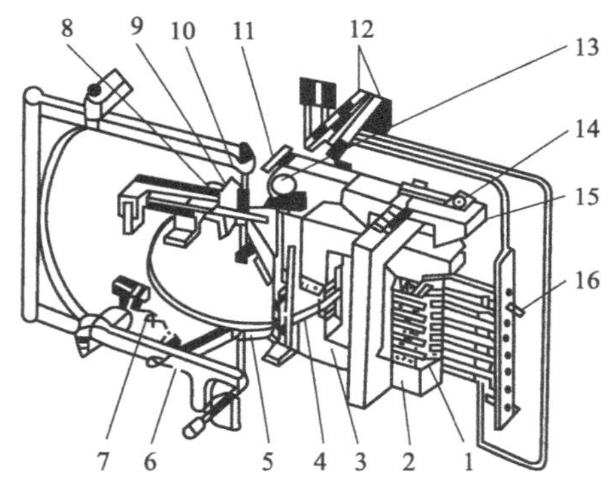

图 8-6　GL-10 系列感应电流继电器的结构

1—线圈；2—电磁铁；3—短路环；4—铝盒；5—钢片；6—框架；7—调节弹簧；8—制动永久磁铁；9—扇形齿轮；10—蜗杆；11—扁杆；12—继电器触点；13—调节时限螺杆；14—调节速断电流螺钉；15—衔铁；16—调节动作电流的插销

(1) GL 型电流继电器的结构

① 电流线圈是由绝缘铜线绕制而成，有分别连接到一些插座的抽头，以改变线圈匝数。继电器整定电流的调整，主要是改变电流线圈匝数，从而改变继电器的动作电流值（即整定电流值）。

② 铁芯及衔铁　这是继电器的主要磁通路，又是继电器的操动部分，继电器的电磁瞬动部分就是通过继电器铁芯与衔铁之间的作用而构成的，在铁芯的极面与衔铁之间有气隙，调整气隙的大小可以改变速断电流的数值，铁芯是由硅钢片叠装而成的，在衔铁上嵌有短路环。

③ 圆盘（铝盘）及其带螺杆的轴　这是继电器的驱动部分，也是构成继电器反时限特性的主要部分。

④ 门型框架（也称可动框架）　用作继电器圆盘、蜗杆轴的固定部分。

⑤ 扇形齿轮　这是继电器的机械传动部分，又是构成继电器反时限特性的主要组成部分。

⑥ 永久磁铁　可以使继电器圆盘匀速旋转而产生电磁阻尼力矩的制动部分。

⑦ 时间调整螺杆　这是继电器动作时限的调整部件。

此外，还有产生反作用力矩的弹簧、继电器动作指示信号牌以及外壳等。

(2) GL 型电流继电器的工作原理　在继电器铁芯的极面上限有短路环，使得继电器电流线圈所产生的磁通分两部分穿过圆盘。当继电器的线圈中有电流流过时，铁芯中的磁通分成两部分，即穿过短路环的部分和未穿过短路环的部分，这两个磁通在相位上差$\frac{n}{2}$，穿过夹在铁芯间隙中的圆盘的两个不同的位置。根据电磁感应原理，圆盘在磁通穿过的部分产生涡流，从而使圆盘在磁通和涡流的相互作用下产生旋转力矩（转矩）。圆盘的转矩与电流的平方成正比，圆盘的旋转速度由转矩的大小决定。由于圆盘夹在永久磁铁的两极之间，在圆盘旋转时，同时切割了永久磁铁的磁通，因此在圆盘中也产生涡流，这个涡流与永久磁铁的磁通相互作用产生了转矩，根据左手定则可判断出这个转矩恰恰与圆盘的旋转方向相反，对圆盘的旋转起到了阻尼作用，这种作用称为电磁阻尼，阻尼转矩的大小与圆盘的转速有关，这样可使受力圆盘转速完全对应于电流的大小而不会自行加速，使得圆盘匀速转动。

当线圈中通过的电流达到继电器整定电流时，铝盘受力达到了使门型框架足以克服反作用力弹簧的拉力：使得扇形齿轮与圆盘轴上的螺杆啮合，随着圆盘的旋转，扇形齿轮不断上升，经过一定的时间后使扇形齿轮上的挑杆挑起电磁衔铁上的杠杆，致使衔铁与铁芯间隙减小而加速吸向铁芯，使继电器的常开触点闭合（或常闭触点打开），杠杆同时把信号牌挑下，表示继电器已经动作。触点闭合后，接通断路器的掉闸回路使断路器掉闸。

GL 型电流继电器，具有速断和过电流两种功能，有信号掉牌指示，触点容量大就可以没有中间继电器。继电器触点可做成常开式（可用直流操作电源）、常闭式和一对常闭、一对常开触点等形式。此种继电器结构复杂、精度不高，调整时误差较大，电磁部分的调整误差更大，返回系数低。

8.2.2 电磁型继电器

(1) DL 系列电流继电器 这种继电器是根据电磁原理而工作的瞬动式电流继电器，是一种定时限过流保护和速断保护的主要继电器。这种继电器动作准确，电流的调整分粗调与细调，粗调靠改变电流线圈的串、并联方式改变动作电流，而细调主要是靠改变螺旋弹簧的松紧力而改变动作电流的。继电器的接点为一对常开，接点容量小时需要靠时间继电器或中间继电器的接点去执行操作。

(2) J 系列电压继电器 这种继电器的构造和工作原理与 DL 系列电流继电器相同，只不过线圈为电压线圈，是一种过电压和低电压以及零序电压保护的主要继电器。

(3) DZ 系列交、直流中间继电器 这种继电器是继电保护中起辅助和操作用的继电器，通常又称为辅助继电器，是一种执行元件，型号较多，接点的对数也较多，有常开和常闭接点，继电器的额定电压应根据操作电源的额定电压来选择。

(4) DS 系列时间继电器 它是一种构成定时限过流保护的时间元件，继电器有时间机构，可以依据整定值进行调整，是过电流保护和过负荷保护中的重要组成部分。

(5) DX 系列信号继电器 这种继电器的结构简单，是作为继电保护装置中的信号单元。继电器动作时，掉牌自动落下，同时带有接点，可以接通音响、警报及信号灯部分。通过信号继电器的指示，反映故障性质和动作保护的类别。此种继电器可分为电压型和电流型，选择时必须注意这一点。

8.3 继电保护装置的操作电源及二次回路继电保护装置的操作电源与二次回路

继电保护装置的操作电源是继电保护装置的重要组成部分。要使继电保护可靠动作，就需要可靠的操作电源。对于不同的变、配电所，采用各种不同型式的继电保护装置，因而就要配置不同型式的操作电源。继电保护常用的操作电源以下几种。

8.3.1 交流操作电源

交流操作的继电保护，广泛用于 10kV 变、配电室中，交流操作电源主要取自于电压互感器，变、配电所内用的变压器以及电流互感器等。

(1) 交流电压作为操作电源 这种操作电源常作为变压器的煤气或温度保护的操作电源。断路器操作机构一般可用 C82 型手力操动机构，配合电压切断掉闸（分励脱扣）机构。操作电源取自电压互感器（电压 100V）或变配电所内用的变压器（电压 220V）。

这种操作电源，实施简单、投资省、维护方便，便于实施断路器的远程控制。交流电压操作电源的主要缺点是受系统电压变化的影响，特别是当被保护设备发生三相短路故障时，母线电压急剧下降，影响继电保护的动作，使断路器不能掉闸，造成越级掉闸，可能使事故扩大。这种操作电源不适于用在变、配电所主要保护的操作电源。

(2) 交流电流作为操作电源 对于 10kV 反时限过流保护，往往采用交流电流操作，操作电源取自于电流互感器。这种操作电源一般分为以下几种操作方式。

① 直接动作式交流电流操作的方式，如图 8-7 所示。以这种操作方式构成的保护，结构简单，经济实用，但是，动作电流精度不高，误差较大，适用于 10kV 以下的电动机保护或用于一般的配电线路中。

② 采用去分流式交流电流的操作方式。这种操作方式继电器

应采用常闭式接点，结构比较简单，如图 8-8 所示。

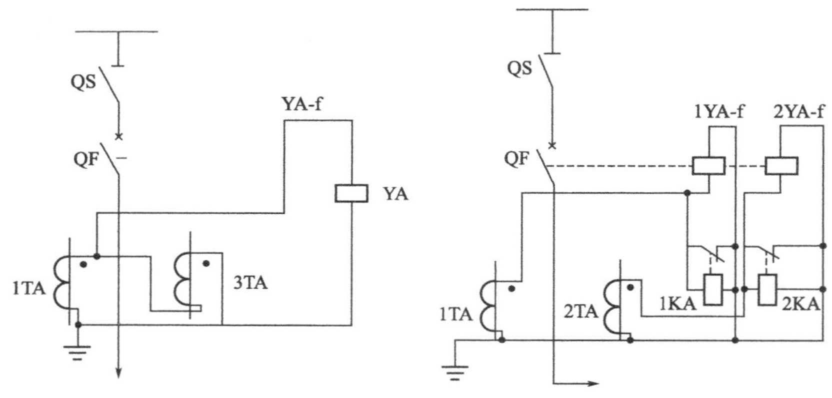

图 8-7　直接动作式电流操作　　图 8-8　去分流式交流电流操作

③ 应用速饱和变流器的交流电流的操作方式。这种操作方式还需要配置速饱和变流器。继电器常用常开式接点，这种方式可以限制流过继电器和操作机构电流线圈的电流，接线相对简单，如图 8-9 所示。

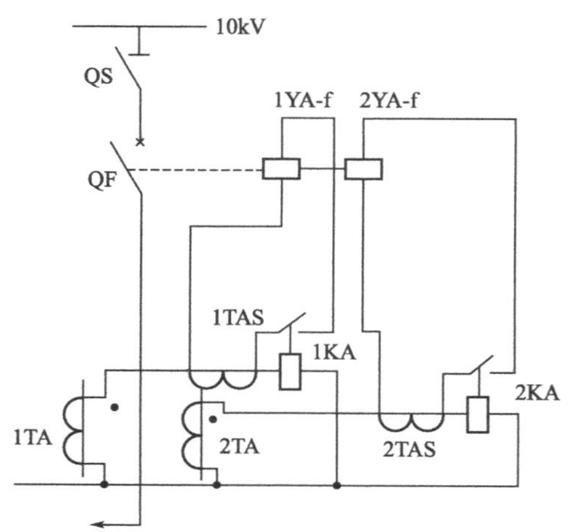

图 8-9　速饱和交流器的交流电流操作

在应用交流电流的操作电源时，应注意选用适当型号的电流继电器以及断路器操作机构掉闸线圈。

8.3.2 直流操作电源

直流操作电源适用于比较复杂的继电保护，特别是有自动装置时，更为必要。常用的直流操作电源分为固定蓄电池室和硅整流式直流操作电源。

(1) 固定蓄电池组的直流操作电源 这种操作电源对于大、中型变、配电所，配电出线较多，或双路电源供电，有中央信号系统并需要电动合闸时，较为适当（多用于发电厂）。这种操作电源电压质量好，供电系统电压变化不受影响；运行稳定、可靠；具有独立性，不依靠于交流供电系统；在变电站全部无电的情况下，可提供事故照明、事故抢修及分、合闸电源。

其缺点是：增加了建筑面积和建设成本；需安装定充和浮充的充电设备或机组；运行寿命短，需定期进行检查、更换蓄电池；维护工作复杂，工作量大。

(2) 硅整流操作电源 这种操作电源是交流经变压、整流后得到的。和固定蓄电池组相比较经济实用，无需建筑直流室和增设充电设备。适用于中、小型变、配电所、采用直流保护或具有自动装置的场合。为确保操作电源的可靠性，应采用独立的两路交流电源供电，硅整流操作电源的接线原理如图 8-10 所示。

如果操作电源供电的合闸电流不大，硅整流柜的交流电源，可由电压互感器供电，同时为了保证在交流系统整个停电或系统发生短路故障的情况下，继电保护仍能可靠动作掉闸，硅整流装置还要采用直流电压补偿装置。常用的直流电压补偿装置是在直流母线上增加电容储能装置或镉镍电池组。

① 硅整流操作电源的优点：体积小，节省用地；换能效率高；运行无噪声，性能稳定；运行、维护简单，调节方便。

② 缺点：由于直流电压受供电的交流系统电压变化的影响，因此，要求给硅整流装置供电的交流系统应运行稳定；供电容量较小，受供电的交流系统容量的制约。

③ 二次回路较为复杂。

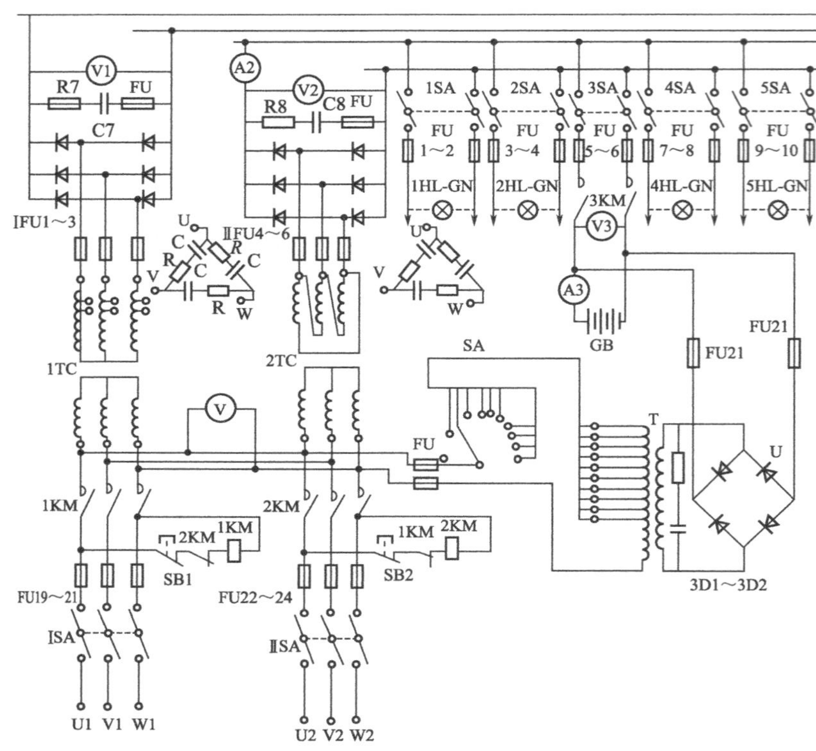

图 8-10 硅整流操作电源的接线原理图

8.3.3 继电保护装置的二次回路

供电、配电用电的回路，往往有较高的电压、电流且输送的功率很大，称为一次回路，又叫做主回路。为一次回路服务的检测计量回路、控制回路、继电保护回路、信号回路等叫做二次回路。

继电保护装置由六个单元构成，因而继电保护二次回路就包含了若干回路。这些回路，按电源性质分为：交流电流回路（主要是电流互感器的二次回路），交流电压回路（主要是电压互感器的二次回路）、直流操作回路、控制回路及交流操作回路等。按二次回路的主要用途分为：继电保护回路、自动装置回路、开关控制回路、灯光及音响的信号回路、隔离开关与断路器的电气联锁回路、断路器的分合闸操作回路及仪表测量回路等。

绘制继电保护装置二次回路接线图、原理图应遵循以下原则：

（1）必须按照国家标准的电气图形符号绘制。

（2）继电保护装置二次回路中，还要标明各元件的文字标号，这些标号也要符合国家标准。常用的文字标号见表 8-1。

（3）继电保护二次回路接线图（包括盘面接线图）中回路的数字标号，又称线号，应符合下述规定。

① 继电保护的交流电压、电流、控制、保护、信号回路的数字标号应符合表 8-1 标准。

表 8-1　交流回路文字标号组

回路名称	互感器的文字符号	回路标号组			
		U 相	V 相	W 相	中性线
保护装置及测量表计的电流回路	TA	U401～409	V401～409	W401～409	N401～409
	1TA	U411～419	V411～419	W411～419	N411～419
	2TA	U421～429	V421～429	W421～429	N421～429
保护装置及测量表计的电压回路	TV	U601～609	V601～609	W601～609	N601～609
	1TV	U611～619	V611～619	W611～619	N611～619
	2TV	U621～629	V621～629	W621～629	N621～629
控制、保护信号回路		U1～399	V1～399	W1～399	N1～399

② 继电保护直流回路数字标号见表 8-2。

表 8-2　直流回路数字标号组

回路名称	数字标号组			
	Ⅰ	Ⅱ	Ⅲ	Ⅳ
＋电源回路	1	101	201	301
－电源回路	2	102	202	302
合闸回路	3～31	103～131	203～231	303～331
绿灯或合闸回路监视继电器的回路	5	105	205	305

续表

回路名称	数字标号组			
	Ⅰ	Ⅱ	Ⅲ	Ⅳ
跳闸回路	33～49	133～149	233～249	333～349
红灯或跳闸回路监视继电器的回路	35	135	235	335
备用电源自动合闸回路	50～69	150～169	250～269	350～369
开关器具的信号回路	70～89	170～189	270～289	370～389
事故跳闸音响信号回路	90～99	190～199	290～299	390～399
保护及自动重合闸回路信号及其他回路	01～099(或J1～J99)			
	701～999			

③ 继电保护及自动装置用交流、直流小母线的文字符号及数字标号见表8-3。

表8-3 小母线标号

小母线名称		小母线标号	
		文字标号	数字标号
控制回路电源小母线		+WB-C -WB-C	101 102
信号回路电源小母线		+WB-S -WB-S	701 703 705 702 704 706
事故音响小母线	用于配电设备装置内	WB-A	708
预报信号小母线	瞬时动作的信号	1WB-PI	709
		2WB-PI	710
	延时动作的信号	3WB-PD	711
		4WB-PD	712
直流屏上的预报信号小母线(延时动作信号)		5WB-PD 6WB-PD	725 724
在配电设备装置内瞬时动作的预报小母线		WB-PS	727
控制回路短线预报信号小母线		1WB-CB 2WB-CB	713 714
灯光信号小母线		-WB-L	

续表

小母线名称	小母线标号	
	文字标号	数字标号
闪光信号小母线	+WB-N-FLFI	100
合闸小母线	+WB-N-WBF-H	
“掉牌未复归”光字牌小母线	WB-R	716
指挥装置的音响小母线	WBV-V	715
公共的V相交流电压小母线	WBV-V	V600
第一组母线系统或奇数母线段的交流电压小母线	1WBV-U	U640
	1WBV-W	W640
	1WBV-N	N640
	1WBV-Z	Z640
	1WBV-X	X640
第二组母线系统或偶数母线段的交流电压小母线	2WBV-U	U640
	2WBV-W	W640
	2WBV-N	N640
	2WBV-Z	Z640
	2WBV-X	X640

④ 继电保护的操作、控制电缆的标号规定。变、配电所中的继电保护装置、控制与操作电缆的标号范围是100～199：其中111～115为主控制室至6～10kV的配电设备装置；116～120为主控制室至35kV的配电设备装置；121～125为主控制室至110kV配电设备装置；126～129为主控制室至变压器；130～149为主控制室至室内屏间联络电缆；150～199为其他各处控制电缆标号。

同一回路的电缆应当采用同一标号，每一电缆的标号后可加脚注a、b、c、d等。

主控制室内电源小母线的联络电缆，按直流网络配电电缆标号，其他小母线的联络电缆用中央信号的安装单位符号标注编号。

8.4 电流保护回路的接线特点

电流保护的接线，根据实际情况和对继电保护装置保护性能的要求，可采用不同的接线方式。凡是需要根据电流的变化而动作的继电保护装置，都需要经过电流互感器，把系统中的电流变换后传送到继电器中去。实际上电流保护的电流回路的接线，是指变流器（电流互感器）二次回路的接线方式。为说明不同保护接线的方式，对系统中各种短路故障电流的反应，进一步说明各种接线的适用范围，对每种接线的特点特做以下介绍。

8.4.1 三相完整星形接线

三相完整星形接线如图 8-11 所示。

电流保护完整星形接线的特点：

① 是一种合理的接线方式，用于三相三线制供电系统的中性点不接地；中性点直接接地和中性点经消弧电抗器接地的三相系统中，也适用三相四线制供电系统。

② 对于系统中各种类型短路故障的短路电流，灵敏度较高，保护接线系数等于 1。因而对系统中三相短路、两相短路、两相对地短路及单相短路等故障，都可起到保护作用。

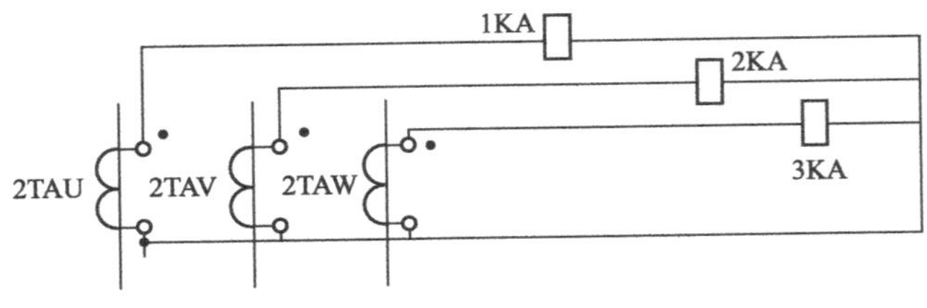

图 8-11　三相完整星形接线

③ 保护装置适用于 10～35kV 变、配电所的进、出线保护和变压器。

④ 这种接线方式，使用的电流互感器和继电器数量较多，投资较高，接线比较复杂，增加了维护及试验的工作量。

⑤ 保护装置的可靠性较高。

8.4.2　三相不完整星形接线(V形接线)

V形接线是三相供电系统中10kV变、配电所常用的一种接线，如图8-12所示。

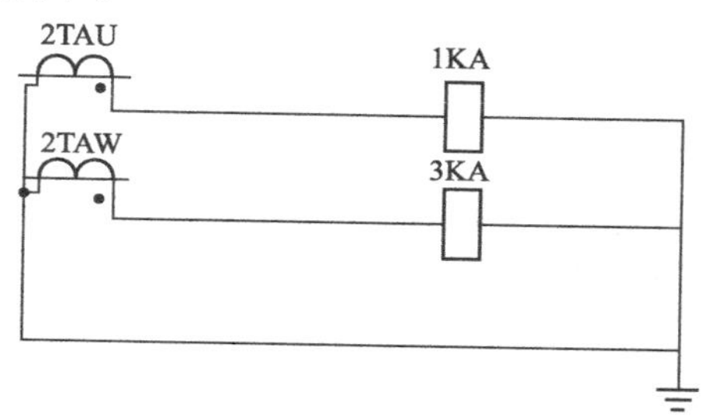

图8-12　不完整星形接线

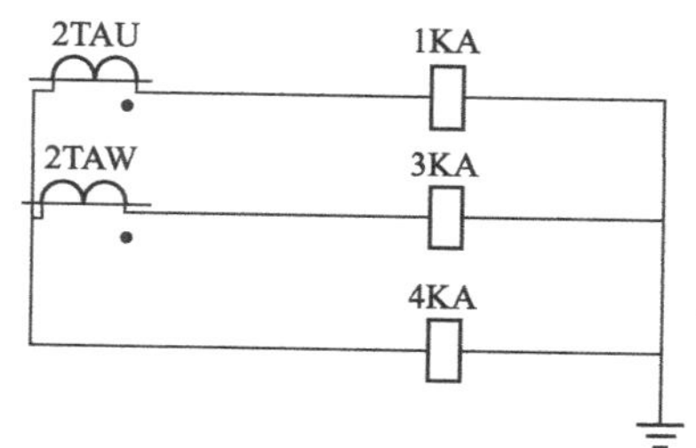

图8-13　改进型V形接线

电流保护不完整星形接线的特点：

① 应用比较普遍，主要是10kV三相三线制中性点不接地系统的进、出线保护。

② 接线简单、投资省、维护方便。

③ 这种接线不适宜作为大容量变压器的保护，V形接线的电流保护主要是一种反应多相短路的电流保护，对于单相短路故障不起保护作用，当变压器为Y，Y/Y接线，未装电流互感器的相当于发生单相短路故障时，保护不动作，用于Y，Y/A接线的变压器中，如保护装置设于Y侧，而A侧发生UV两相短路，则保护装置的灵敏度将要降低，为了改善这种状态，可以采用改进型的V型接线，即两相装电流互感器，采用三只电流继电器的接线，如图

8-13 所示。

④ 采用不完整星形接线（V 形接线）的电流保护，必须用在同一个供电系统中，不装电流互感器的相应该一致。否则，在本系统内发生两相接地短路故障（恰恰在两路配电线路中的没有保护的两相上）保护装置将拒绝动作，就会造成越级掉闸事故，延长了故障切除时间，使事故影响面扩大。

8.4.3 两相差接线

这种保护接线是采用两相接电流互感器，只能用一只电流继电器的接线方式，其原理接线如图 8-14 所示。

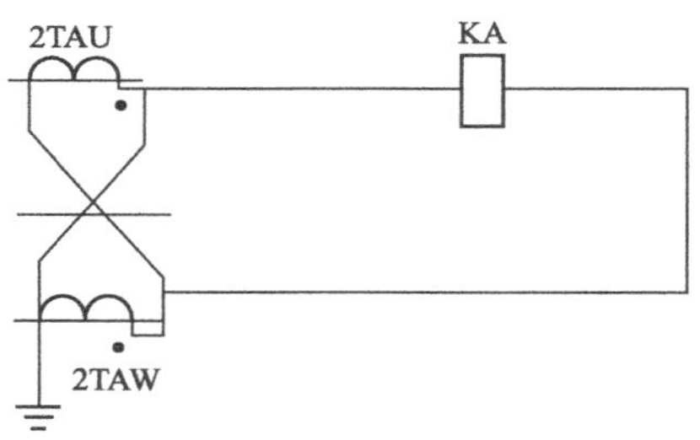

图 8-14 两相差接线

这种接线的电流保护特点：

① 保护的可靠性差，灵敏度不够，不适于所有形式的短路故障。

② 投资少，使用的继电器最少，结构简单，可以用作保护系统中多相短路的故障。

③ 只适用于 10kV 中性点不接地系统的多相短路故障，因此，常用做 10kV 系统的一般线路和高压电机的多相短路故障的保护。

接线系数大于完整星形接线和 V 形接线，接线系数为$\sqrt{3}$。

接线系数是指故障时反应到电流继电器绕组中的电流值与电流互感器二次绕组中的电流比值，即：

$$K_{\mathrm{JC}}=\frac{\text{继电器绕组中的电流值}}{\text{电流互感器二次绕组中的电流值}}$$

当继电保护的接线系数越大，其灵敏度越低。

8.5 继电保护装置的运行与维护

8.5.1 继电保护装置的运行维护工作的主要内容

继电保护的运行、维护工作，是指继电保护及其二次线，包括操作与控制电源及断路器的操作机构的正常运行状态的监测、巡视检查、运行分析以及在正常倒闸操作过程中涉及的继电保护。

二次回路时的处理工作。例如，投入和退出继电保护、检查直流操作电压等。还应包括继电保护装置的定期校验、检查、改定值、更换保护装置元件及处理临时缺陷，此外，还应包括故障后继电保护装置动作的判断、分析、处理及事故校验等。

8.5.2 继电保护装置运行中的巡视与检查

(1) 继电保护装置巡视检查的周期 变、配电所值班人员要定期或不定期的对继电保护装置进行检查，一般巡视周期：

① 无人值班时每周巡视一次。

② 有人值班时至少每班一次。

在特殊情况时，还应适当增加检查次数，例如：新投入运行的继电保护装置、变压器新投入或换油后的试运行。

(2) 继电保护装置巡视检查内容 在日常巡视中，应对继电保护装置以下各项进行巡视检查。

① 首先应检查继电保护盘，检查各类继电器的外壳是否完整无损、清洁无污垢，以及继电器整定值的指示位置是否符合要求，有无变动。

② 继电保护回路的压板、转换开关的运行位置是否与运行要求一致。

③ 长期带电运行的继电器，例如电压继电器，接点是否有抖动、磨损现象，带附加电阻的继电器，还应检查线圈和附加电阻有无过热现象。

④ 感应型继电器应检查圆盘转动是否正常，机械信号掉牌的

指示位置是否和运行状态一致。

⑤ 电磁型继电器应检查接点有无卡住、变位、倾斜、烧伤以及脱轴、脱焊等问题。

⑥ 各种信号指示，例如，光字牌、信号继电器、位置指示信号、警报音响信号等是否运行正常，必要时应进行检查性试验，例如，光字牌是否能正常发光。

⑦ 检查交流、直流控制电源和操作电源运行状况，电源的电压表指示是否正常，熔断器是否过热，熔丝有无熔断指示，对于直流操作电源，还应注意检查有无直流一极接地的情况。

⑧ 检查掉、合闸回路，包括合闸线圈与掉闸线圈有无过热、短路、接点接触不良以及掉、合闸线圈的铁芯是否复位，有无卡住的现象。

(3) 继电保护运行中的注意事项 为了保证继电保护的可靠动作，在运行中应注意下列各项。

① 继电保护装置，在投入运行以前，值班人员、运行人员都应清楚地了解该保护装置的工作原理、工作特性、保护范围、整定值及熟悉二次接线图。

② 继电保护装置运行中，发现异常应加强监视并立即报告主管负责人。

③ 运行中的继电保护装置，除经调度部门同意或主管部门同意，不得任意去掉保护运行，也不得随意变更整定值及二次线。运行人员对运行中继电保护装置的投入或退出，必须经调度员或主管负责人批准，记入运行日志。如果需要变更继电保护整定值或二次回路接线时，应取得继电保护专业人员的同意。

④ 运行值班人员对继电保护装置的操作，一般只允许：

a. 装卸熔断器的熔丝。

b. 操作转换开关。

c. 接通或断开保护压板。

8.5.3 继电保护及其二次回路的检查和校验

(1) 工作周期 为了保证继电保护装置可靠地动作，通常应对继电保护装置及二次回路进行定期的停电检查及校验。一般校验、检查的周期是：

① 3～10kV 系统的继电保护装置，至少应每两年进行一次。

② 要求供电可靠性较高的 10kV 重要用户和供电电压在 35kV 及以上的变、配电所的继电保护装置，应每年检查一次。

(2) 继电保护装置及二次回路的检查与校验 继电保护及二次回路一般在停电时，对电气元件及二次回路进行检查校验。主要应做以下各项内容。

① 继电器要进行机械部分的检查和电气特性的校验。例如，反时限电流继电器应做反时限特性试验，做出特性曲线。

② 测量二次回路的绝缘电阻，用 1000V 兆欧表测量。交流二次回路，每一个电气连接回路，应该包括回路内所有线圈，绝缘电阻不应小于 1MΩ，全部直流回路系统，绝缘电阻不应小于 0.5MΩ。

③ 在电流互感器二次侧，进行通电试验（包括电流互感器的吸收试验）。

④ 进行继电保护装置的整组动作试验（即传动试验）。

8.5.4 运行中继电保护动作的分析、判断及故障处理

(1) 继电保护动作中断路器掉闸的分析、检查、处理运行中，变、配电所的继电保护动作。值班人员应迅速做出分析、判断并及时处理，以减少事故造成的损失，使停电时间尽量缩短。可参照以下步骤进行。

① 继电保护动作断路器掉闸，应根据继电保护的动作信号立即判明故障发生的回路。如果是主进线断路器继电保护动作掉闸，立即通知供电局的用电监察部门，以便进一步掌握系统运行的状况。如果属于各路出线的断路器或变压器的断路器继电保护动作掉闸，则立即报告本单位主管领导以便迅速处理。

② 继电保护动作断路器掉闸，必须立即查明继电保护信号、警报的性质，观察有关仪表的变化以及出现的各种异常现象，结合值班运行经验，尽快判断出故障掉闸的原因、故障范围、故障性

质，从而确定处理故障的有效措施。

③ 故障排除后，在恢复供电前将所有信号指示、音响等复位。在确认设备完好的情况下方才可以恢复供电。

④ 进行上述工作须由两人执行，随时有监护人在场，将事故发生、分析、处理的过程详细记录。

(2) 变压器继电保护动作、断路器掉闸的故障判断、分析与检查处理容量较大的变压器，有过流、速断和煤气保护，对于一般10kV，800kV·A以上的变压器，有时采用煤气保护和反时限过流保护。运行中如有变压器故障和继电保护动作，首先应根据继电保护动作的信号指示和变压器运行中反映出的一系列异常现象，判断和分析变压器的故障性质和故障范围。

主要进行以下各方面的检查。

① 继电保护动作后，经检查确认速断保护动作，可解除信号音响。

② 因为是变压器速断保护动作（速断信号有指示），所以已说明了故障性质严重，如有煤气保护，再检查煤气保护是否动作，如煤气保护未动作，说明故障点在变压器外部，重点检查变压器及高压断路器向变压器供电的线路、电缆、母线有无相间短路故障。此外，还应重点检查变压器高压引线部分有无明显的故障点，有无其他明显异常现象，如变压器喷油、起火、温升过高等。

③ 如确属高压设备或变压器故障，应立即上报，属于主变压器故障应报告供电局，同时做好投入备用变压器和将重要负荷倒出的准备工作。

④ 未查明原因并消除故障以前，不准再次给变压器合闸送电。

⑤ 必要时对变压器的继电保护进行事故校验，以证实继电保护的可靠性，还要填写事故调查报告，提出反事故方案。

(3) 变压器煤气保护动作后的检查与处理。变压器的煤气保护是保护变压器内部故障的主保护。当变压器内部故障不大时，变压器油内产生气体，使轻煤气动作，发出信号。例如，变压器绕组匝间与层间局部短路，铁芯绝缘不良以及变压器严重漏油，油面下降等，轻煤气均可起到保护作用。

当变压器内部发生严重故障，如一次绕组故障造成相间短路，故障电流使变压器内产生强烈的气流和油污冲击重煤气挡板，使重煤气动作，断路器掉闸并发出信号。

运行中，发现煤气保护动作并发出信号时，应做以下几方面的检查处理。

① 只要煤气保护动作，就应判明故障发生在变压器内部。

② 如当时变压器运行无明显异常，可收集变压器内煤气气体，分析故障原因。

③ 取变压器煤气时应当停电后进行，可采用排水取气法，将煤气取至试管中。

④ 根据煤气气体的颜色和进行点燃试验，观察有无可燃性气体，以判断故障部位和故障性质。

⑤ 收集到的气体若无色、无味且不可燃，说明煤气继电器动作的原因是油内排出的空气引起的，如果收集到的气体是黄色、不易燃烧，说明是变压器内木质部分故障，如气体是淡黄色、带强烈臭味并且可燃，则为绝缘纸或纸板故障；当气体为灰色或黑色、易燃，则是绝缘油出现问题。

对于室外变压器，可以打开煤气继电器的放气阀，检验气体是否可燃。如果气体可燃，则开始燃烧并发出明亮的火焰。当油开始从放气阀外溢时，立即关闭放气阀门。

注意：室内变压器，禁止在变压器室内进行点燃试验，应将收集到的煤气，拿到安全地方去进行点燃试验。判断气体颜色要迅速进行，否则气体颜色很快会消失。

⑥ 煤气保护动作未查明原因之前，为了证实变压器的良好状态，可取出变压器油样做简化试验，看油耐压是否降低和油闪点下降的现象，如仍然没有问题，应进一步检查煤气保护二次回路，看是否可能造成煤气保护误动作。

⑦ 变压器重煤气动作时，断路器掉闸，未进行故障处理并不能证明变压器无故障时，不可重新合闸送电。

⑧ 变压器发生故障，立即上报，确定更换和大修变压器的方案；提出调整变压器负荷的具体措施及防止类似事故的反事故措施。

8.6 电流速断保护和过电流保护

8.6.1 电流速断保护

(1) 保护特性和整定原则 电流速断保护是一种无时限或具有很短时限动作的电流保护装置，它要保证在最短时间内迅速切除短路故障点，减小事故的发生时间，防止事故扩大。

电流速断保护的整定原则是，保护的动作电流大于被保护线路末端发生的三相金属性短路的短路电流，对变压器而言，则是：其整定电流大于被保护的变压器二次出线三相金属性短路的短路电流。

整定原则如此确定是为了让无时限的电流保护只保护最危险的故障，而离电源越近，短路电流越大，也就越危险。

(2) 保护范围 电流遮断保护不能保护全部线路，只能保护线路全长的 70%～80%，对线路末端附近的 20%～30%不能保护，对变压器而言，不能保护变压器的全部，而只能保护从变压器的高压侧引线及电缆到变压器一部分绕组（主要是高压绕组）的相间短路故障。总之，速断保护有不足，往往要用过电流保护作为速断保护的后备。

8.6.2 过电流保护

(1) 保护特性和整定原则 过电流保护是在保证选择性的基础上，能够切除系统中被保护范围内线路及设备故障的有时限动作的保护装置，按其动作时限与故障电流的关系特性的不同，分为定时限过流保护和反时限过流保护。

过电流保护的整定原则是要躲开线路上可能出现的最大负荷电流，如电动机的启动电流，尽管其数值相当大，但毕竟不是故障电流，为区别最大负荷电流与故障电流，常选择接于线路末端、容量较小的一台变压器的二次侧短路时的线路电流作为最大负荷电流。

整定时，对定时限过电流保护只要依据动作电流的计算值就行了，而对反时限过电流保护则要依据启动电流及整定电流的计算值做出反时限特性曲线，并给出速断整定值才能进行。

过电流保护是有时限的继电保护，还要进行时限的整定。根据上述反时限特性曲线，作电流整定时，已同时作了时限整定，对定时限过电流保护，则要单独进行时限整定。

整定动作时限必须满足选择性的要求，充分考虑相邻线路上、下两级之间的协调。对于定时限保护与定时限的配合，应按阶梯形时限特性来配合，级差一般满足 0.5s 就可以了，对于反时限保护的配合，则要做出保护的反时限特性曲线来确定，要保证在曲线一端的整定电流这一点，动作时限的级差不能小于 0.7s。

(2) 保护范围 过电流保护可以保护设备的全部和线路的全长，而且，它还可以用作相邻下一级线路的穿越性短路故障的后备保护。

(3) 定时限与反时限过电流保护及其区别

① 继电保护的动作时限与故障电流数值的关系 定时限过电流保护，其动作时限与故障电流之间的关系表现为定时限特性，即继电保护动作时限与系统短路电流的数值没有关系，当系统故障电流转换成保护电流，达到或超过保护的整定电流值时，继电保护就以固有的整定时限动作，使断路器掉闸，切除故障。

反时限过电流保护，其动作时限与故障电流之间的关系表现为反时限特性，即继电保护动作时限不是固定的，而是依系统短路电流数值的大小而沿曲线作相反的变化，故障电流越大，动作时限越短。

如图 8-15 所示是反时限过电流保护使用的 GL-95 型电流继电器的特性曲线，每对应于一个动作时限，整定值就有一条特性曲线。继电保护动作时限与故障电流数值大小之间关系的不同是定时限与反时限过电流保护的最大区别。

② 保护装置的组成及操作电源 定时限过电流保护装置由几种继电器构成，一般采用电磁式 DL 型电流继电器、电磁式 DS 型时间继电器和电磁式 DX 型信号继电器等。这些继电器一般要求用直流操作电源。

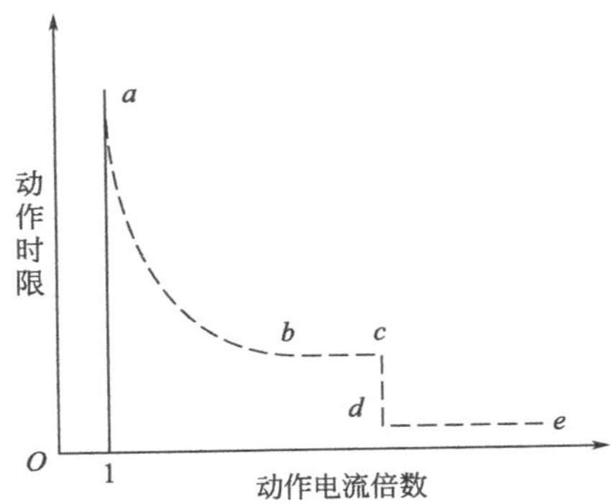

图 8-15 GL-95 型继电器反时限特性曲线

反时限过电流保护装置只用感应式 GL 型电流继电器就够了，它相当于具有电流继电器、时间继电器、信号继电器等多种功能的组合继电器，因此反时限过电流保护装置比起定时限的电流保护装置，其组成简单，经济实用。反时限过电流保护装置一般采用交流操作电源，这也比采用直流电源来得方便和经济。

应该指出，GL 型电流继电器还有电磁式瞬动部分，可作为速断保护用，所以用一只 GL 型电流继电器不但可作为反时限过电流保护装置，还兼作电流速断保护装置，其经济性很突出，因而得到广泛应用。

③ 上、下级时限级差的配合　定时限过电流保护采用的 DL 型电流继电器，其设定值准确、动作可靠，因而上、下级时限级差采用 0.5s 就可以实现保护动作的选择性。反时限过电流保护采用 GL 型电流继电器，它的定值及动作的准确性比 DL 型电流继电器差。因此，为了保证上、下级保护动作的选择性，要将时限级差定得大一些，一般取 0.7s。

8.6.3 主保护

主保护是被保护设备和线路的主要保护装置。对被保护设备的故障，能以无时限（即除去保护装置本身所固有的时间，一般为 0.03～0.12s），或带一定的时限切除故障。例如速断保护就是主保护，变压器的煤气保护也是主保护。

8.6.4　后备保护

后备保护是主保护的后备。对于变、配电所的进线，重要电气设备及重要线路等，不但要有主保护，还应安装后备保护和辅助保护。后备保护又分为近后备保护和远后备保护。

（1）近后备保护　近后备保护是指被保护设备主保护之外的另一组独立的继电保护装置。当保护范围内的电气设备故障时，该设备的主保护由于某种原因不发生动作时，由该设备的另一组保护动作，使断路器掉闸断开，这种保护称为被保护设备的后备保护。近后备保护的优、缺点是：

① 优点　保护装置工作可靠，当被保护范围内发生故障时，可以迅速切除故障，减少事故掉闸的时间，缩小了事故范围。

② 缺点　增加了维护和试验工作量；增加投资，只有重要设备或线路才会装设这种后备保护；如果保护装置的共用部分发生故障，如与主保护共用的直流系统或电流回路的二次线部分，这时主保护拒绝动作，后备保护同样不会起作用，这样将使事故范围扩大造成越级掉闸。

（2）远后备保护　该保护是借助于上级线路的继电保护，作为本级线路或设备的后备保护。当被保护的线路或电气设备发生故障，而主保护由于某种原因拒绝动作时，只得越级使相邻的上一级线路的继电保护动作，其断路器掉闸，借以切除本线路的故障点。这种情况，上级线路的保护就成为本线路的远后备保护。远后备保护的优、缺点是：

① 优点　实施简单、投资省、无需进行维修与试验；该保护在保护装置本身、断路器以及互感器、二次回路及交、直流操作电源部分发生故障，均可起到后备保护的作用。

② 缺点　当相邻线路的长度相差很悬殊时，短线路的继电保护，很难实现长线路的后备保护；增加了故障切除的时间，使事故范围扩大，增大了停电的范围，造成更大的经济损失。

8.6.5　辅助保护

该保护是一种起辅助作用的继电保护装置。例如，为了解决方向保护的死区问题，专门装设电流速断保护。

第9章 架空线路及电力电缆

 架空线路的分类、构成

9.1.1 架空线路的分类

(1) 输电线路（又称供电线路） 发电厂生产的电能，经升压变压器把电压升高（通常在 110kV 及以上），通过架空线路或电缆线路输送到距离很远的降压变电站（系统降压站或工厂、矿山专用降压站），用来输送电能的架空线路或电缆线路称为输电线路。

(2) 配电线路 是指通过降压变电站把电压变为 10kV 及以下，然后通过架空线路或电缆，把电能分配到各个用户的线路称为配电线路，其中 3～10kV 线路称为高压配电线路又称作一次配电线路，1kV 及以下（380/220V）的线路称为低压配电线路，以下将主要介绍 10kV 及以下配电线路。

(3) 直配线路 由发电机不经过变压器，直接把 10kV 电能经电缆或架空线路把电能输送给用户的线路，称作直配线路。

9.1.2 架空线路的构成

架空输电线路主要由避雷线、导线、金具（包括线夹等）、绝缘子、杆塔（包括电杆和铁塔）拉线和基础等元件组成，如图 9-1 所示。这些元件的用途如下。

（1）避雷线　用来保护架空线路免遭雷电大气过电压的损害，往往输电线路不装设避雷线。避雷线大多采用镀锌钢铰线。个别线路或线段由于特殊需要，有时采用钢芯铝绞线或铝镁合金绞线等良导体。

（2）导线　导线是线路的主要组成部分，用以传输电流。一般线路多采用单根导线。对于超高压大容量输电线路，由于输电容量大，同时为了减小电晕损失和电晕干扰，常采用相分裂导线，每相采用两根、三根、四根或更多根导线。

（3）线路金具　金具是用来把导线连接在绝缘子串上，并将绝缘子固定在杆塔上的金属零件。

（4）绝缘子　绝缘子用来支撑或悬吊导线并使导线与杆塔绝缘，它应保证有足够的电气绝缘强度和机械强度。

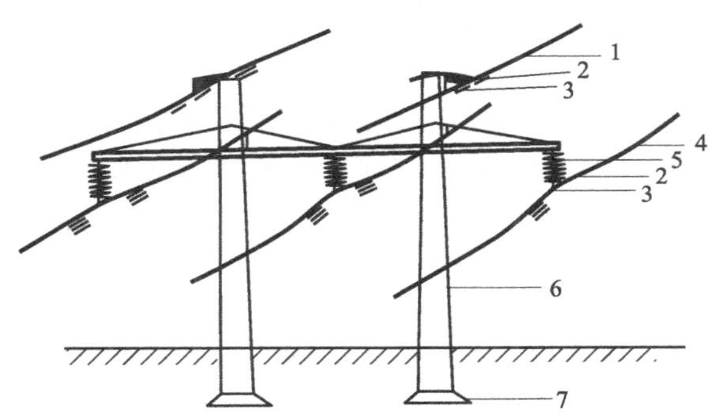

图 9-1　架空输电线路的组成元件

1—避雷线；2—防振锤；3—线夹；4—导线；5—绝缘子；6—杆塔；7—基础

（5）杆塔　杆塔的作用是支承导线、避雷线及其辅助设施，并使导线、避雷线、杆塔三者之间保持一定的安全距离（10kV 及以下采用电杆）。

（6）拉线和基础　拉线的作用是用来加强电杆的强度和稳定性，平衡电杆受力；杆塔基础是将杆塔固定在地下，以保证杆塔不发生倾斜或倒塌的设施。

9.1.3　主要材料

（1）导线　输电及高压配电线路采用多股裸导线，低压配电架空线路有时使用单股裸铜导线，用电单位厂区内的配电架空电力线路常常采用绝缘导线。

常用的裸导线有以下几种：

裸铜绞线（TJ）、裸铝绞线（LJ）、钢芯铝绞线（LGJ、LGJQ和LGJJ）、铝合金绞线（HLJ）、钢绞线（GJ）。

导线型号中的拼音字母含义如下：

T——铜；L——铝；G——钢；H——合金；J——绞线；Q——轻型；钢芯铝绞线（LGJJ）的第四位字母表示加强型。

型号中横线后面的数字表示导线的标称截面积（mm^2）：例如，TJ-35，表示铜绞线，截面为35mm^2；LGJJ-300，表示加强型钢芯铝绞线，截面为300mm^2。

常用的500V以下的绝缘电线，型号有BLXF布线用铝芯氯丁橡皮绝缘电线和BBLX布线用玻璃丝编织铝芯橡皮绝缘电线。

(2) 电杆 电杆有钢筋混凝土杆（简称水泥杆）和木杆两种。电杆类型与线路额定电压、导线、地线种类及安装方式、回路数、线路所经过地区的自然条件、线路的重要性等有关。一般的电杆类型按电杆的作用分为如下几种。

① 直线杆　直线杆又称中间杆。用于线路直线中间部分。平坦地区，这种电杆占总数的80%左右。直线杆的导线是用线夹和悬式绝缘子串挂在横担下或用针式绝缘子固定在横担上。正常情况下，它仅承受导线的重量。

② 耐张杆　又称承力杆。与直线杆相比，强度较大，导线用耐张线夹和耐张绝缘手串或用蝶式绝缘子固定在电杆上。耐张绝缘子串的位置几乎是平行于地面的，电杆两边的导线用弓子线连接起来。它可以承受导线和架空地线的拉力，耐张杆将线路分隔成若干耐张段以便于线路的施工和检修，耐张段长度通常不超过2km。

③ 转角杆　用于线路的转弯处，有直线型和耐张型两种形式。采用哪种型式要根据转角的大小及导线截面的大小来确定。

④ 终端杆　它是耐张杆的一种，用于线路的首端和终端，往往承受导线和架空地线一个方向的拉力。

⑤ 换位杆　用于线路中各相导线需要换位处。

⑥ 跨越杆　用于线路与铁路、河流、湖泊、山谷及其他交叉

跨越处，要求有较高的高度。

(3) 线路金具　架空线路的金具种类很多，按照金具的性能和用途可分为固定金具、连接金具、保护金具和拉线金具四大类。

① 线夹　线夹是属于固定金具的一种。有悬垂型线夹和耐张型线夹两种。悬垂线夹是将导线固定于绝缘子串上，或将避雷线悬挂在杆塔上，也可以用于换位杆塔上支持换位导线以及非直线杆跳线的固定。悬垂线夹承受导线和避雷线垂直方向和顺线路方向的载荷。如图 9-2 所示为悬垂线夹的外形。导线放在线夹本体槽内，用压板和 U 形螺钉固定并压紧导线。

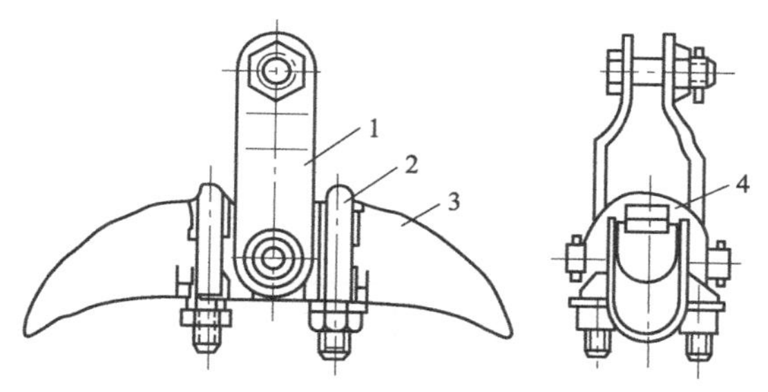

图 9-2　悬垂线夹

1—柱板；2—U 形螺钉；3—线夹本体；4—压板

耐张线夹分螺栓型耐张线夹和压缩型耐张线夹两种，螺栓耐张线夹（如图 9-3 所示）用于导线截面积在 240mm^2 及以下，这种线夹施工安装比较简便，其破坏荷重为 2000～8000kgf。

当导线截面积较大，且拉力较大时，螺栓型线夹的强度和握力不能满足要求，而且由于导线截面积大，难以弯曲，因此对截面积为 300mm^2 及以上的导线，应采用压缩型耐张线夹，如图 9-4 所示。楔形耐张线夹如图 9-5 所示。

线夹铝管与导线连接，引流板与跳线连接，钢锚通过连接金具与绝缘子连接。

② 连接金具　连接金具主要用于绝缘子串与电杆的连接及与导线线夹的连接。连接金具的破坏荷载系列应与绝缘子的机电破坏荷载系列相互配合，绝缘子配一套连接金具。常用的连接金具如图 9-6 所示。

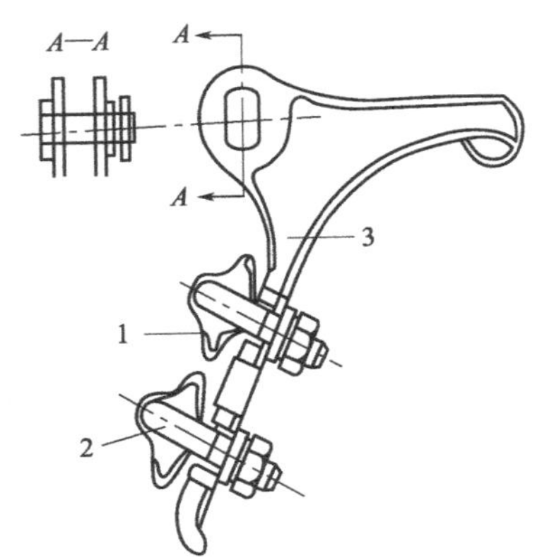

图 9-3 螺栓型耐张线夹
1—压板；2—U 形螺钉；3—线夹本体

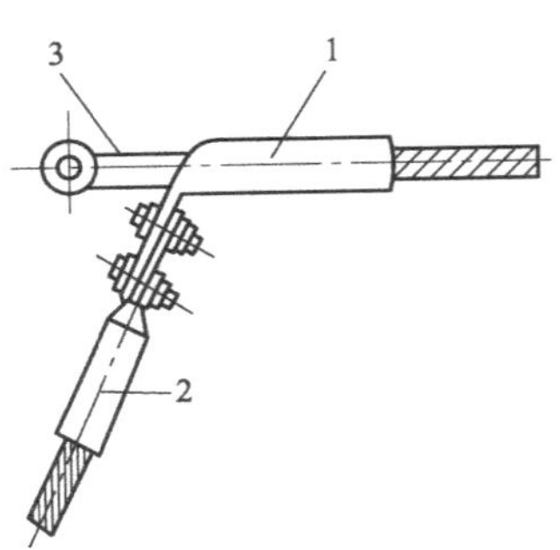

图 9-4 压缩型耐张线夹
1—线夹铝管；2—引流板；3—钢锚

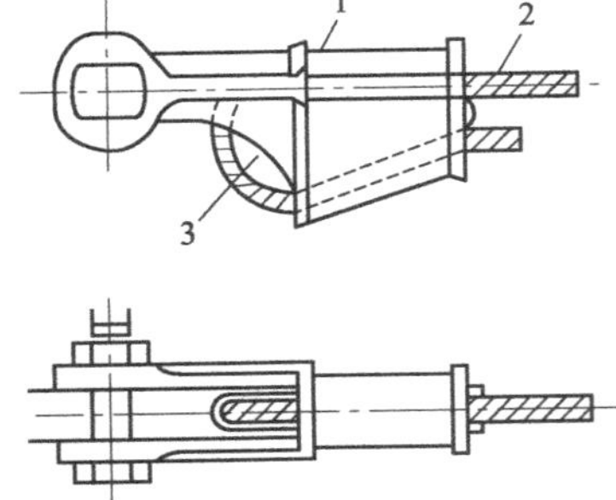

图 9-5 楔型耐张线夹
1—线夹本体；2—钢绞线；3—楔子

③ 保护金具　保护金具包括有导线和避雷线用的防振锤以及使分裂导线之间保持一定距离的间隔棒等。如图 9-7 所示为导线和避雷线用的防振锤。如图 9-8 所示为双分裂导线用的间隔棒。

④ 拉线金具　拉线金具主要用于拉线的紧固、调整和连接。

如图 9-9 所示为可调式的 UT 型线夹。利用该线夹可调节拉线的松紧。图中可调的 U 形螺钉用来调节拉线的松弛或拉紧，楔子与线夹本体固定拉轮。

如图 9-10 所示为拉线的组合形式，可调式 UT 型线夹用于拉

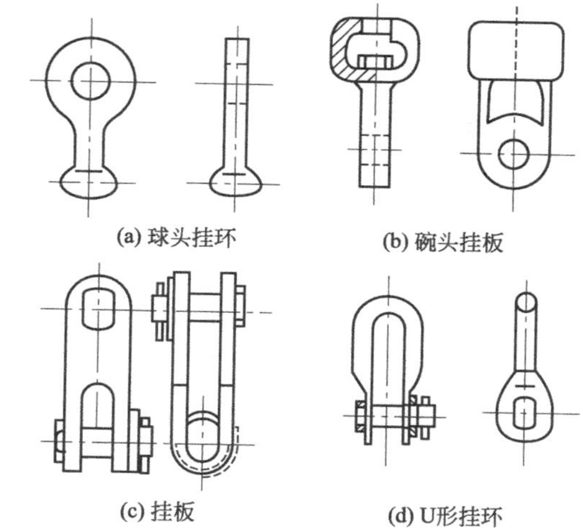

图 9-6 常用的连接金具

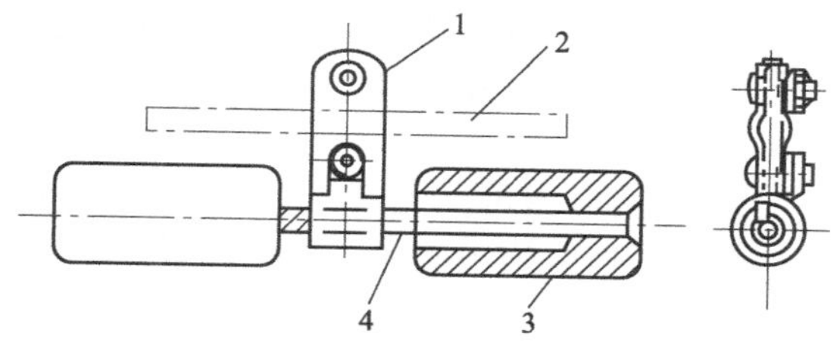

图 9-7 防振锤

1—压板；2—导线；3—锤头；4—钢绞线

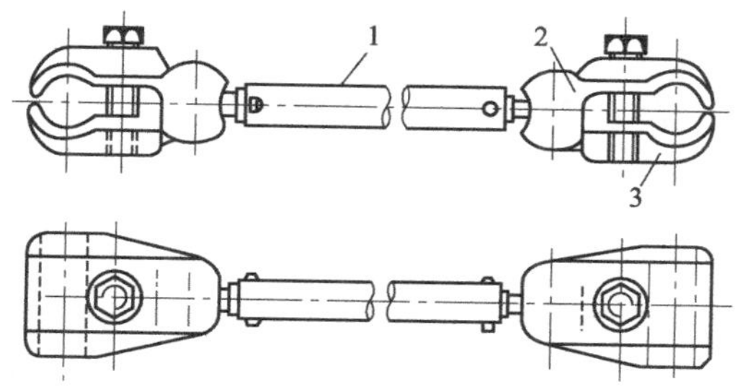

图 9-8 间隔棒

1—无缝钢管；2—间隔棒线夹；3—压舌

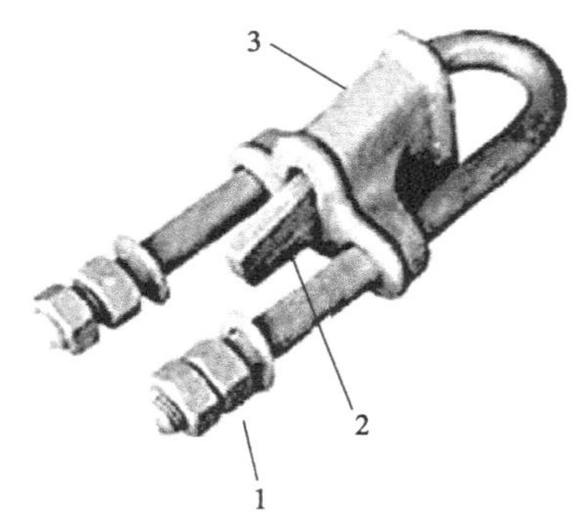

图 9-9 可调式 UT 型线夹

1—U 形螺钉；2—楔子；3—线夹本体

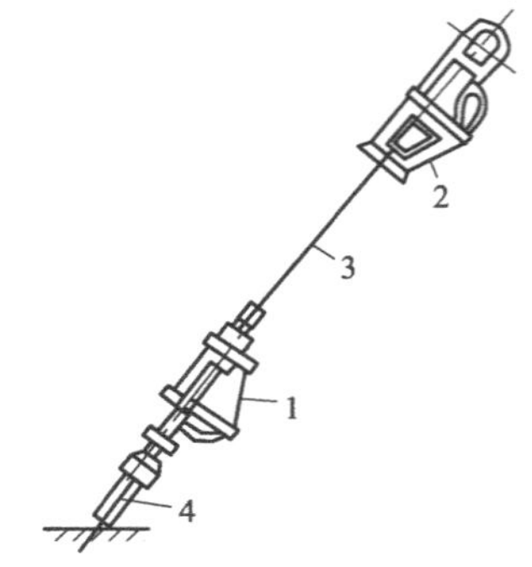

图 9-10 拉线组合方法

1—可调式 UT 型线夹；2—楔形线夹；3—拉线；4—拉线棒

线下端的 U 形螺钉与拉线棒连接；楔型线夹应用在拉线上端直接与电杆连接，拉线一般采用镀锌钢绞线。

(4) 绝缘子 架空电力线路常用的绝缘子有针式绝缘子（柱瓶）、蝶式绝缘子（拉台）、悬式绝缘子（吊瓶）、陶瓷横担和瓷拉棒绝缘子。

① 针式绝缘子按使用电压可分为高压针式绝缘子和低压针式绝缘子两种形式，按针脚的长短不同分为长脚和短脚两种，长脚针式绝缘子用在木横担上，短脚的用在铁横担上。

高压针式绝缘子的型号有：P-6W、P-6T、P-6M～P10T、P-10M、P-10MC、P-15T、P-15M、P-15MC、PW-10T 等。型号中的拼音字母含义：P——针式瓷瓶；T——铁担直脚；M——木担直脚；C——加长；W——弯脚（型号中 P 后面的 W 表示防污型，横线后面的数字表示额定电压，单位是 kV）。

低压针式绝缘子型号有：PD-1、PD-2、PD-3；型号含义：P——针式瓷瓶；D——低压；横线后面的数字为尺寸大小的代号。

② 蝶式绝缘子分为高压蝶式绝缘子和低压蝶式绝缘子两种。

高压蝶式绝缘子型号有 E-6、E-10。型号含义：E——蝶式绝缘子，横线后面的数字表示额定电压，单位为 kV。

低压蝶式绝缘子型号有 ED-1、ED-2、ED-3。型号含义：E——

蝶式绝缘子；D——低压，横线后面的数字为尺寸大小的代号。

③ 悬式绝缘子　它包括钢化玻璃悬式绝缘子、新系列悬式绝缘子、老系列悬式绝缘子和防污悬式绝缘子等。

钢化玻璃悬式绝缘子型号有 LX-4.5、LX-4.5W、LX-7 和 LX-11 四种。型号含义：LX——钢化玻璃悬式绝缘子，横线后面的数字表示每小时机电负荷（t），W——防污型。

新系列悬式绝缘子型号有 XP-4、XP-4C、XP-7、XP-TC、XP-10、XP-16 等。型号含义：XP——用机电负荷破坏值表示的悬式绝缘子，横线后面的数字表示 1h 机电破坏负荷（t），C——槽型连接。

旧式悬式绝缘子型号有 X-3、X-4.5、X-3C、X-4.5C、X-7 等。型号含义：X——悬式绝缘子，横线后面的数字表示 1h 机电负荷（t）。

防污悬式绝缘子型号有 XW-4.5、XW-4.5C、XW1-4.5、XWP-6、XWP-6C 和 1322、1334 型。型号含义：XW——防污悬式绝缘子；XWP——按机电负荷破坏值用来表示的防污悬式绝缘子；字母后面的数字表示的为设计序号；横线后面的数字对 XW-型来说表示 1h 机电负荷（t），对 XWP 型来说为机电破坏负荷；1322 型是半导体釉悬式绝缘子；1334 型是一般绝缘子釉钟罩式防污绝缘子。

④ 陶瓷横担绝缘子　它的型号有 CP10-1～8、CD35-1～10 等。型号含义：CD——瓷横担绝缘子，字母后面的数字表示额定电压（kV），横线后面的数字表示产品序号，奇数为顶相，偶数为边相。

⑤ 瓷拉棒绝缘子　它的型号有 SL10-200/2000、SL10D-200/2000、SL10Z-200/2000、SL25-320/2500 等。型号含义：SL——瓷拉棒绝缘子；字母后面的数字代表额定电压（kV）；D——需要切断导线绑扎；Z——适用大导线；横线后面的数字，分子表示冲击电压（kV），分母表示机械负荷（kg）。

线路绝缘子的种类如图 9-11 所示。10kV 架空线路的绝缘子，直线杆当采用角铁横担时应选用 P-15 型针式绝缘子；耐张杆应采用悬式和蝶式组成的绝缘子串。当裸绞线截面积在 $95mm^2$ 及以上

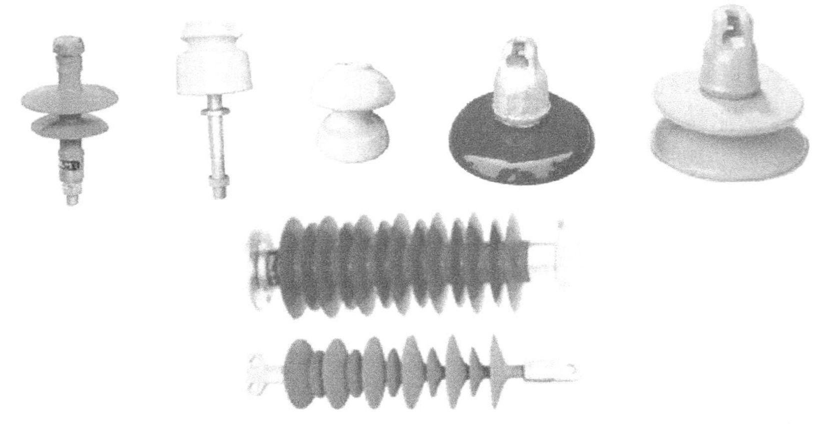

图 9-11 线路绝缘子的种类

时，应采用两片悬式绝缘子组成的绝缘子串。

9.2 架空线路的安装要求

9.2.1 10kV 及以下架空线路导线截面的选择

在选择输电线路和配电线路导线截面时，应满足四个条件。10kV 及以下架空线路导线截面的选择步骤如下。

（1）选择的原则 架空线路导线截面的选择都需要符合经济电流密度、电压损失、发热和机械强度四个方面的要求。但这四个要求不是平行的，对不同类型的架空线路有不同的优先要求，在下面介绍这四个条件时，将会进一步说明。

① 经济电流密度 电流密度指的是单位导线截面所通过的电流值，其单位是 A/mm^2。

经济电流密度是指通过各种经济、技术方面的比较而得出的最佳的电流密度，采用这一电流密度可使节约投资、减少线路电能损耗、维护运行费用等综合效益为最佳。

我国现在采用的经济电流密度值见表 9-1。

表 9-1 经济电流密度 A/mm²

导线材质	年最大负荷利用小时数		
	3000 以下	3000～5000	5000 以上
铜 线	3.00	2.25	1.75
铝 线	1.65	1.15	0.90

对高电压远距离输电线路，要首先依照经济电流密度初步确定导线截面，然后再以其他条件进行校验。

② 电压损失 要保证线路上的电压损失不大于规定的指标。架空线路的导线具有直流电阻、分布电容和分布电感，总之具有阻抗，线路越长，阻抗越大。交流电流从导线上流过时就产生电压需损失（电压降），线路上传送的功率越大，电流就越大，电压损失也就越大，线路传送功率（kW）与线路长度（km）的乘积叫“负荷距”，很明显，限制电压损失也就限制了负荷距。

为了保证向用户提供电能的电压质量，设计规范规定 3～10kV 架空配电线路允许的电压损失不得大于变电站出口端额定电压的 5%，3kV 以下的线路则不得大于 4%。

电压损失是配电线路选择导线截面的首要条件。

③ 发热 导线的运行温度不应超过规定的温度，这一条件又称为发热条件。

在一定的外部条件（环境温度＋26℃）下，使导线不超过允许的安全运行温度（一般规定为＋70℃）时，导线允许的载流量叫做导线的安全载流量。表 9-2 列出了部分铝绞线的技术数据，其中也包含其安全载流量。

表 9-2 部分导线的技术数据

导线型号	计算截面 /mm²	线芯结构股×每股直径 /mm	外径 /mm	直流电阻 /(Ω/km)	质量 /(kg/km)	计算拉断力 /kgf	安全载流量 /A
LJ-16	15.89	7×1.70	5.1	1.98	43	257	83
LJ-25	24.48	7×2.11	6.3	1.28	66	400	109
LJ-35	34.36	7×2.50	7.5	0.92	94	555	133
LJ-50	49.48	7×3.00	9.0	0.64	135	750	166
LJ-70	68.90	7×3.54	10.6	0.46	188	990	204
LJ-90	93.30	19×2.50	12.5	0.34	257	1510	244

对于用电设备的电源线及室内配线，首先要根据导线的安全载流量初步选出导线的截面。

④ 机械强度　架空线路的导线要承受导线自重、环境温度及运行温度变化产生的应力、风力、覆冰重力等各种因素而不致断裂，为此规程规定了架空配电线路的导线最小截面，选用导线时不得小于表 9-3 所列数值。

表 9-3　架空配电线路导线最小截面　　mm²

导线种类	10kV		1kV 及以下
	居民区	非居民区	
铝绞线(LJ)	35	25	25
钢芯铝绞线(LGJ)	25	25	25
铜线(TJ)	16	16	直径 4.0mm

对于小负荷距的架空线路，选择导线截面时，需要特别注意机械强度问题。

(2) 架空配电线路导线截面选择的步骤　首先按给定的电压损失数值通过计算得出导线截面积；其次进行发热条件的计算，这需要先算出该线路额定负荷电流，再将此计算值与初步选定的导线的安全载流量相比较，当线路外部条件与安全载流量的条件不符时，要对安全载流量加以修正，修正系数可查有关手册。如果修正后的安全载流量不小于线路额定负荷电流的计算值，则发热校核通过；再次，进行机械、强度的校验。往往选用的导线截面只需不小于规程规定的最小截面即可。

9.2.2 架空线路导线的连接

架空线路导线的连接有如下规定：不同金属、不同规格、不同绞向的导线严禁在一个档距内连接，在一个档距（相邻两基电杆之间的距离）内，每根导线不应超过一个接头，接头距导线的固定点不应小于 0.5m。

架空线路导线的连接方法主要采用钳压接法，对于独股铜导线以及多股铜绞线，还可以采用缠接法，拉线也可以采用这种方法；对于引线、引下线，如果遇到铜、铝导线之间的连接问题可用下面方法连接。

（1）钳压接法

① 准备工作　根据导线的规格选相应的连接管，不要加填料，将导线端用绑线扎紧后锯齐，用汽油清洗导线连接部分及连接管内壁，清洗长度应为连接管长度的1.25～2倍；在清洗部分涂上中性凡士林，用细钢丝刷刷洗，刷去已脏的凡士林，重涂洁净的凡士林，将连接导线分别从连接管两端穿入，使导线端露出管口20mm，如果是钢芯铝绞线，两导线间还要夹垫铝垫片。根据导线规格选用相应的横具装于压接钳上。

② 压接　将导线连接处置于压接钳钳口内进行压接，要使连接管端头的压坑恰在导线端部那一侧。压接顺序通常由一端起，两侧交错进行，但对于钢芯Q6绞线，则要由中间压起。导线钳压压口数及压后尺寸见表9-4，压接顺序举例如图9-12所示。

表9-4　导线钳压压口数及压后尺寸

导线截面/mm^2		35	50	70	95	120	150	185	240
压口数	铝　铜线	6	8	8	10	10	10	10	12
	钢芯铝绞线	14	16	16	20	24	24	26	2×24
压后尺寸/mm	铝　　线	14	16.5	19.5	23	26	30	33.5	—
	钢芯铝绞线	17.5	20.5	25	29	33	36	39	43
	铜　　线	14.5	17.5	20.5	24	27.5	31.5	—	—

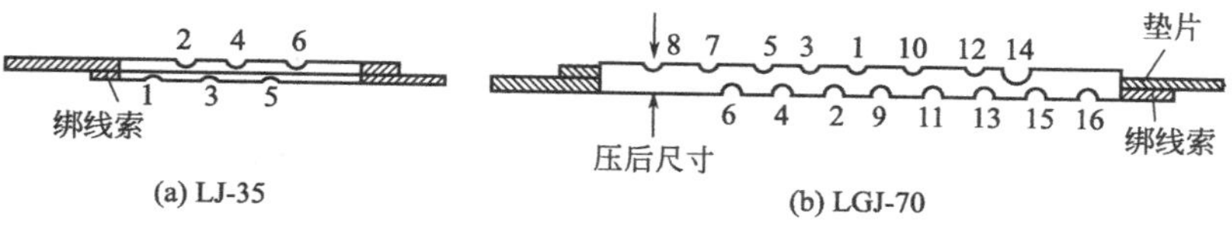

图9-12　压接顺序示意图

③ 检查　压接后管身应平直，否则进行校直，连接管压后不得有裂纹，否则就要锯掉重做，连接管两端处的导线不应有“灯笼”“抽筋”等现象，连接管两端涂防潮油漆，导线连接处测直流电阻值，不能大于同长度导线的阻值。钳压接法由于接触电阻小、抗拉力大、操作方便，因此获得普遍使用。

（2）缠接法　具体缠接方法分为独股导线的缠接和绞线的缠

接，往往都借助于导线本身相互缠绕，其缠接长度根据不同对象（如导线、拉线、弓子线等）有着不同的要求。

(3) 铜、铝导线的连接 铜、铝导线直接连接，有潮气时，形成电池效应，产生电化腐蚀，致使连接处接触不良，接触电阻增大，在运行中发热，加速电化腐蚀，直至断线，引发事故。因此，铜、铝导线不要直接连接，而要通过“铜铝过渡接头”进行连接。这种接头是用闪光焊或摩擦焊等方法焊成的一半是铜、一半是铝的连接板或连接管，应用时，铜导线要接铜质端，铝导线要接铝质端。

9.2.3 导线在电杆上的排列方式

对于三相四线制低压线路，常都采用水平排列，如图 9-13(a) 所示。由于中性线的电流在三相对称时为零，而且其截面也较小，机械强度较差，因此中性线一般架设在靠近电杆的位置。如果线路一侧附近有建筑物时，中性线应架在此侧。

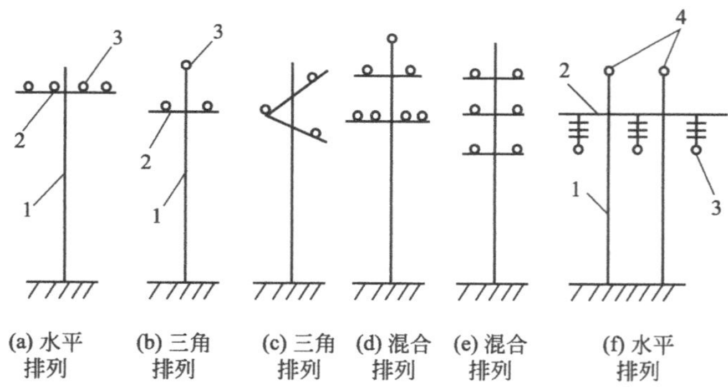

图 9-13 导线在电杆上的排列方式

1—电杆；2—横担；3—导线；4—避雷线

对于三相三线制高压线路，即可采用三角形排列，如图 9-13 (b)、(c) 所示，也可以水平排列，如图 9-13(a) 所示。

多回路导线同杆架设时，可采用三角、水平混合排列，如图 9-13(d) 所示，也可垂直排列，如图 9-13(e) 所示。电压不同的线路同杆架设时，电压高的线路要架设在上面，电压低的线路则架设在下面。

9.2.4 10kV及以下架空线路导线固定的要求

(1) 导线固定在绝缘子上的部位

① 针式绝缘子 对于直线杆，高压导线要固定在绝缘子顶槽内，低压导线固定在绝缘子颈槽内，对于角度杆，转角在30°及以下时，导线要固定在绝缘子转角外侧的颈槽内，轻型承力杆，电杆两侧本体导线要根据绝缘子外侧颈槽找直，中间的本体导线按中间绝缘子右侧颈槽找直（面向电源侧），本体导线在绝缘子固定处不应出角度（如图9-14所示）。

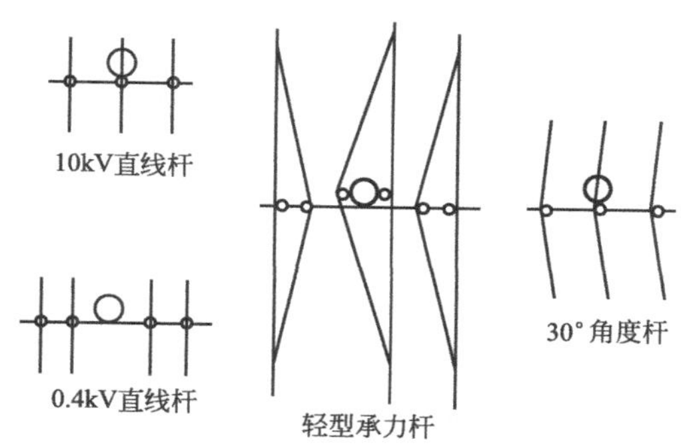

图9-14 导线在绝缘子上固定的俯视图

② 悬式绝缘子 导线固定在绝缘子下面的线夹上。

③ 蝶式绝缘子 导线装在绝缘子的腰槽内。

(2) 导线在绝缘子上的固定方法

① 裸铝绞线及钢芯铝绞线在绝缘子上固定前应加裹铝带（护线条），裹铝带的长度，对针式瓷瓶不要超出绑扎部分两端各50mm，对悬式绝缘子要超出线夹或心形环两端各50mm，对蝶式绝缘子要超出接触部分两端各50mm。

② 导线在针式瓷瓶上固定采用绑扎法。用与导线材质相同的导线或特制绑线将导线绑扎在瓷瓶槽内。如果是绑扎高压导线则要绑成双十字，而低压导线则可绑成单十字。

③ 导线在蝶式绝缘子上固定时可采用绑扎法，绑扎长度视导

线规格而定，一般为 150～200mm。也可采用并沟线夹固定。

④ 导线在悬式绝缘子上固定都采用线夹，例如悬垂线夹、螺栓型耐张线夹等。

⑤ 弓子线的连接和弓子线与主干线的连接，一般采用线夹，如井沟线夹、耐张线夹等。也可采用绑扎法，绑扎长度视导线材质及规格而定，如铝绞线 35mm^2 及以下，为 150mm。

9.2.5 10kV 及以下架空线路同杆架设时横担之间的距离及安装要求

同杆架设的双回路或多回路，横担间的垂直距离不应小于表 9-5 所列数值。

表 9-5 同杆架设线路横担之间的最小垂直距离 mm

上下横担待电压等级/kV		直线杆	分支或转角杆
10	10	800	500
10	0.4	1200	1000
0.4	0.4	600	300

注意：只有属于同一电源的高、低压线路，才能同杆架设，高、低压线路同杆架设时，高压线路应在上层，低压动力线路和照明线路同杆架设时，动力线应在上层，电力线路与弱电线路同杆架设时，电力线路应在上层。

导线采用水平排列时，上层横担距杆顶距离，往往不小于 0.3m。

10kV 及以下线路的横担，直线杆应装于受电侧，90°转角及终端杆，应装在拉线侧。

横担安装应平宜，误差不应大于下列数值：水平上下的歪斜为 30mm；横线路方向的扭斜为 50mm。

横担规格的选用，应按照受力情况确定，一般不小于 50mm×50mm×6mm 的角钢。

由小区配电室出线的线路横担，角钢规格不应小于 65mm×65mm×6mm。

9.2.6 10kV及以下架空线路的档距、弧垂及导线的间距

相邻两基电杆之间的水平直线距离叫做档距。档距应根据导线对地距离、电杆高度和地形特点确定，一般采用下列数值。

高压配电线路，城市40～50m，城郊及农村60～100m；

低压配电线路，城市40～50m；城郊及农村40～60m。

高、低压同杆架设的线路，档距应满足低压线路的技术要求。

弧垂又称垂度，是指在平坦地面上相邻两基电杆上，导线悬挂高度相同时，导线最低点与两悬挂点间连线的垂直方向的距离。

弧垂是电力线路的重要参数，它不仅对应着导线使用应力的大小，而且也是确定电杆高度以及导线对地距离的主要依据。弧垂过大、大风时易造成相邻两导线间的碰撞短路，弧垂过小、在气温急剧下降时容易造成断线事故。

在选定了导线的型号、规格，选定了档距，以及确定了导线受力大小及周围气温条件后，查阅相关手册上的弧垂设计图表，就可准确地确定弧垂的大小。

导线间距，是指同一回路的相邻两条导线之间的距离，由于导线是固定在绝缘子上的，因此导线间距要由绝缘子之间的距离来保证。

导线间距与线路的额定电压及档距有关，电压越高或者档距越大，导线间距也越大。

规程规定：在无特殊设计的情况下，10kV线路导线间距不能小于0.8m，1kV以下，不能小于0.4m，靠近电杆的两导线水平距离不小于0.5m。

9.2.7 架空线路的交叉跨越及对地面距离

高压配电线路不应跨越屋顶为易燃材料做成的建筑物，对非易燃屋顶的建筑物应尽量不跨越，如需跨越时，需征求有关部门同意，导线对建筑物的距离不应小于表9-6列出的数值。

表9-6 导线对建筑物的最小距离 m

线路电压/kV	1及以下	6～10	35
最大弧垂,对建筑物的垂直距离	2.5	3	—
最大风偏下,边线对建筑物的距离	1	1.5	3

导线距树木的距离不得小于表 9-7 所列数值。

表 9-7 导线对树木的最小距离 m

线路电压/kV	1 及以下	6～10
最大弧垂下的垂直距离	1	1.5
最大风偏下的水平距离	1	2

线路交叉时，电压高的在上，低的在下。电力线路与同级电压、低级电压或弱电线路交叉跨越的最小垂直距离不应小于表 9-8 所列数值。

表 9-8 电力线路与同级、低级、弱电线路交叉跨越的最小垂直距离 m

线路电压/kV	1 及以下	6～10	35
垂直距离	1	2	2

电力线路与弱电线路交叉时，为减少前者对后者的干扰，应尽量垂直交叉跨越，如果受条件限制做不到时，也应满足这样的要求：对一级（极为重要的）弱电线路交叉角不小于 45°，对二级（比较重要的）弱电线路交叉角不小于 30°，对一般弱电线路则不作限制。

导线对地面的距离，在导线最大弧垂下不应小于表 9-9 所列数值。

表 9-9 导线在最大弧垂时对地面的最小距离 m

线路电压/kV	1 及以下	5～10	35～110
居民区	6	6.5	7
非居民区	5	5.5	6
交通困难地区	4	4.5	5

9.2.8 电杆埋设深度及电杆长度的确定

电杆埋设深度，应根据电杆长度、承受力的大小及土质情况来确定。一般 15m 及以下的电杆，埋设深度为电杆长度的 1/6，但最浅不应小于 1.5m；变台杆不应小于 2m；在土质松软、流沙、地下水位较高的地带，电杆基础还要做加固处理。一般电杆埋设深度可参照表 9-10 的数值。

表 9-10 电杆埋设深度

m

杆长	8.0	9.0	10.0	11.0	12.0	13.0	15.0
埋设深度	1.5	1.6	1.7	1.8	1.9	2.0	2.3

电杆长度的选择要考虑横担安装位置，高、低压横担间的距离，导线弧垂，导线对地面的允许垂直距离和电杆埋深等因素。

一般电杆长度可由下式确定：

$$L=L_1+L_2+L_3+L_4+L_5$$

式中 L——电杆长度；

L_1——横担距杆顶距离；

L_2——上、下层横担之间的距离；

L_3——下层线路导线弧垂；

L_4——下层导线对地面最小垂直距离；

L_5——电杆埋设深度。

式中各项，其单位皆为 m。

由于长度 9m 及以上的电杆，埋深为杆长的 1/6，所以上式中可用 $L/6$ 代替 L_5，于是可换算为下式

$$L=\frac{6}{5}(L_1+L_2+L_3+L_4)$$

选择电杆长度时，先通过该式计算，根据得到的结果再选用现有电杆产品的规格，才能确定。

9.2.9 10kV 及以下架空线路拉线安装的规定

(1) 拉线的安装方向 拉线应根据电杆的受力情况装设。终端杆拉线应与线路方向对齐；转角杆拉线应与线路分角线对齐；防风拉线应与线路垂直。

(2) 拉线使用的材料及端部连接方式 一般拉线可采用直径 4mm 镀锌铁线不能小于 3 股绞合制作，底把股数要比上把多 2 股。

端部设心形环，用自身缠绕法连接。

承力大的拉线使用截面不小于 $25mm^2$ 的钢绞线或直径不小于16mm 的镀锌拉线棒。端部连接可采用 U 形卡子、花篮可调螺钉或可调式 UT 线夹、楔形线夹等。

(3) 拉线安装的要求 拉线与电杆的夹角不应小于 45°，当受环境限制时，不应小于 30°。拉线上端在电杆上的固定位置应尽量靠近横担。

受环境限制采用水平拉线时（如图 9-15 所示），需要装设拉桩杆，拉桩杆应向线路张力反方向倾斜 20°，埋深不应小于拉桩杆长的 1/6，水平拉线距路面中心不能小于 6m，拉桩坠线上端位置距拉桩杆顶应为 0.25m，距地面不应小于 4.5m，坠线引向地面与拉桩杆的夹角不应小于 30°。

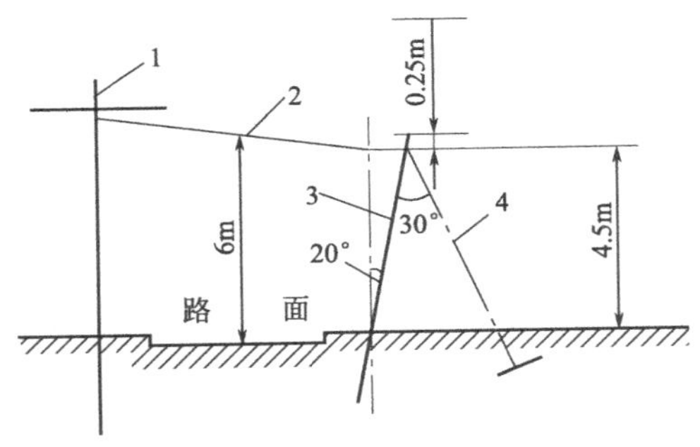

图 9-15 水平拉线示意图

1—电杆；2—水平拉线；3—拉桩杆；4—坠线

9.3 架空线路的检修

9.3.1 检修周期

架空线路的检修从性质上可分为：一般性维修、定期停电清扫检查和大修改进三种类型，对架空线路各组成部分，各类检修周期是不同的，现介绍如下。

架空电力线路的地下隐蔽设施应定期进行检查，其周期规定如下：

① 木质电杆的杆根腐蚀程度检查，根据木质情况，每1～3年一次。

② 拉线底把每5年检查一次。

③ 接地极应根据运行情况确定检查周期，往往每5～10年检查一次。

架空线路的检修周期：

① 一般性维护应根据存在缺陷内容进行不定期检修。

② 清扫检查周期应根据周围环境及运行情况来确定。正常情况下，每年两次，即二月和十一月各清扫检查一次。

③ 大修改进，要根据架空线路的完好情况、电气及机械性能是否符合有关规定来确定。

④ 杆塔的铁制部件每5年涂刷防锈漆一次，镀锌者除外。

9.3.2 一般性维修项目

架空线路的一般性维修项目包括下列内容。

① 钢筋混凝土电杆有露筋或混凝土脱落者，应将钢筋上的铁锈清除掉后补抹混凝土。

② 检查电杆杆根的腐蚀程度，松木电杆腐朽部分达杆径的1/3以上，杉木电杆腐朽部分达杆径的1/2以上时，应打钢筋混凝土帮桩。

③ 线路名称及杆号的标志不清楚时，要进行重新描写。

④ 杆身倾斜角度大于规定的应正杆。

⑤ 拉线松弛应紧好，戗杆不正时应调正。

⑥ 修复损坏的接地引下线。

⑦ 线路走廊内的树木与导线之间的距离小于规定者，应进行砍树。

9.3.3 停电清扫检查内容

(1) 处理巡视中发现的缺陷 架空线路停电时，应及时更换巡视中发现的残、裂瓷瓶和其他缺陷。

此外，再对架空线路各组成部分进行详细检查并作处理。

(2) 绝缘子 清除绝缘子上的尘污，检查有无裂纹、损伤、闪络痕迹，瓶脚有无弯曲变形，活动者应当更换，绝缘电阻低于规定值者也要更换；检查绝缘子在横担上的固定是否牢固以及金具零件是否完好；检查绝缘子与导线之间的固定是否牢固、连接有无松动磨损。

(3) 导线 检查导线连接处接触是否良好，调整弧垂及交叉跨越距离，检查防震锤有无异常，并抽查防震锤处导线是否磨损。

(4) 电杆 检查电杆有无破损歪斜，检查拉线有无松弛、断股。

(5) 杆上油断路器 摇测杆上油断路器、隔离开关的绝缘电阻值是否符合要求并检查油断路器油面位置是否正常。

9.3.4 户外柱上变压器的检查与修理

(1) 检查项目

① 检查柱上变压器的电杆是否倾斜，根部是否有腐蚀现象。

② 安放变压器的架子和横担是否严重锈蚀，木质横担是否腐朽，螺钉是否紧固。

③ 高压跌开式熔断器是否在正常工作位置，触头接触是否良好，引线接头是否过热变色。

④ 高压避雷器的引线是否良好，接线是否牢固，接地线是否完好。

⑤ 各种绝缘子是否有断裂现象。

⑥ 检查弓子线与接地金属件间的距离，10kV 应大于 20cm。

(2) 修理内容

① 金属构架如有严重锈蚀需更换。

② 跌开式熔断器触头接触不良，应进行调整、修理。

③ 电杆有损伤需要更换电杆。

④ 定期停电擦拭绝缘子。

9.4 电力电缆

9.4.1 电线电缆的种类

根据不同的结构特点和用途，电缆的常用种类如下。

① 裸导线和裸导体制品。这类产品只有导体部分，没有绝缘和护层结构，按形状和结构主要分为圆线、软接线、型线和裸绞线等几种。圆线有硬圆铜线（TY）、软圆铜线（TR）、硬圆铝线（LY）和软圆铝线（LR）等；软接线有软裸铜电刷线（TS）、软裸铜绞线（TRJ）、软裸铜编织线（TRZ）和软裸铜编织蓄电池线（QC）等；型线有扁线（TBY、TBR、LBY、LBR）、铜带（TDY、TDR）、铜排（TPT）、钢铝电车线（GLC）和铝合金电车线（HLC）等；裸绞线有铝绞线（LJ）、铝包钢绞线（GLJ）、铝合金绞线（HLJ）、钢芯铝绞线（LGJ）、铝合金钢绞线（HLGJ）、防腐钢芯铝绞线（LGJF）和特殊用途绞线等。

② 电磁线。电磁线是一种有绝缘层的导线，用以绕制线圈和绕组，常用的电磁线有漆包线和绕包线两类。漆成线有 QQ、QZ、QX、QY 等系列；绕包线有 Z、Y、SBE、QZSB 等系列。电磁线的选用一般应考虑耐热性、空间因素、力学性能、兼容性、环境条件等因素。耐高温的漆包线将成为电磁线的主要品种。

③ 电气装备用电线电缆。包括通用电线电缆、电动机电器用电力电缆、仪器仪表用电线电缆、信号控制用电线电缆、交通运输用电线电缆、地质勘探用电线电缆和直流高压软电缆等。

本节主要介绍电力电缆和控制电缆。

9.4.2 电力电缆

(1) 电力电缆的结构特点 电力电缆用于输电和配电网路，如城市或工厂进出线走廊拥挤的地段或跨水区域等不便用架空线路送电时，就需要用电缆送电。与架空输出线相比较，电力电缆的优点是：埋设于地下管道或沟道中，不需大线路走廊，占地少；不受气候和环境影响，送电性能稳定；维护工作量小，安全性好。不足之处是：造价高（电压等级越高越贵）；输送容量受到限制；发生故障时排除时间长。

电力电缆必须满足以下特性要求：能承受电网的电压（不仅是工作电压，而且包括故障过电压和操作过电压）；能传输一定容量的功率（允许通过正常下的电流）；具有足够的机械强度和可弯曲度以满足敷设要求；材料来源丰富，加工工艺较简便，成本较低。

任何一种电缆都由导电线芯、绝缘层及保护层三个基本部分组成。三种电力电缆的剖面如图 9-16 所示。导电线芯用以输送电流；绝缘层用以隔离导电线芯，使线芯和线芯、线芯与铜（铝）包之前有可靠绝缘；用以使绝缘层密封而不受潮气侵入，并免受外界损伤。

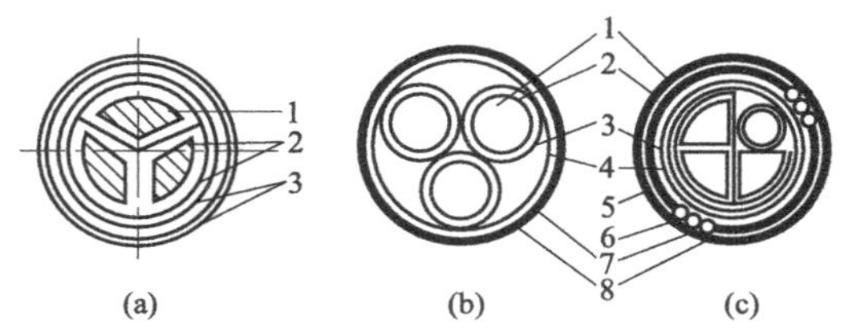

图 9-16　电力电缆的剖面图

1—导体缆芯；2—绝缘层；3—填充或防护层；4—包带；5—内护套；6—钢丝包装；7—外护套；8—标志

导电线缆通常是采用高导电率的铜或铝制成的，油浸纸绝缘电力电缆线芯的截面等级分为 $2.5mm^2$、$4mm^2$、$6mm^2$、$10mm^2$、$16mm^2$、$25mm^2$、$35mm^2$、$50mm^2$、$70mm^2$、$95mm^2$、$120mm^2$、$150mm^2$、$185mm^2$、$240mm^2$、$300mm^2$、$400mm^2$、$500mm^2$、$625mm^2$ 和 $800mm^2$ 等。按照电缆线芯的芯数，分为单芯、双芯、三芯和四芯等。电缆线芯的形状很多，有圆形、半圆形、扇形和椭圆形等。当线芯截面大于 $25mm^2$ 时，通常采用多股导线绞合并经过压紧而成，这样可以增加电缆的柔软性并使结构稳定。

电力供应中，需特别注意导线的线径问题，以防止因电流太大引起过热，铜导线的线径与使用的额定电流规格参考值如表 9-11 所示。

表 9-11　铜导线的线径与使用的额定电流规格参考表

线径/mm^2	1.5	2.5	3.5	5.5	8	10	14	16	22	25	30	35
电流/A	10	20	25	30	40	50	55	63	70	80	90	100
线径/mm^2	38	50	60	70	80	95	100	120	185	240	150×2	185×2
电流/A	110	125	140	160	195	210	220	250	320	400	500	630

绝缘层主要作用在于防止漏电和放电，电缆的绝缘层通常由包裹在导线芯外的油纸、橡皮、聚氯乙烯等绝缘物构成。按绝缘瓣不同，有油浸纸绝缘电缆、橡皮绝缘电缆和聚氯乙烯绝缘电缆三类，其中纸绝缘应用最广，它是经过真空干燥再放在松香和矿物油混合的液体中浸渍以后，缠绕在电缆导电线芯上的。纸绝缘电力电缆额定工作电压有 1kV、3kV、6kV、10kV、25kV 和 35kV 六种。橡皮绝缘电力电缆额定工作电压有 0.5kV 和 6kV 两种。聚氯乙烯绝缘电力电缆额定工作电压有 1kV 和 6kV 等。

电力电缆线芯的分相绝缘分别使用三种不同颜色，或印有 1、2、3 字样的纸带以示区别，通常三相电在输送时，对相序都有明显的标识。我国的惯用标准是通过电缆的颜色来区分。在供电线路中的黄、绿、红三色分别表示 A、B、C 或 L1、L2、L3 三相。线相线芯分别包在绝缘层外，在它们绞合后，外面再用绝缘纸统包绝缘。只有 6～10kV 的干绝缘油质电缆，为了减少电缆内部含油多而产生漏油的可能，采用每根线芯分别绝缘后，再包上铅层，然后绞合在一起，称为分相铅包绝缘。另外还有不滴流电缆，结构尺寸与油浸纸绝缘电缆相同，但是采用不滴流浸渍剂浸渍。普通黏性浸渍纸绝缘电缆不适宜于落差大的场合，而滴流电缆落差无限制，甚至可以垂直敷设。橡胶绝缘电力电缆的突出优点是柔软、可绕性好、适用于工矿企业内部的移动性用电与供电装置。橡皮绝缘电力电缆的各型产品适用于固定敷设在额定电压 6kV 以下的输配电线路中。

保护层主要起机械保护作用，纸绝缘电力电缆的保护层较为复杂，分内层和外层两部分。内护层是保护电缆的绝缘不受潮湿和防止电缆浸渍剂的外流，以及防止出现机械损伤，在铜包绝缘层外面包上铅包或铝包；外护层是保护内护层的，防止铜包和铝包外面受到机械损伤和强烈的化学腐蚀，在电缆的铅包和铝包外面包上浸渍过沥青混合物的黄麻、钢带或钢丝。没有外护层的电缆，例如裸铅包电缆，则用于无机械损伤的场合。

电力电缆的内屏蔽层与外屏蔽层是为了使绝缘层和电缆导体有较好的接触，消除因导体表面的不光滑引起的电场强度的增加，一般在导体表面包有金属化纸或有关导体纸带的内屏蔽层。为了使绝缘层和金属护套有较好的接触，一般在绝缘层外面包有外屏蔽层。外屏层与内屏层的材料相同，有时还外扎铜带或编织铜丝带。

(2) 电力电缆的种类和产品型号的含义 常用电力电缆按绝缘和保护层的不同，主要可分为油浸纸绝缘电缆、橡皮绝缘电力电缆、塑料绝缘电力电缆（塑力缆）和交联聚乙烯绝缘电力电缆（交联塑力电缆）等。

电力电缆型号的含义如表 9-12 所示，表中的电缆外护层的型号按铠装层和外被层的结构顺序用阿拉伯数字表示，一般由两位数字组成，首位数字表示铠装材料，末位数字表示外被材料。

表 9-12 电力电缆型号的含义

<table>
<tr><td colspan="4">电缆特征</td><td colspan="4">电力电缆(省略不表示)</td></tr>
<tr><td colspan="4">绝缘</td><td colspan="4">Z—纸(油纸);V—聚乙烯;YJ—交联聚乙烯;
X—天然橡皮;XE—乙丙橡皮</td></tr>
<tr><td colspan="4">导体</td><td colspan="4">T—铜线(省略);L—铝线</td></tr>
<tr><td colspan="4">内护套</td><td colspan="4">Q—铅护套;L—铝护套;V—聚氯乙烯护套;
Y—聚乙烯护套;H—橡套;LW—皱纹铝套</td></tr>
<tr><td colspan="4">其他特征</td><td colspan="4">D—不滴流;F—分相金属护套;CY—充油电缆</td></tr>
<tr><td rowspan="4">外护类型</td><td rowspan="2">第一位数字</td><td>代号</td><td>0</td><td>1</td><td>2</td><td>3</td><td>4</td></tr>
<tr><td>铠装层</td><td>无</td><td>—</td><td>双层钢带</td><td>细圆钢丝</td><td>粗圆钢丝</td></tr>
<tr><td rowspan="2">第二位数字</td><td>代号</td><td>0</td><td>1</td><td>2</td><td>3</td><td>4</td></tr>
<tr><td>外被层</td><td>无</td><td>纤维绕包
(涂沥青)</td><td>聚氯乙烯套</td><td>聚乙烯套</td><td>—</td></tr>
</table>

① 油浸纸绝缘电缆。油浸纸绝缘电缆包括普通型和不滴流型两类，其结构完全相同，仅浸渍剂不同。普通黏性浸渍纸绝缘电缆不适宜敷设于落差大的场合，而不滴流电缆落差无限制，甚至可以垂直敷设。常用的油浸纸绝缘铅包（或铝包）电力电缆产品型号有 ZLL、ZL、ZLLF、ZLQF 和 ZQF 等，不滴流油浸纸绝缘电力电缆产品型号有 ZLQD、ZQD、ZLLD、ZLD、ZLLFD、ZLFD 和 ZQFD 等。

② 橡胶绝缘电力电缆。橡胶绝缘电力电缆的突出优点是柔软、可绕性好，适用于工矿企业内部的移动性用电与供电装置。常用橡

胶绝缘电力电缆的型号名称及使用特性如表 9-13 所示。

③ 塑料绝缘电力电缆（塑力缆）。塑力缆制造工艺较简单，无滴缆导电线芯的长期允许工作温度为 70℃，5min 短路不超过 160℃，敷设时环境温度不低于 0℃。常用塑料绝缘电力电缆的型号名称和使用特性如表 9-14 所示。

表 9-13 橡胶绝缘电力电缆的型号名称及使用特性举例

型号		名称	使用特性
铝	铜		
XLV	XV	橡胶绝缘聚氯乙烯护套电力电缆	敷设在室内、电缆沟内、管道中，电缆不能受机械外力作用
XLF	XF	橡胶绝缘氯丁护套电力电缆	
XLV_{22}	XV_{22}	橡胶绝缘聚氯乙烯护套内钢带铠装电力电缆	敷设在地下，电缆能受一定机械外力作用，但不能受大拉力
XLQ_{21}	XQ_{21}	橡胶绝缘铅包钢带铠装电力电缆	
XLQ	XQ	橡胶绝缘裸铅包电力电缆	敷设在室内、电缆沟内、管道中，电缆不能受振动和机械外力作用，且对铅应有中性环境
XLQ_{20}	XQ_{20}	橡胶绝缘铅包裸钢带铠装电力电缆	敷设在室内、电缆沟内、管道中，电缆不能受大的拉力

表 9-14 塑料绝缘电力电缆的型号名称和使用特性举例

铜芯	铝芯	名称	使用特性
VV	VLV	铜(铝)芯聚氯乙烯绝缘聚氯乙烯护套电力电缆	敷设在室内、隧道内、管道内、电缆不能受机械外力作用
VY	VLY	铜(铝)芯聚氯乙烯绝缘聚乙烯护套电力电缆	
VV_{22}	VLV_{22}	铜(铝)芯聚氯乙烯绝缘聚氯乙烯护套内钢带铠装电力电缆	敷设在地下，电缆能承受机械外力作用，但不能承受大的拉力
VY_{23}	VLY_{23}	铜(铝)芯聚氯乙烯绝缘聚乙烯护套内钢带铠装电力电缆	
VV_{32}	VLV_{32}	铜(铝)芯聚氯乙烯绝缘，聚氯乙烯护套内细钢丝铠装电力电缆	敷设在水中，电缆能承受相当的拉力
VY_{33}	VLY_{33}	铜(铝)芯聚氯乙烯绝缘，聚乙烯护套内细钢丝铠装电力电缆	

续表

铜芯	铝芯	名称	使用特性
VV_{42}	VLV_{42}	铜(铝)芯聚氯乙烯绝缘,聚氯乙烯护套内粗钢丝铠装电力电缆	敷设在室内、矿井中,电缆能承受机械外力的作用,并能承受较大的拉力
VY_{43}	VLY_{43}	铜(铝)芯聚氯乙烯绝缘,聚乙烯护套内粗钢丝铠装电力电缆	

交联聚乙烯绝缘电力电缆（交联塑力电缆）。以交联乙烯作为绝缘介质的电力电缆是经过特殊工艺处理的聚乙烯材料改变了分子结构，大大提高了绝缘性能，特别是在高压电场中的稳定性有了提高。经过交联处理的介质本身溶解温升高，可以允许导体温度达90℃，比油纸介质提高了30℃。因此，允许载流量大。这种电缆制造工序少、机械性能和电气性能好、结构紧凑、体积小、质量轻、可靠性高、故障率低、附件简单、干式结构，可以高落差敷设或垂直敷设，因此被广泛采用。其缺点是抗电晕、耐游离放电性能差，发生故障时寻测故障点比较困难。

交联聚乙烯绝缘电力电缆可供50Hz、电压6～35kV输配电用，电缆在环境温度不低于0℃的条件下敷设，允许最小弯曲半径小，敷设时弯曲半径应小于电缆外径的10倍。这时电缆的耐热性能、电性能均比较好，线芯短路温度不得超过250℃。常用交联聚乙烯电缆的型号名称及使用特性如表9-15所示。

表9-15 交联聚乙烯电力电缆的型号名称及使用特性举例

铜芯	铝芯	名称	使用特性
YJV	YJLV	交联聚乙烯绝缘钢带屏蔽聚氯乙烯护套电力电缆	用于架空、室内、隧道、电缆沟、管道及地下直埋敷设
YJY	YJLY	交联聚乙烯绝缘聚乙烯护套电力电缆	用于地下直埋、竖井及水下敷设、电缆能承受机械外力作用,并能承受较大的拉力,电缆防潮性较好
$YJLW_{02}$	$YJLLW_{01}$	交联聚乙烯绝缘皱纹铝包防水层聚氯乙烯护套电力电缆	用于地下直埋、竖井及水下敷设、电缆能承受机械外力作用,并能承受较大的拉力;电缆可在潮湿环境及地下水位较高的地方使用,并能承受一定压力

续表

铜芯	铝芯	名称	使用特性
YJQ_{02}	$YJLQ_{02}$	交联聚乙烯绝缘铅包聚氯乙烯护套电力电缆	用于地下直埋、竖井及水下敷设、电缆能承受机械外力作用，并能承受较大的拉力，但电缆不能承受压力
YLQ_{41}	$YJLQ_{41}$	交联聚乙烯绝缘铅包粗钢丝铠装纤维外被电力电缆	电缆时承受一定拉力，用于水底敷设
VJV	VJLV	交联聚氯乙烯绝缘聚氯乙烯护套电力电缆	用于架空、室内、隧道、电缆沟、管道及地下直埋敷设

(3) 电力电缆终端头与中间接头的质量要求 电缆与电气设备或其他导体连接时，需要制作电缆终端；两段电缆连接或电缆某处发生故障需切断重接时，则须作电缆中间接头；电缆终端头和电缆中间接头统称电缆头。

与电缆本体相比，电缆终端头和中间接头是薄弱环节，大部分电缆线路故障发生在这些部位，接头质量的好坏直接影响到电缆线路的安全运行，所以其制作工艺要求较严格，必须满足下列要求。

① 导体连接要良好。要求接触点的电阻要小而且稳定，与同长度同截面导线相比，对新装的电缆终端头和中间接头，其比值不大于1，对已运行的电缆终端头和中间接头，其比值应不大于1.2。

② 绝缘要可靠，密封要良好。所用绝缘材料不应在运行条件下过早老化而导致绝缘降低，要有能满足电缆线路在各种状态下长期安全运行的绝缘结构，要能有效防止外界水分和有害物质侵入到绝缘中去，并能防止绝缘内部的绝缘剂向外流失，保持气密性。

③ 要有足够的机械强度。能适应各种运行条件，能承受电缆线路上产生的机械应力。能够经受电气设备交接试验标准规定的直流耐压试验。

④ 要焊接电缆终端头的接地线，防止电缆线路流过较大故障电流时，在金属护套中产生的感应电压击穿电缆内衬层，引起电弧，甚至将电缆金属护套烧穿。

常用的电缆接头方式有绕包式、热缩式、冷缩式、预制式、树脂浇注式、模塑式和瓷套式等多种。

冷缩电缆附件及预制式电缆附件用硅橡胶注射成型，内部电应力控制采用几何曲线应力锥与主绝缘材料一次性高温高压成型。全冷缩式经特殊方式扩张后，内部撑以支承骨架，可以方便地装入电缆之上，对照安装工艺尺寸抽去骨架，即可安装好电缆终端。预制式接头的大部分工艺是在工厂完成的，可依照安装工艺尺寸直接套入电缆之上，但安装方便程度比全冷缩式稍差。

交联热收缩电缆附件是一种新型材料，由于电缆没有油，因此对电缆终端头和中间接头的密封工艺也不需要像油浸纸绝缘电缆那么复杂，热缩附件的最大特点是用应力管代替传统的应力锥，不仅简化了施工工艺，还缩小了接头的终端的尺寸，安装方便，省时省工，性能优越，节约金属。热缩电缆附件集灌注式和干包式为一体，集合了这两种附件的优点，另外还具有耐气候、抗污秽性、阻燃自熄等能力。本节主要介绍 10kV 及以下交联聚乙烯电缆热缩头制作工艺。

喷灯或小型氧乙炔焊枪用于大截面电缆接头处的加固搪锡熔接或铜焊连接，也用于完成热缩接头工艺等，以增大接头的导电性能、机械强度和密封性能。喷灯分煤油喷灯与汽油喷洒，应注意煤油喷灯中不可加入汽油，打气压力不得太大，焊接时要注意对接头部分绝缘皮的保护，可用湿布和铁皮等带出火焰的热量。一般搪锡工艺可用大功率电烙铁进行，以便保护绝缘皮。

热收缩部件电场控制均采用应力控制管或应力控制带来实现，加热工具可用丙烷气体喷灯或大功率工业用电吹风机，在条件不具备的情况下，也允许采用丁烷气体、液化气或汽油喷灯等。操作使用时一定要控制好火焰，要不停地晃动火源，不可对准一个位置长时间加热，以免烫伤热收缩部件。喷出的火焰应该是充分燃烧的，不可带有烟，以免碳粒子吸附在热收缩部件表面，影响其性能。在收缩管材时，要求从中间开始向两端或从一端向另一端沿圆周方向均匀加热，缓慢推进，以避免收缩后的管材沿圆周方向出现厚薄不均匀和层间夹有气泡的现象。

(4) 交联聚乙烯电缆热缩终端头制作工艺 热缩式电缆附件采用橡塑复合材料成型，用高能辅照方法使其交联，然后加热膨胀扩径到所需的几何尺寸时冷却定型，安装时只需加热到一定温度，利用聚合物的弹性记忆性能而收缩，从而将电缆剖切安装部分缠紧密封。热缩式电力电缆终端头、中间接头集防水、应力控制、屏蔽、绝缘于一体，具有良好的电气性能和机械性能，能在各种恶劣的环境条件下长期使用。一种终端可适合于几种截面不同的电缆，全密封式的防水高分子聚合物材料与交联电缆材质具有很好的相容性。

热收缩电缆附件生产厂家较多，产品的安装尺寸和结构略有差异，常用热缩式电缆接头附件主要由绝缘管、半导电管、应力管、保护管、分支手套（由软聚氯乙烯塑料制成）和户外雨裙（硬质聚氯乙烯塑料制成）等组成，分支手套和雨裙是室外电缆终端头所必需的，另外还有聚氯乙烯胶粘带和自粘性橡胶带。其中自粘性橡胶带是一种以丁基橡胶和聚异丁烯为主的非硫化橡胶，有良好的绝缘性能和自粘性能，在包绕半小时后即能自粘成一整体，因而有良好的密封性能。但其机械强度低，不能光照，否则容易产生龟裂，因此在其外面还要包两层黑色聚氯乙烯带作保护层，黑色聚氯乙烯带这种塑料带丝般的聚氯乙烯带的耐老化性好，其本身无黏性且较厚，因而在其包绕的尾端，为防松散，还要用线扎紧。制作成型的交联电缆终端头如图 9-17 所示。

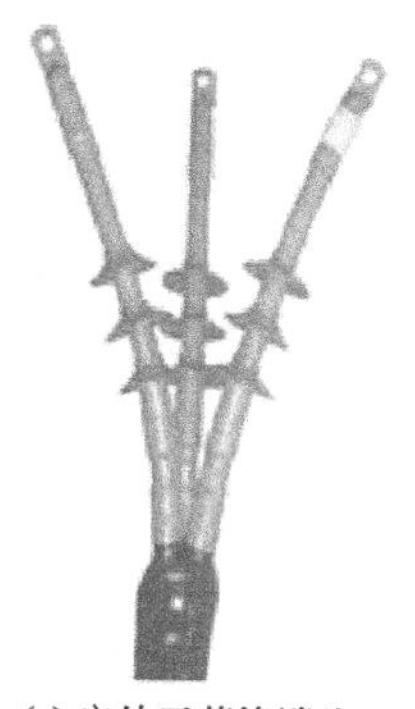

(a) 户外三芯终端头

(b) 户内四芯终端头

图 9-17 10kV 交联电缆终端头

① 剥切外护层和锯钢铠。首先校直电缆，10kV 三芯电缆终端头剥切图如图 9-18 所示，根据电缆终端的安装位置至连接设备之间的距离决定剥塑尺寸，图 9-18 中 L 为电缆护套剥切长度，一般

户外终端头最短取 650mm，户内终端头最短取 500mm，L 为端子孔深加 10mm。剥切时在外户套上刻一环形刀痕，向电缆末切开剥除电缆外护层。在钢铠切断处离剖塑口 20mm 处内侧用绑线扎铠装层，在绑线上侧将钢甲锯（剪）掉，锯切钢带时切口要整齐，防止伤及缆芯绝缘皮，或者剪刀将剩余的钢带完全盖住，无铠装电缆则绑扎电缆线芯。在钢带断口处保留 10mm 内衬层，其余切除。除去部分填充物，分开线芯。

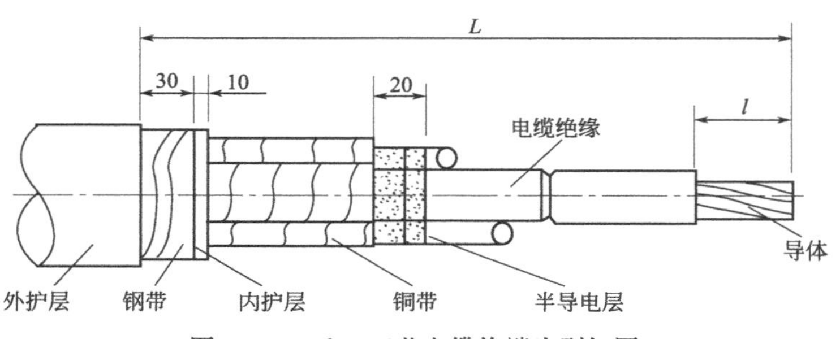

图 9-18 10kV 三芯电缆终端头剥切图

② 焊接地线。经 10～25mm^2 的多股编织接地软铜线一端拆开均分三份，将每一份重新编织后分别绕包在三相屏蔽层上并绑扎牢固，锡焊在各相铜带屏蔽上。若电缆屏蔽为铝屏蔽，则要将接地铜线绑紧在屏蔽上，对于铠装电缆，需用镀锡铜将接地线绑在钢铠上并用焊锡焊牢再行引下；对于无铠装电缆，可直接将接地线引下。在密封段内，用焊锡熔填一段 15～20mm 长的编织接地线的缝隙，用作防潮段。焊接地线要用烙铁，不可使用喷灯，以免损坏绝缘。接地线要绑牢固，以防脱落影响护套密封。

③ 安装分支手套。用剩余的填充物和自粘带填充三芯分支处及铠装周围，使外型整齐呈橄榄形状。清洁密封段电缆外护套，外护层密封部位要打毛以增强密封效果，在密封段下段做出标记，在编织接地线内层和外层各绕包热熔胶带 1～2 层，长度约 60mm，将接地线包在当中，套进三芯分支手套，尽量往下，手套下口到达标记处。先从手指根部向下缓慢环绕加热收缩，安全收缩后下口应有少量胶液挤出；再从手指根部向上缓慢环绕加热，收缩手指根部至完全收缩，从手套中部开始加热收缩有利于热出手套内的气体。

④ 剥切铜带屏蔽、半导电层、绕包自粘带。从分支手套的指端部向上量 50mm 为铜带屏蔽切断处，先用直径为 1.25mm 的镀锡铜线将铜带屏蔽层绑扎几圈再进行切割，然后将末端的屏蔽层剥除，切断口要整齐。用自粘带从铜带断口前 10mm 处包绕铜带和半导电层 1～2 层，绕包长度 20mm。屏蔽层内的半导体布带层应保留 20mm，其余剥除干净，不要伤损主绝缘，对于残留在主绝缘外表的半导电层，可用细砂布打磨干净，并用溶剂清洁主绝缘。

⑤ 压接接线鼻子。线芯末端绝缘剥切长度为接线鼻子孔深加 5～10mm，线端削成“铅笔头”形状，长度为 30mm，用压钳和模具进行接线鼻子压接，压后用锉刀修整棱角毛刺，清洁鼻子表面，将自粘带拉伸至原来宽度的一半，以半叠绕方式填充压坑及不平之处，并填充线芯绝缘末端与鼻子之间，自粘胶与主绝缘及接线鼻子各搭接 5mm，形成平滑过渡，并用橡胶自粘带包缠线鼻子和线芯，将鼻子下口封严，防止雨水渗入芯线。

⑥ 安装应力控制管（应力管）。清洁半导电层和铜带屏蔽表面，清洁线芯绝缘表面，确保绝缘表面没有碳迹，注意擦过半导电层的清洗布不可再擦绝缘，套入应力控制管。应力控制管下端与分支手套手指上端相距 20mm，用微弱火焰自下向上环绕，给应力控制管加热使其收缩，避免应力管与线芯绝缘之间留有气隙。黑色应力控制管不要随意切割，以保证制作质量。

⑦ 套装热收缩管。清洁线芯绝缘表面、应力控制管及分支手套表面。在分支手套手指部和接线鼻子根部包绕热熔胶带，使之为平滑的锥形过渡面，有的配套供货的热收缩管内侧已涂胶，则不必再包热熔胶。切割热收缩管时端面要平整，不要有裂口，防止收缩时开裂。套入热收缩管，执收缩管下部与分支手套手指部搭接 20mm，用弱火焰自下往上环绕加热收缩，完全收缩后应有少量胶液挤出。在热收缩管与接线鼻子搭接处及分支手套根部，用自粘带拉伸至原来宽度的一半，以半叠绕方式绕包 2～3 层，包绕长度为 30～40mm，与热收缩管和接线鼻子分别搭接，套密封管，加热收缩，确保密封。

⑧ 安装雨裙。户外终端头须安装雨裙（其中雨裙罩顶部有 4 个阶梯，可按电缆绝缘外径大小，切除一部分阶梯），清洁热收缩

管表面，套入三孔雨裙，穿到分支手套手指根部自下而上热收缩。再在每相上套入 2 个单孔雨裙，找正后自下而上加热收缩。10kV 户内终端头不装雨罩。

⑨ 标明相色。端头制作完成后，要在线鼻子上套上相色塑料套管，将红、绿、黄相色标志管套在接线端子压接部分后加热收缩，或包相色塑料带两层，包缠长度为 80～100mm，应从末端开始，开端收尾，为防止相色带松散，可用小火烤化带头再贴紧，使其自粘，并要在末端用绑线绑紧。

因为热收缩材料只是在收缩温度以上具有弹性，在常温下是没有弹性和压紧力的，所以安装以后的热收缩终端头不应再弯曲和扳动，否则将会造成层间脱开，形成气隙，在施加电压时引起内部放电。如果将终端头安装固定到设备上时必须扳动或弯曲，则应在定位以后再加热收缩一次，以消除因扳动或弯曲而形成的层间间隙。电缆制作完毕，应等待电缆完全冷却后，方可安装固定，固定电缆的卡子应在电缆三指手套以下，电缆鼻子固定后不应作为固定电缆的支撑点，每相电缆线芯不能相互接触，以免相互感应放电，电缆固定后，应保证符合各相安全要求。

(5) 交联聚乙烯电缆热收缩中间接头制作工艺 交联聚乙烯电缆热收缩中间接头的制作工艺和终端头的基本一样，其接头样式如图 9-19 所示。其主要工艺特点如下。

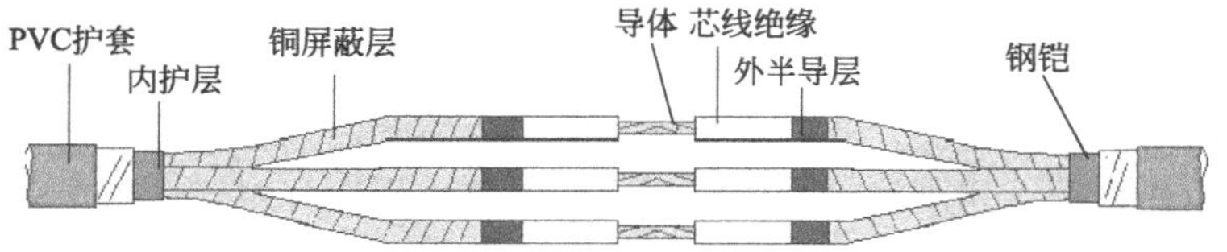

图 9-19 10kV 三芯交联聚乙烯电缆热收缩中间接头样式

① 剥切电缆。绝缘电缆热收缩式接头按如图 9-20 所示的尺寸剥去电缆外护层、钢带（若有钢带）、内护层、铜带、外半导电层和线芯末端绝缘。将需要连接的电缆两端头重叠，比好位置，切除塑料外套，一般从末端到剖塑口的距离为 600mm 左右。由于各制造厂家提供的热收缩电缆接头结构和尺寸不完全相同，因此图中的电缆剥切长度上和屏蔽铜带剥切长度 L_1 尺寸应按实际安装说明书

来确定。由于需要将绝缘管、半导电管和屏蔽铜丝网等预先套在各相线中间接头上以后才能压接导体连接管，所以接头两端 L 不相等，但是 L_1 是相等的。L 为电缆末端绝缘剥切长度，通常为导体连接管一半长度加上 10mm。从剖塑口处将钢带锯掉，并从锯口处将铜包带及相间填充物切除。在剥除电缆护套时，注意不要将布带（纸带）切断，而要将其卷回到电缆根部作为备用。将电缆屏蔽层外的塑料带和纸带剥去，在准备切断屏蔽的地方用金属线扎紧，而后将屏蔽层剥除并切断，并且要将切口尖角向外返折，将线中间接头绝缘层上的半导体布带剥离并卷回根部备用。

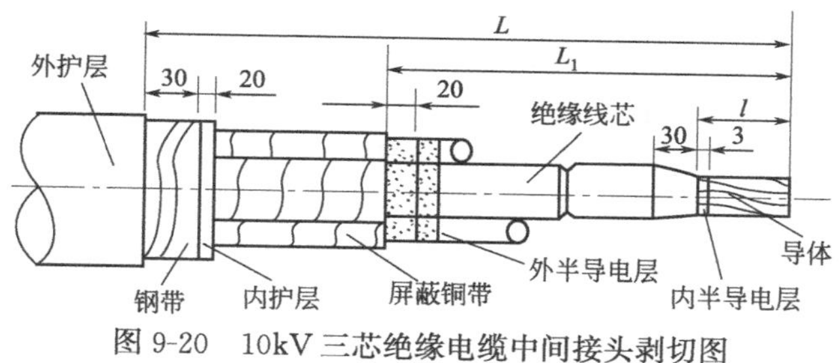

图 9-20 10kV 三芯绝缘电缆中间接头剥切图

② 安装应力管。将 6 根应力管分别套在两端电缆 6 根线芯上，覆盖屏蔽铜带 20mm，加热收缩固定（如果应力管为贯穿接头的一根管子，则应在导体连接后再固定）。

③ 套各种管材和屏蔽铜网，将接头热缩外护套管、金属护套管（若有金属护套管）套在电缆一端上，再将屏蔽铜网和三组管材（包括绝缘管和半导电管）分别套在剥切长端的 3 根线芯上。

④ 压接导体连接管。将电缆绝缘线芯的绝缘按连接套管的长度剥除，而后插入连接管压接，并用锉刀将连接管突起部分锉平、擦拭干净。导体连接管压接后除去飞边和毛刺，清除金属屑末，再用半导电橡胶自粘带包绕填平压坑，然后用填充胶带包绕连接管及两端凹陷处，使之光滑圆整。

⑤ 安装绝缘管。用填充胶带或绝缘橡胶自粘带包绕填充应力管端头与线芯绝缘之间的台阶，操作时应认真仔细，使之成为均匀过渡的锥面；接着抽出内绝缘管，置于接头中间位置后加热收缩；最后抽出外绝缘管置于接头中间位置，加热收缩。加热应从中间开

始沿圆周方向向两端缓慢推进，防止内部留有气泡。

⑥ 安装半导电管。在绝缘管两端用填充胶带或绝缘橡胶自粘带包绕填充，以形成均匀过渡的锥面，再将半导电管移到接头中间位置，并从中间向两端均匀加热收缩，两端与电缆半导电层搭接处用半导电胶带包绕填充，形成均匀过渡锥面。如果用两根半导电管相互搭接，则搭接处应尽可能避免有气隙。

⑦ 安装屏蔽铜丝网。将屏蔽铜丝网移至接头中间位置，向两边均匀拉伸，使之紧密覆盖在半导电管上，两端用裸铜丝绑扎在电缆屏蔽铜带上，并焊牢。也可采用缠绕方式将屏蔽铜丝网包覆在接头半导电层外面。

⑧ 焊接过桥线。将规定截面的镀锡铜编织线两端用裸铜丝分别绑扎并焊接在三根线芯的屏蔽铜带上，然后将三相线芯靠拢，在线芯之间施加填充物，用白纱带或PVC带扎紧。

⑨ 安装内护套管。在接头两端电缆内护套处包绕密封胶带，将内护套管移至接头处，两端搭接在电缆内护套上后加热收缩。

⑩ 焊接钢带跨接线。用10mm^{2}镀锡铜编织线或多股铜绞线，两端分别绑扎并焊接在两侧电缆的钢带上，如果不要求将电缆屏蔽铜带与钢带分开接地，则不需用内护套管和钢带跨接线，过桥线应绑扎焊接在电缆屏蔽铜带和钢带上，然后安装热收缩外护套管或金属护套管。

⑪ 安装外护套管，将金属护套管移至接头位置，两端用铜丝扎紧在电缆外护层上，再将热收缩护套管移到金属护套管上，加热收缩，两端应覆盖在电缆外护层上。当不用金属护套管时，则应将热收缩外护套管移到接头位置，覆盖在内护套管上加热收缩。

(6) 电缆线路的敷设 电缆敷设大部分属于隐蔽工程。常见的敷设方式有直接埋地、电缆排管、电缆沟、隧道等几种，其中以直接埋地应用最广泛，厂区电缆线路普遍使用这种方式，变、配电所内部则使用电缆沟或电缆桁架敷设电缆。

直接埋地方式施工简单、费用低、电缆散热效果好。但这种方式不便于维护检查，不便于调整与更换电缆，容易受到外力破坏(如土建施工或腐蚀性的侵害)。

电缆沟和电缆桁架敷设电缆，用于户内便于调整电缆，当馈电开关板位置变更时，则显得更方便，户内电缆沟深度视电缆数量而定，但最低不应小于1m，否则大截面电缆的弯曲半径就会过小。

电缆敷设前应进行检查电缆绝缘是否良好，当对油纸电缆的密封有怀疑时，应进行受潮判断。制作电缆接头和扳弯线芯时，不得损伤纸绝缘，芯线的弯曲半径不得小于电缆线芯的10倍，应使线芯弯曲部分均匀受力，否则极易破坏绝缘纸。

9.5 电力电缆线路安装的技术要求

9.5.1 电缆线路安装的一般要求

(1) 电缆敷设前的检查

① 核对电缆的型号规格是否与设计要求相符，长度要适当，既要尽量避免中间接头，又要不使截下的剩余部分过短而无法利用。

② 检查外观有无损伤，油浸纸绝缘电缆是否有渗漏油缺陷。

③ 摇测相间及对电缆金属包层（如铅包、铝包、铠装等）的绝缘电阻值应符合如下要求：6～10kV电缆，用2500V兆欧表摇测，在20℃时，不低于400MΩ（参考值）；1kV及以下电缆，用1000V兆欧表摇测，在20℃时，不低于10MΩ。

④ 做直流耐压和泄漏电流试验，试验性质属交接试验。对于10kV电缆：油浸纸绝缘时，试验电压为50kV，持续10min；有机绝缘时（聚氯乙烯、交联乙烯等），试验电压为25kV，持续15min。泄漏电流不平衡系数一般不大于2，如小于20μA时不作规定。

(2) 敷设过程中的一般要求

① 不能在低温环境下敷设电缆，否则会损伤电缆绝缘。若必须敷设，则应采用提高周围温度或通以低压电流的办法使其预热，但严禁用火焰直接烘烤。35kV及以下纸绝缘或全塑电缆，施工的最低温度不能低于0℃。

② 敷设电缆时，应防止电缆扭伤及过分弯曲，电缆弯曲的曲

率与电缆外径的比值不能小于下列规定：油浸纸绝缘多芯电力电缆，铅包时为 15 倍，铝包时为 26 倍；塑料绝缘电缆，铠装为 10 倍，无铠装为 6 倍。

③ 电缆敷设应留有适当空间，以防电缆受机械应力时，造成机械损伤。此外，为了便于维修，当电缆遭受外力破坏以致必须做一中间接头时，电缆裕度将补偿截去的一段长度。需留空间的场所有：垂直面引向水平面处、电缆保护管出入口处、建筑物伸缩缝处以及长度较长的电缆线路，有条件时可沿路径作蛇形敷设。

④ 电缆在可能受到机械损伤的处所应采取保护措施，如在引入、引出建筑物，隧（沟）道，穿过道路、铁路，引出地面以上 2m，人易接触的外露部分等。

⑤ 在电缆的两端及明敷设时，进出建筑物和交叉、拐弯处，应当悬挂标记牌，标明回路编号、电缆的型号规格及长度。

⑥ 根据防火要求，有麻被护层的电缆进入室内电缆沟后，应将麻被护层剥除。

(3) 有关距离的规定

① 直埋电缆详见表 9-16。

表 9-16 直埋电缆与管道等接近及交叉时的距离 m

类　　别	接近距离	交叉时垂直距离
电缆与易燃管道	1	0.5
电缆与热力狗(管道)	2	0.5
电缆与其他管道	0.5	0.25
电缆与建筑物	0.6	—
10kV 电缆与相同电压等级的电缆及控制电缆	0.1	0.5
不同使用部门的电缆(含通信电缆)	0.5	0.5

电缆与管道以及沟道上、下相互交叉处应采用机械保护或者隔热措施，采用的保护、隔热材料应在交叉处需要向外两侧延伸，在此情况下，上表中的距离可适当缩小。

② 沟道内电缆　沟道内电缆应敷设在支架上，电压等级高的敷设在上层。沿电缆走向，相邻支架间水平距离宜为 1～1.5m；上、下相邻支架的垂直距离应为 0.15m；35kV 的为 0.2m。敷设

在支架上的电力电缆和控制电缆应分层排列，同级电压的电力电缆，其水平净距为 35mm；高、低压电力电缆，其水平净距为 150mm。

9.5.2 直埋电缆的安装要求

电力电缆的敷设方式有多种，普遍采用直埋方式，因此，将直埋电缆的安装要求介绍如下。

① 电缆选型 应选用铠装和有防腐保护层的电力电缆。

② 路径选择 电缆不得经过含有腐蚀性物质（如酸、碱、石灰等）的地段。如果必须经过时，应采用缸瓦管、水泥管等，对电缆加以保护。电缆不允许平行敷设在各种管道的上面或下面。

③ 电缆的埋设 埋设深度一般不小于 0.7m，农田中不小于 1m；35kV 及以上的，也不小于 1m。若不能满足上述要求时，应采取保护措施。电缆上、下要均匀铺设 100mm 细砂或软土，垫层上侧应用水泥盖板或砖衔接覆盖。回填土时应去掉大块砖、石等杂物。

④ 中间接头 电缆沿坡敷设时，中间接头应保持水平；多条电缆同沟敷设时，中间接头的位置要前、后错开。

⑤ 标桩 宜埋电缆在拐弯、接头、交叉、进出建筑物等处，应设明显的方位标桩，长的直线段应适当增设标桩，标桩露出地面以 150mm 为宜。

⑥ 保护管 保护管长度在 30m 以下者，内径不能小于电缆外径的 1.5 倍；超过 30m 者，不应小于 2.5 倍。

⑦ 直埋电缆 自土沟引入隧道、人井及建筑物时，应穿入管中，并在管口加以堵塞，以防漏水。

9.5.3 电缆线路竣工后的验收

电缆线路竣工后，由电缆线路的设计、安装、运行部门共同组织验收。检查、验收的主要内容和要求是：

① 根据运行需要，测量电缆参数、电容、直流电阻及交流阻抗。

② 电缆各芯导体必须完整连续、无断线。

③ 电缆应按交接试验标准，摇测绝缘电阻值并作直流耐压试验，并应符合要求。

④ 具备完整的技术资料：电缆制造厂试验合格证、交接试验单、电缆线路实际路径平面图等。

9.6 电力电缆的运行与维护

由于电缆故障不易直接巡查，寻测困难，故应加强运行管理。运行工作应以巡视、测量和检查等为主。电缆线路的巡视内容如下。

① 电缆线路的巡视周期为：直接埋地的电缆，每季度巡视一次，明设或敷设在电缆沟中的电缆，半年巡视一次；遇有植树、雷雨季节和电缆附近有土建工程施工时，应特殊巡视。

② 电缆沟盖是否损坏，沟内的泥土及杂物是否清除干净。

③ 室内外、沟内的明设电缆的支架及卡子是否完整、松动。

④ 电缆的标示牌、标桩是否清楚、完整。

⑤ 测定电缆的负荷及电缆表面温度。

⑥ 电缆与道路、铁路等交叉处的电缆是否损伤。

⑦ 电缆线路面是否正常，有无挖掘痕迹，路面有无严重冲刷和塌陷现象。

⑧ 引出地面的电缆保护管是否完好。

⑨ 线路路径上是否堆放笨重物体，以及有无倾倒腐蚀性液体的痕迹。

⑩ 电缆终端头瓷套管是否清洁，有无裂纹或放电痕迹。

⑪ 电缆终端头瓷套管是否清洁，有无裂纹或放电痕迹。

⑫ 电缆的接地线是否完好。

⑬ 电缆头的封铅是否完好。

⑭ 测量绝缘电阻，10kV 以下的电缆可用 1000V 兆欧表测定。测出的数值与前次相比，并在同一温度下比较，当下降 30%以上或春季低于 400MΩ、冬季低于 1000MΩ 时应做泄漏试验，合格后方可运行。

9.7 电缆线路常见故障及处理

9.7.1 电缆线的故障

(1) 外力损伤 在电缆的保管、运输、敷设和运行过程中可能遭受外力损伤，尤其是已运行的直埋电缆，在其他工程的地面施工中易遭损伤。这类事故往往占电缆事故的50%。遭到破坏的电缆只得截断，做好中间接头再连接起来。

为避免这类事故，除加强电缆保管、运输、敷设等各环节的工作质量外，最主要的是严格执行动土制度。

(2) 电缆绝缘击穿以及铅包疲劳、龟裂、胀裂 其原因是：电缆本身质量差。这可以加强敷设前对电缆的检查来解决。电缆安装质量或环境条件很差，如安装时局部电缆受到多次弯曲，弯曲半径过小，终端头、中间接头发热导致附近电缆段过热，周围电缆密集不易散热等，这要通过抓好施工质量进行解决。运行条件不当，如过电压、过负荷运行、雷电波侵入等，都需通过加强巡视检查、改善运行条件来及时解决这类问题。

(3) 保护层腐蚀 这是由于地下杂散电流的电化腐蚀或非中性土壤的化学腐蚀所致。解决方法是。在杂散电流密集区安装排流设备，当电缆线路上的局部土壤含有损害电缆铅包的化学物质时，应将这段电缆装于管子内，并用中性土壤作电缆的衬垫及覆盖，还要在电缆上涂以沥青。

9.7.2 终端头及中间接头的故障

(1) 户外终端头浸水爆炸 原因是施工不良、绝缘胶未灌满。要严格执行施工工艺规程，认真验收，加强检查和及时维修。对已爆炸的终端头要截去重做。

(2) 户内终端头漏油 原因是多方面的。

① 终端头做好后安装接线时，引线多次被弯曲、扭转，导致终端头内部密封结构损坏。

② 终端头施工质量差，截油工艺、密封处理不严格。

③ 长期过负荷运行，导致电缆温度升高，内部油压过大；终端头漏油，会使电缆端部浸渍剂流失干枯，热阻增加，绝缘加速老化，易吸收潮气，从而造成热击穿。

发现终端头渗漏油时应加强巡视，严重时应停电重做。如果电缆中间接头施工时绝缘材料不洁净、导体压接不良、绝缘胶灌充不饱满等，也可能引起绝缘击穿事故。

第10章 接地、接零及防雷保护

10.1 接地与接零

电力供电系统为了保证电气设备的可靠运行和人身安全，无论在发电、供（输）电、变电、配电，都需要有符合规定的接地。所谓接地就是将供、用电设备以及防雷装置等的某一部分通过金属导体组成接地装置，与大地的任何一点进行良好的连接。与大地连接的点在正常情况下都是零电位。

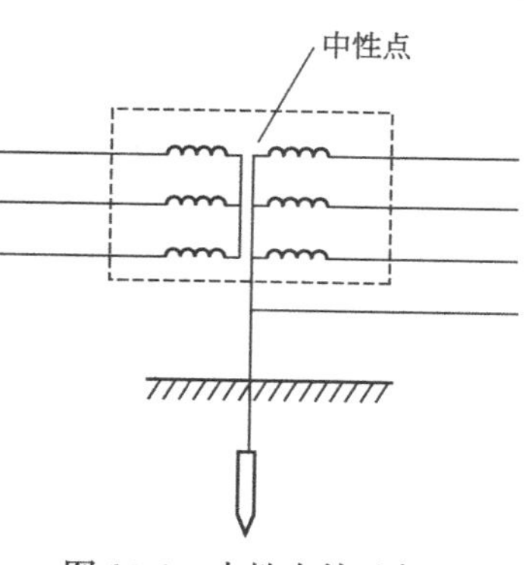

图 10-1　中性点接地与不接地系统

根据电力供电系统的中性点运行方式不同，接地可分两类：一类是三相电网中性点直接接地系统；另一类是中性点不接地系统。目前在我国三相三线制供电电压为 35kV、10kV、6kV、3kV 的高压配电线路中，常采用中性点不接地系统；三相四线制供电电压为 0.4kV 的低压配电线路中，采用中性点直接接地系统（如图 10-1 所示）。在上述供电系统中接用的电气设备，凡因绝缘损坏而可能呈现对地电压的金属部位，都应接地。否则，该电气设备一

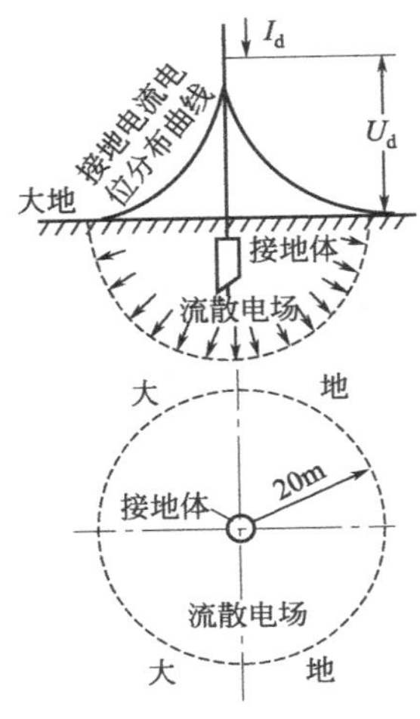

图 10-2　地中电流和对地电压分布

旦漏电会对人有致命的危险。

接地的电气设备，因绝缘损坏而造成相线与设备金属外壳接触时，其漏电电流是通过接地体流散的。因为球面积与半径的平方成正比，所以，半球形面积随着远离接地体而迅速增大，与半球形面积对应的土壤电阻值，将随着远离接地体而迅速减小。电流在地中流散时，所形成的电压降，距接地体愈近就愈大，距接地体愈远就愈小。一般当距接地体大于 20m 时，地中电流所产生的电压降已接近于零值。因此，零电位点通常指距接地体 20m 之外处。但理论上的零电位点将是距接地体无穷远处（如图 10-2、图 10-3 所示）。

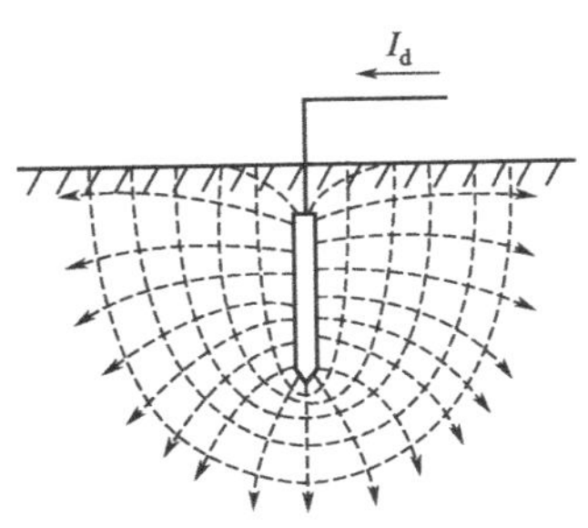

图 10-3　地中电流呈半球形流散

10.1.1　接地装置

电气设备接地引下导线和埋入地中的金属接地体组的总和称为接地装置。通过接地装置使电气设备接地部分与大地有良好的金属连接。如图 10-4 所示为接地装置示意图。

接地体又可称为接地极，指埋入地中直接与土壤接触的金属导体或金属导体组，是接地电流流向土壤的散流件。利用地下金属构件、管道等作为接地体的称自然接地体，按设计规范要求埋设的金属接地体称为人工接地体。

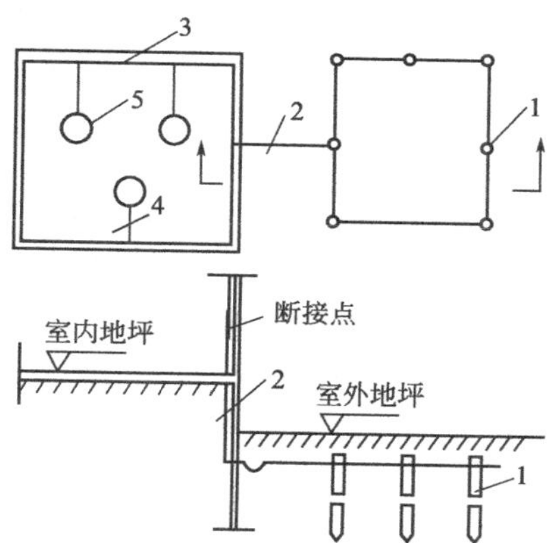

图 10-4　接地装置示意图

1—接地体；2—接地引下线；3—接地干线；
4—接地分支线；5—被保护电气设备

接地线是指电气设备及需要接地的部位用金属导体与接地体相连接的部分，是接地电流由接地部位流至大地的途径。接地线中沿建筑物表面敷设的共用部分称为接地干线，电气设备金属外壳连接至接地干线部分称为接地支线。

10.1.2　接地电阻、接地短路电流

接地装置的接地电阻是指接地线电阻、接地体电阻、接地体与土壤之间的过渡电阻和土壤流散电阻的总称。

工频接地电阻，指工频电流从接地体向周围的大地流散时，土壤所呈现的电阻称工频接地电阻。接地电阻的数值等于接地体的电位与通过接地体流入地中电流的比值。

$$R_{jd}=\frac{U_{jd}}{I_{jd}}$$

式中　R_{jd}——工频接地电阻，Ω；

U_{jd}——接地装置的对地电压，V；

I_{jd}——通过接地体的地中电流，A。

从带电体流入地中的电流即为接地电流。接地电流有正常工作接地电流和故障接地电流。正常工作接地电流指正常工作时通过接地装置流入地下，借大地形成工作回路的电流，例如在三相线路中性点接地系统中，如果三相负载不平衡时。就会有不平衡电流通过接地装置流入地下，故障接地电流系指系统发生故障时出现的接地电流。

电力供电系统一相故障接地，就会导致系统发生短路，这时的接地电流叫做接地短路电流，例如在三相四线制（380/220V）中性点接地系统中，发生一相接地时的短路电流。在高压系统中，接地短路电流有可能很大，接地短路电流在500A及以下的，称作小接地短路电流系统；接地短路电流大于500A的，则称大接地短路电流系统。

接触电压是指人站在漏电设备附近，手触及漏电设备的外壳，则人所接触的两点（手与脚）之间的电位差称为接触电压。接触电压的大小与人距离接地短路点的远近有关，人距离接地短路点愈远时，接触电压愈大；人距离接地短路点愈近时，接触电压愈小（如图10-5所示）。

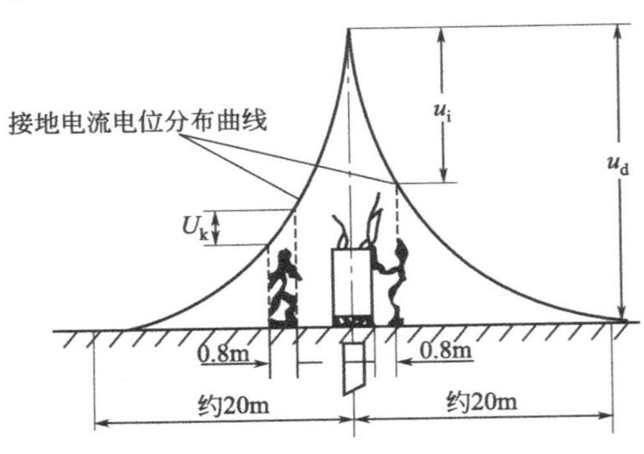

图10-5 跨步电压和接触电压示意图

跨步电压 人体站在有接地短路电流流过的大地上，加于两脚之间的电位差称为跨步电压。如图10-5所示，人体愈接近故障点（短路接地点），跨步电压就愈大；人远离接地故障点时，跨步电压就小。

10.1.3 接地种类

① 工作接地 电力供电系统中，为保证系统安全运行的需要，电气回路中某一点接地（如电力变压器中性点接地），称为工作接地。

② 保护接地 为防止电气设备因绝缘损坏使人体遭受触电危险而装设的接地体，称为保护接地。如电气设备正常情况下不带电的金属外壳及构架等接地，即属于保护接地。

③ 保护接零 为防止电气设备因绝缘损坏而使人体遭受触电危险，将电气设备在正常情况下不带电的金属部分与电网的零线相连接，称为保护接零。

④ 重复接地 在低压三相四线制采用保护接零的系统中，为了加强接零的安全性，在零线的一处或多处通过接地装置与大地连接，称为重复接地（如图 10-6 所示）。

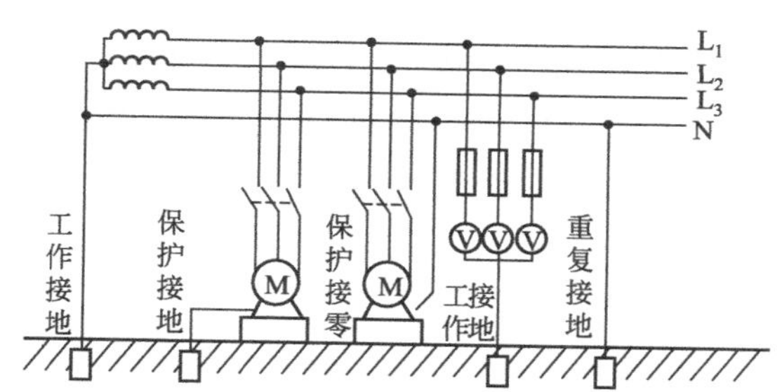

图 10-6 工作接地、保护接地、保护接零、重复接地

10.1.4 电气设备接地故障分析

在电力供电系统中常用的电气设备，凡因绝缘损坏而可能呈现对地电压的金属部位，均应接地，否则将会对人体产生致命的危险。现分析如下。

（1）三相三线制中性点不接地系统电气设备接地故障分析 三相三线中性点不接地系统，电网各相对地是绝缘的，该电网所接用的电气设备，如果采取保护接地，当电气设备一相绝缘损坏而漏电使金属外壳带电时，操作人员误触及漏电设备，故障电流将通过人体和电网与大地间的电容（绝缘电阻视为无穷大）构成回路（如图 10-7 所示），其接地电流的大小将与电容的大小及电网对地电压的高低成正比。线路对地电容越大，电压越高，触电的危险性越大。

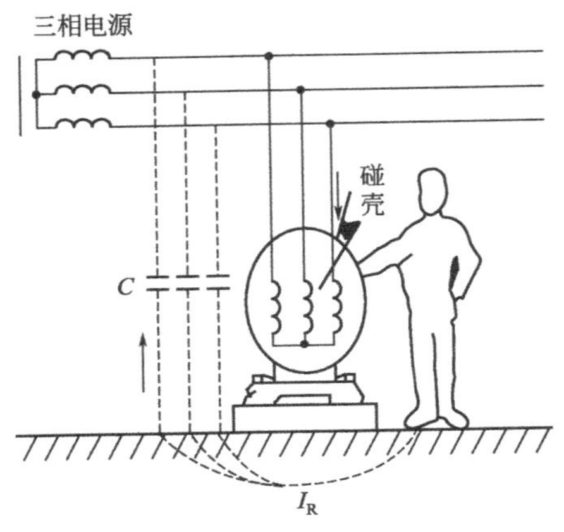

图 10-7　不接地电网单相触电示意图

若漏电设备已采取保护接地措施时，此时故障电流将会通过接地体流散，流过人体的电流仅是全部接地电流中的一部分（如图 10-8 所示）。

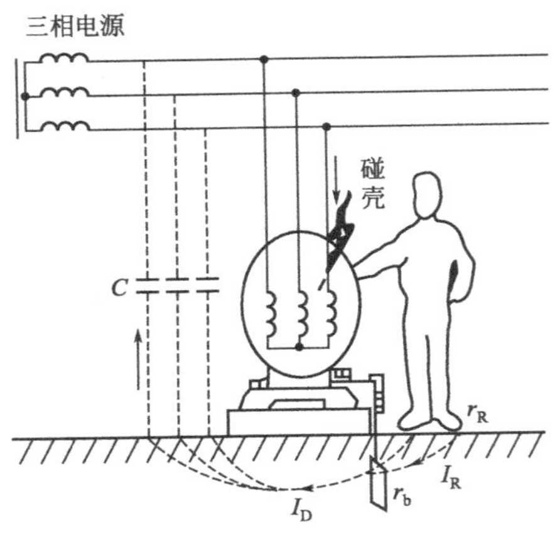

图 10-8　不接地电网中的设备有保护接地而漏电时的示意图

$$I_R=\frac{r_b}{r_b+r_R}I_D$$

式中　I_R——流过人体电流；

I_D——接地电流；

r_b——接地电阻；

r_R——人体电阻。

由上式可见，接地电阻 r_b 越小，则通过人体的电流也越小，因此，只要控制接地电阻值在一定范围内，就能减轻人身伤亡。

(2) 三相四线制中性点直接接地系统电气设备接地故障分析　低压三相四线制采用变压器中性点接地的电网中，电气设备不采取任何保护接地或接零的措施，一旦电气设备漏电，人体误触及漏电设备外壳时，对人身体是很危险的。因为，漏电设备外壳对地呈现的电压，将是电网的相电压，接地电流通过人体也阻 r_R 与变压器工作接地电阻 r_b 组成串联电路（如图 10-9 所示）可见，通过人体的接地电流。

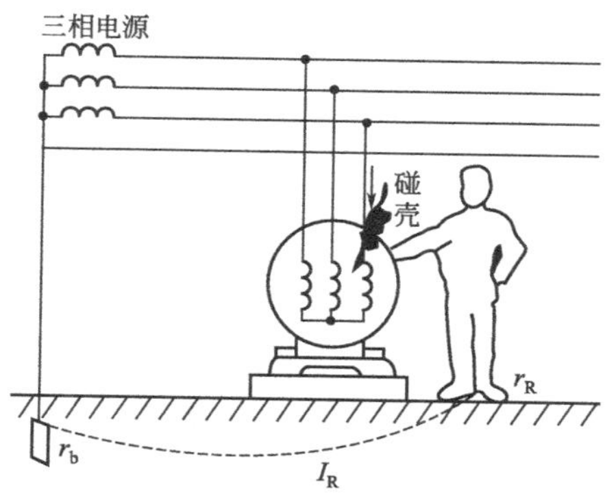

图 10-9　三相四线制中性点接地系统中，人触及未采取措施的漏电设备金属外壳时的示意图

$$I_R=\frac{U}{r_R+r_0}$$

式中　I_R——通过人体接地电流；

U——漏电设备外壳对地电压，220V；

r_R——人体电阻值；

r_b——变压器中性点接地电阻值。

变压器中性点的工作接地电阻，一般规定在4Ω及以下，而人体电阻若取800Ω时，通过上式可求得通过人体的电流：

$$I_R=\frac{U}{r_R+r_0}=\frac{220}{800+4}A=0.274A=274mA$$

实验证明，一般情况下通过人体的工频电流超过50mA时，心脏就会停止跳动，有致命的危险。所以上述情况中的274mA足以使人致命，为此在中性点接地系统中的电气设备，一般情况下不带电的金属外壳必须采取保护接地或保护接零的安全措施。

若漏电设备已采用保护接地，则人体电阻和保护接地电阻呈并联形式，由于人体电阻远大于保护接地电阻值，因此，其故障接地电流绝大部分从接地电阻上通过，减轻了对人体伤害程度，如图10-10所示。现假设工作接地电阻和保护接地电阻都为4Ω，电气设备一相绝缘损坏，外壳电位升高到相电位，故障电流通过保护接地电阻 r_a 和工作接地电阻 r_0 回到变压器中性点，其间的电压为相电压220V，则故障接地电流：

$$I_d=\frac{U}{r_0+r_d}=\frac{220}{4+4}A=27.5A$$

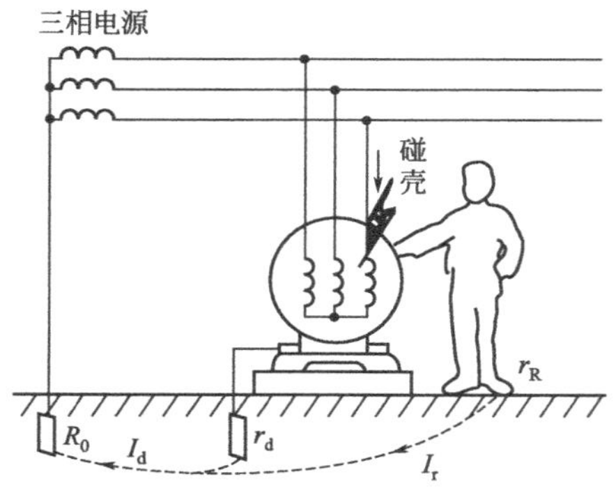

图10-10　中性点接地电网时，人体触及漏电设备金属外壳的示意图

此时，人体接触电压：

$$U_R = I_d r_d = 27.5 \times 4V = 110V$$

通过的人体电流：

$$I_R = \frac{U_R}{r_R} = \frac{110}{800}A = 0.137A$$

通过上述分析可知，中性点直接接地的电网常常采用保护接地，比没有保护接地时触电的危险性有所减小，但其通过人体的接地故障电流仍然有可能存在使人致命的危险（50mA）。因此在三相四线制中性点直接接地的低压配电系统中，电气设备如果采用接地保护，根据目前国际IEC标准应附加装设漏电电流动作保护器。

若电气设备已采用接零保护时，当电源的某相与金属外壳相碰时，即形成金属性单相短路，其故障电流很大，使电路中的保护装置（熔断器或自动空气断路器等）动作，将故障设备从电网中切除，从而消除了人身触电的危险。

10.2 接地方式的应用与安装

在10kV、0.4kV供、用电系统中，为保证电力供电系统及电气设备的正常运行和人身安全的防护接地措施，有工作接地、保护接地、保护接零、重复接地等。

10.2.1 工作接地的应用

电力供电系统中，电力变压器绕组的中性点接地，避雷器的引出线端接地等均属于工作接地（如图10-11所示）。

10kV配电线路，属于高压三相三线制中性点不接地系统，通过电力变压器变为0.4kV（380/220V）电压等级的三相四线制方式向用电系统进行供电。国家有关规范规定，电力变压器0.4kV电压侧的三相绕组的中性点应进行工作接地。上述三相四线制供电系统，中性点直接接地有两方面作用。

（1）防止高压窜入低压系统的危险 如果该中性点不进行工作接地，如果变压器高、低压绕组间绝缘击穿损坏，则高电压窜入到低压侧系统中，有可能造成低压电气设备绝缘击穿及人身触电事故。工作接地后，能够有效地限制系统对地电压，减少高压窜入低压的危险，当高压窜入低压时，低压中性点对地电压：

$$U_0 = I_{gd} R_0$$

式中 I_{gd}——高压系统单相按地短路电流；

R_0——变压器中性点接地电阻。

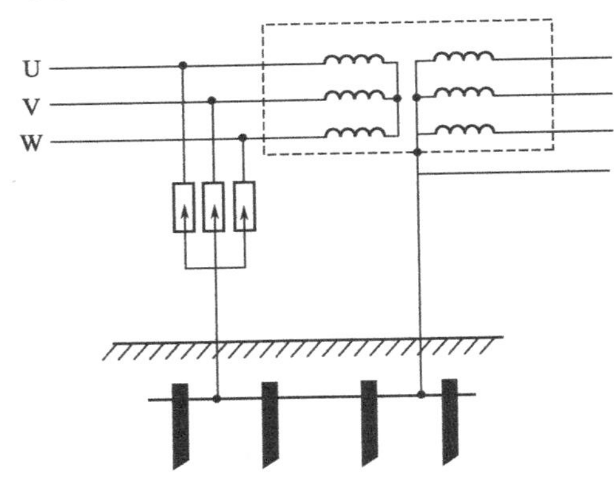

图 10-11 工作接地示意图

规程规定 $U_0 \leqslant 120\text{V}$，要求工作接地电阻：

$$R_0 \leqslant \frac{120}{I_{g0}}(\Omega)$$

对于 10kV 中性点不接地高压电网，单相接地短路电流通常不超过 30A。因此规定配电变压器中性点接地电阻 $R_0 \leqslant 4\Omega$。

(2) 减轻一相接地故障时的危险 如果中性点没有进行工作接地，一旦发生一相导线接地故障时，则中性线对地电压变为接近相电压的数值，使所有接零设备的对地电压均接近相电压，触电危险性大。同时其他非接地两相的对地电压也可能接近线电压，使单相触电的危险程度加大。采用工作接地后，如果发生一相导线接地故障，则接零设备对地电压：

$$U_0 = I_d R_0 \approx \frac{R_0}{R_0 + R_d} U$$

式中 U_0——零线对地电压；

I_d——接地短路电流；

R_0——中性点接地电阻；

R_d——接地故障点的接地电阻。

根据上式，只要控制 R_0 不超过规定值（$R_0 \leqslant 4\Omega$），就可以把零线对地电压 U_0 限制在某一安全范围之内。

10.2.2　保护接地的应用

保护接地是一种重要的技术安全措施，无论在高压或低压系统、交流或直流系统以及在防止静电方面等，都得到了广泛的应用。在电力供电系统中，保护接地主要用于三相三线制电网，在三相三线制中性点不接地系统中，如果电气设备因绝缘损坏而使金属外壳带电时，人体误触及设备外壳，电流就会通过人体与大地和电网之间的阻抗（对地电容和绝缘电阻并联阻抗）构成回路，造成触电危险，在 1000V 以下三相中性点不接地系统中，一般情况时，这个回路电流不大，但是如果电网对地绝缘电阻过低或电网系统很大、线路较长（电容电流大），就可能存在触电致命的危险。

对于 1000V 以上的高压电网，其对地电压高、系统大（对地电容大），因此，触及单相漏电设备时，足以使人因触电而致命。如图 10-11 所示，我们把各相对地绝缘电阻视为无穷大，并假设各相对地容抗相等，则通过数学计算可得通过人体的单相触电电流：

$$I_R = \frac{3U}{3r_R - jx}$$

其有效值：

$$I_R = \frac{3U\bar{\omega}C}{\sqrt{9r_2^2\bar{\omega}^2C^2 + 1}}$$

上式表明，在这类电网中，线路对地电容越大、电压越高，触电危险性往往就越大。

当漏电设备采用了保护接地措施后，漏电设备对地电压的大小主要取决于保护接地电阻的大小，只要适当控制 R_d 的大小，就能将漏电设备的对地电压限制在安全范围以内。这时，人误触漏电设备时，由于人体电阻与接地电阻是并联关系，而人体电阻比保护接地电阻大几百倍，因此流过人体的电流要比流过保护接地体的电流小几百倍，达到保护人身安全的目的。

10.2.3 保护接零的应用

保护接零在中性点直接接地，在电压为380/220V的三相四线制配电系统中，得到广泛的应用。它是一种重要的安全技术措施。设计规范规定，在电压为1000V以下的中性点直接接地的电气装置中，电气设备的外壳，除另有规定外，一定要与电气设备的接地中性点有金属连接，即保护接零。当电气设备在运行中发生某相带电部位碰连设备外壳时，通过设备外壳形成相线对零线的单相短路，短路电流瞬间使保护装置（熔断器、自动空气断路器）动作，切断故障设备电源，消除了触电的危险。为确保接零保护的安全可靠，在实施中应满足下列技术要求：

① 保护接零措施只适用于三相四线制中性点直接接地系统（如图10-12所示）。

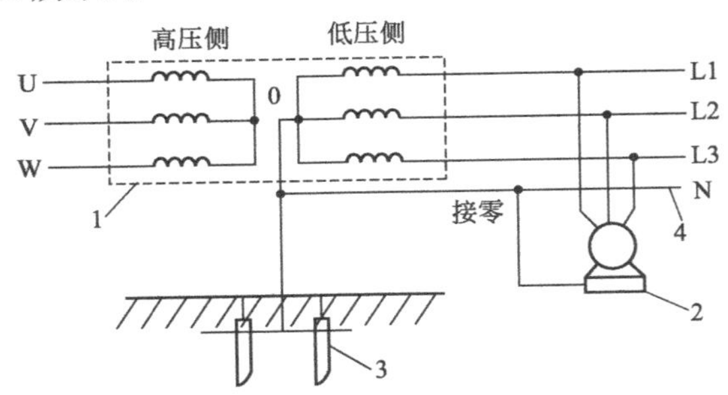

图10-12　工作接地和接零的示意图

1—变压器；2—电动机；3—接地装置；4—零线；0—零点

② 采用保护接零时，要确保零线连接不中断，零线上不得装接开关或熔断器。

③ 采用保护接零时，零线在规定的位置要进行重复接地。

④ 采用保护接零时，为保证自动切除线路故障段，接地线和零线的截面应能够保证在发生单相接地短路时，低压电网任一点的最小短路电流，不应小于最近处熔断器熔体额定电流的4倍（Q-1、Q-2、G-1级爆炸危险场所内为5倍）或不应小于自动开关瞬时或短延时动作电流的1.5倍。接地线和零线在短路电流下，应符合热稳定的要求。三相四线系统主干零线的截面，不得小于相线截面

的二分之一。

⑤ 接用电设备的保护零线应有足够的机械强度，应尽量按IEC标准选择零线的截面和材质，架空敷设的保护零线应选用截面不小于10mm² 的铜芯线，穿管敷设的保护零线应选用截面不小于4mm² 的铜芯线。若采用铝芯线，截面应按高一个等级选择。

⑥ 为提高保护接零的可靠性，有条件的应采用1EC标准中的TN—S系统接零保护方式，即将380/220V供电系统中的工作零线（中线）和保护零线进行分开，采用三相五线制供电方式，将电气设备的外壳和专用保护零线相连接。

⑦ 在同一台变压器供电的三相接零保护系统中，不能将一部分电气设备的接地部位采用保护接零，而将另一部分电气设备的接地部位采用保护接地。因为，在同一个接零系统中，如果采用保护接地的电气设备，一旦发生绝缘损坏而漏电（熔丝束及时熔断），接地电流通过大地与变压器工作接地形成回路，使整个零线上出现危险电压，从而使所有采用保护接零的电气设备的接地部位电位升高，造成人身伤亡（如图10-13所示）。

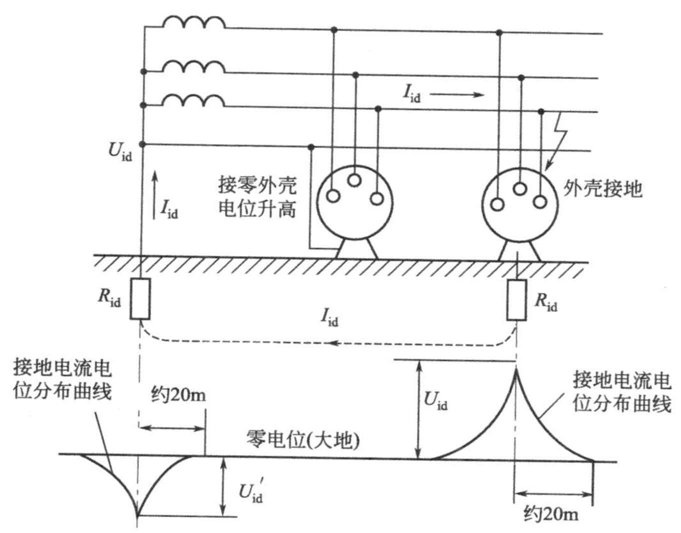

图10-13 部分设备接地部分设备接零的危险性原理图

⑧ 单相三线式插座上的保护接零端，在使用零线保护时，不准与工作零线端相连接。工作零线与保护零线应分别敷设。这样，可以防止零线与相线偶然接反而发生电气设备金属外壳的带电危险，也可防止零线松脱、断落时使电气设备金属外壳有带电的危险。

10.2.4 重复接地的应用

在采用接零保护的系统中，可以将零线的一处或多处通过接地装置与大地再次连接，称为重复接地。重复接地是确保接零保护安全、可靠的重要措施，它的具体作用如下。

① 降低漏电设备金属外壳的对地电压。用电设备因绝缘损坏而漏电时，在线路保护装置还没有切断电源的情况下，经故障设备外壳通过零线的短路电流，由于零线阻抗的存在产生电压降，使设备对地电压升高，零线阻抗愈大，设备对地电压愈高。这个电压通常要高出安全电压（50V）很多，威胁人身安全。当采用重复接地后，使短路电流形成两个回路，一部分通过零线构成回路，另一部分经重复接地通过大地到工作接地构成回路。这样就减少了通过零线的短路电流，降低了零线阻抗电压降，也就降低了漏电设备对地电压，从而降低了触电的危险性。

② 减轻零线发生断线故障时的触电危险程度。采用接零保护的用电设备，当零线发生断线故障时，则断线故障点之后采用接零保护的用电设备，也已失去接零保护的作用，一旦某一设备发生碰壳漏电故障，会使所有接零设备的金属外壳带电，对地电压接近于相电压，严重威胁人身安全。零线采用重复接地后，那么零线断线故障点之后的用电设备，仍有相当于保护接地的安全措施。

③ 减轻零线断线时，由于三相负荷不平衡造成中性点严重偏移，使负荷中性点出现对地电压。在中性点直接接地的系统中，规程规定，由于三相负荷不平衡引起的中性线电流，不得超过变压器额定线电流的25%。在正常零线完好的情况下，零线起到平衡电位的作用，三相不平衡电流，只在零线上产生很小的电压降，中性点对地电位很低。当零线发生断线时，三相不平衡电流无路可回，中性点向负荷大的方向偏移，三相负荷电压不平衡，零线可能呈现

对地电压，电压大小与三相负荷不平衡程度成正比，若极端不平衡时，其对地电压将会存在人身触电危险。采用重复接地后，一旦零线断线，三相不平衡电流通过重复接地与电源构成回路，从而减轻中性点位移所造成的危险。

重复接地的具体技术要求：

① 交流电气设备的重复接地应充分利用自然接地体接地，例如金属井管、钢筋混凝土构筑物的基础、直埋金属管道（易爆、易燃气体或液体管道除外），当自然接地体的接地电阻符合要求时，可以不设人工接地体，但发电厂、变电站和有爆炸危险的场所除外。

② 变、配电所及生产车间内部最好采用环网形重复接地（如图 10-14 所示），这样可以降低设备漏电时周围地面的电位梯度，使跨步电压和接触电压变小，减轻触电后的危险程度。零线与环网接地装置最少应有两点连接（相隔最远处的两对应点），而且车间接地网周围边长超过 400m 者，每 200m 应有一点连接。

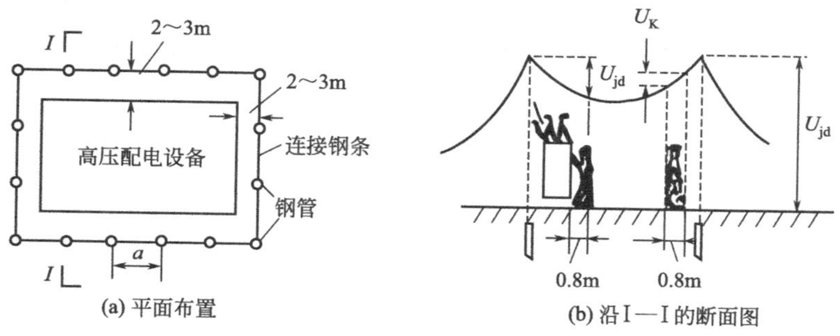

图 10-14 环路式接地体的布置和电位分布

③ 每一重复接地电阻，不得超过 10Ω。

④ 采取保护接零的零线在下列各处应当进行重复接地。

a. 在电源处，架空线路干线和分支线的终端以及沿线每千米处，零线应该重复接地。

b. 电缆和架空线，在引入车间或大型建筑物内的配电柜等处，零线应该重复接地。

c. 金属管配线时，应将金属管和零线连接在一起，并做重复接地，各段金属管不应该中断金属性连接（丝扣连接的金属管，应在连接管箍的两侧用不小于 $10mm^2$ 的钢线跨接）。

d. 塑料管配线时，在管外应敷不小于 $10mm^2$ 的钢线与零线连接在一起. 并做重复接地。

e. 金属铠装的低压电缆外皮应与零线相连接并做好重复接地。

f. 高压架空线路与低压架空线路同杆架设时，同杆架设段的两端低压零线应做重复接地。

g. 在同一零线保护系统中，重复接地点往往不应少于三处。

10.2.5 接地电阻值的要求

(1) 高压电气设备的保护接地电阻

① 大接地短路电流系统　在大接地短路系统中，接地短路电流很大，接地装置常采用棒形和带形接地体联合组成环形接地网，以均压的措施达到降低跨步电压和接触电压的目的，一般要求接地电阻 $r_{jd} \leqslant 0.5\Omega$。

② 小接地短路电流系统　当高压设备与低压设备共用接地装置时，要求在设备发生接地故障时，对地电压不超过 120V，要求接地电阻：

$$R_{jd} \leqslant \frac{120}{I_{jd}} \leqslant 10\Omega$$

式中　I_{jd}——接地短路电流的计算值，A。

当高压设备单独装设接地装置时，对地电压可放宽至 250V，要求接地电阻：

$$R_{jd} \leqslant \frac{250}{I_{jd}} \leqslant 10\Omega$$

(2) 低压电气设备的保护接地电阻　在 1kV 以下中性点直接接地与不接地系统中，单相接地短路电流往往都很小。为防止漏电设备外壳对地电压超过安全范围，要求保护接地电阻 $R_{jd} \leqslant 4\Omega$。

10.2.6 接地体选用和安装的一般要求

(1) 交流电力设备的接地装置，应充分利用自然接地体，一般可利用：

① 敷设在地下直接与土壤接触的金属管道（易燃、易爆性气、液体管道除外）、金属构件等。

② 金属桩、柱与大地有良好接触。

③ 有金属外皮的直埋电力电缆。

④ 混凝土构件中的钢筋基础。

(2) 自然接地体的接地电阻，如符合设计要求时，一般可不再另设人工接地体（变、配电设备装置接地网除外）。

(3) 直流电力回路不应利用自然接地体，直流回路专用的人工接地体不应与自然接地体相连接。

(4) 交流电力回路同时采用自然、人工两种接地体时，应设置分开测量接地电阻的断开点，自然接地体应不少于两根导体在不同部位与人工接地体相连接。

(5) 车间接地干线与自然接地体或人工接地体连接时，不能少于两根导体在不同地点连接。

(6) 人工接地体一般选用镀锌钢材（圆钢、扁钢、角钢、钢管）采用垂直敷设或水平敷设，水平敷设接地体埋深不能小于0.6m，垂直敷设的接地体长度不应小于2.5m，为减少相邻接地体的屏蔽作用，垂直接地体的间距不能小于其长度的2倍；水平接地体的相互间距，根据具体情况确定，一般不应小于5m。

(7) 接地体埋设位置应距建设物不小于3m，并注意不应在垃圾、灰渣等地段埋设。经过建筑物人行通道的接地体，应采用帽檐式均压带做法（建筑电气安装工程图集JD10-13）。

(8) 变、配电所的接地装置，应敷设以水平接地体为主的接地网。

(9) 接地装置的导体截面应符合热稳定和均压的要求，且不应小于表10-1的要求。

表10-1 接地装置导体最小截面

种类	规格及单位	接地线		接地干线	接地体
		裸导线	绝缘线		
圆钢	直径/mm	—	—	8	8
扁钢	截面/mm²	24	—	24	48
	厚度/mm	—	—	—	4

续表

种类	规格及单位	接地线		接地干线	接地体
		裸导线	绝缘线		
角钢	厚度/mm	3	—	3	4
钢管	管壁厚壁/mm	—	—	—	3.5
铜	截面/mm	4	—	—	—
铁线	直径/mm	4	2.5(护套线除外)	—	—

10.2.7 接地线选用和安装的一般要求

接地线有人工接地线和自然接地线两种，具体的选用和安装的一般要求如下。

(1) 交流电气装置的接地线，应尽量利用金属构件、钢轨、混凝土构件的钢筋、电线管及电力电缆的金属外皮等，但必须保证全长有可靠的金属性连接。

(2) 不能利用有爆炸危险物质的管道作为接地线，在爆炸危险场所内的电气设备应根据设计要求，设置专门的接地线，该接地线若与相线敷设在同一保护管内时，应具有与相线相等的绝缘水平。此时爆炸危险场所内的金属管道、电缆的金属外皮与设备的金属外壳和构架等都必须连接成连续整体，采取接地。

(3) 金属结构件作为自然接地线时，用螺栓或铆钉紧固的接缝处，应用扁钢跨接。作为接地干线的扁钢跨接线，截面不应小于100mm^2，作为接地分支跨接线时，不应小于48mm^2。

(4) 利用电线管本体作为接地线时，钢管管壁厚度不应小于1.5mm，在管接头及分线盒处都应焊加跨接线，钢管直径在40mm以下时，跨接线应采用6mm圆钢；钢管直径为50mm以上时，应采用25mm×4mm的扁钢。

(5) 电力电缆金属外皮作为接地线时，接地线卡箍以及电缆与金属支架固定卡箍均应衬垫铅带，卡接处应擦干净，保证紧固接触可靠，所用钢件应采用镀锌件。

(6) 人工接地线一般采用钢质的，但移动式电力设备的接地，采用钢接地线有困难时除外。接地线截面要符合载流量、短路时自动切除故障段及热稳定的要求，且不应小于表 8-1 的要求。在地下不得利用铝导体作为接地线或接地体。

（7）不得使用蛇皮管、管道保温层的金属护网以及照明电缆铅皮作为接地线。但这些金属外皮应保证其全长有完好的电气通路并接地。

（8）室内接地线可以明敷设或采用暗敷设。

明敷设时应符合下列基本要求。

① 接地干线沿墙距地面的高度通常不小于 0.2m。

② 支持卡子距离墙面不应小于 10mm，卡子间距不应大于 1m，分支拐弯处不应大于 0.3m。

③ 跨越建筑物伸缩缝时，应留有适当裕度，或采用软连接，穿越建筑物处，应采取保护措施（通常采用加保护管）。

接地线也可以采用置于混凝土或墙体内暗敷设的方式，但接地干线的两端都应有外露部分，根据需要，沿干线可设置接地线端子盒，供连接及检测使用。

10.2.8 接地线连接的一般要求

① 接地装置的连接应可靠，接地线应为整根或采用焊接。接地体与接地干线的连接应当留有测定接地电阻值的断开点，此点采用螺栓连接。

② 接地线的焊接，应采用搭接焊，其搭接长度，扁钢应为宽度的两倍，应有三个邻边施焊，圆钢搭接长度为直径的六倍，应在两侧面施焊。焊缝应平直无间断，无灰渣和气泡，焊接部位在清理焊皮后应涂刷沥青防腐。

③ 无条件焊接的场所，可考虑用螺栓连接，但必须保证其接触面积，螺栓应采用防松垫圈及采用可靠的防锈措施。

④ 接地线与电气设备连接时，采用螺栓压接，每个电气设备都应单独与接地干线相连接，严禁在一条接地线上串接几个需要接地的设备。

10.2.9 人工接地体的布置方式

（1）垂直人工接地体的布置 在普通沙土壤地区（土壤电阻

率$\rho \leqslant 3\times10^4\Omega\cdot cm$)，由于电位分布衰减较快，因此可采用以棒形垂直接地体为主的棒带接地装置。垂直接地体常采用的规格有：直径为 48～60mm 的镀锌钢管，或 40mm × 40mm × 4mm～50mm×50mm×5mm 的镀锌角钢以及直径为 19～25mm 的镀锌圆棒，垂直接地体长度为 2～3m。接地体的布置根据安全技术要求，要因地制宜，可以组成环形、放射形或单排布置。环形布置时，环上不能有开口端，为了减小接地体相互间的散流屏蔽作用，相邻垂直接地体之间的距离不能小于 2.5～3m，垂直接地体上端采用扁钢或圆钢连接一体，上端距地面不小于 0.6m，通常取 0.6～0.8m，常用几种垂直接地体布置形式如图 10-15 所示。

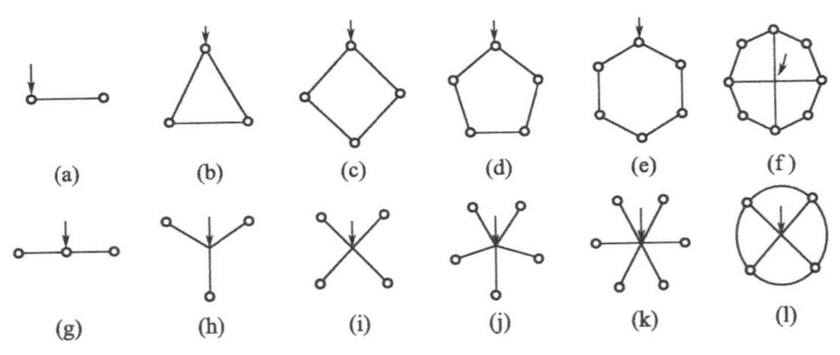

图 10-15 常用垂直接地体的布置

成排布置的接地装置，在单一小容量电气设备接地中应用较多(例如小容量配电变压器接地)。表 10-2 列出单排人工接地装置在不同土壤电阻率情况下的接地电阻值，可供参考。

(2) 水平接地体的布置 在多岩以及土壤电阻率较高（$3\times10^4\Omega\cdot cm\leqslant\rho\leqslant5\times10^4\Omega\cdot cm$）的地区，因地电位分布衰减较慢，接地体适合采用水平接地体为主的棒带接地装置。水平接地体通常采用 40mm×4mm 镀锌扁钢或直径为 ϕ12～16mm 的镀锌圆钢组成，可以组成放射形、环形或成排布置，水平接地体应埋设于冻土层以下，一般深度为 0.6～1m，扁钢水平接地体应立面竖放，可减小电阻。常用的几种水平接地体布置形式，如图 10-16 所示。

表 10-2 单排人工接地装置在不同土壤电阻率情况下的接地电阻值

形式	简图	材料尺寸/mm 及用量/m				土壤电阻率/Ω·m		
		圆钢 ϕ20	钢管 ϕ50	角钢 50× 50×5	扁钢 40×4	100	250	500
						工频接地电阻/Ω		
单根	I 0.8m 2.5m	2.5	2.5	2.5		30.2 37.2 32.4	75.4 92.9 81.1	151 186 162
2 根	5m		5.0	5.0	5 5	10.0 10.5	25.1 26.2	50.2 52.5
3 根	5m 5m		7.5	7.5	10	6.65 6.92	16.6 17.3	33.2 34.6
4 根	5m 5m 5m		10.0	10.0	15	5.08 5.29	12.7 13.2	25.4 26.5
5 根	5m 5m		12.5	12.5	20.0 80.0	4.18 4.35	10.5 10.9	20.9 21.8
6 根			15.0	15.0	25.0 25.0	3.58 3.73	8.95 9.32	17.9 18.6
8 根			20.0	20.0	35.0 35.0	2.81 2.93	7.03 7.32	14.1 14.6
10 根			25.0	25.0	45.0 45.0	2.35 2.45	5.87 6.12	11.7 12.7
15 根			37.5	37.5	70.0 70.0	1.75 1.82	4.36 4.58	8.73 9.11
20 根			50.0	50.0	95.0 95.0	1.45 1.52	3.62 3.79	7.24 7.58

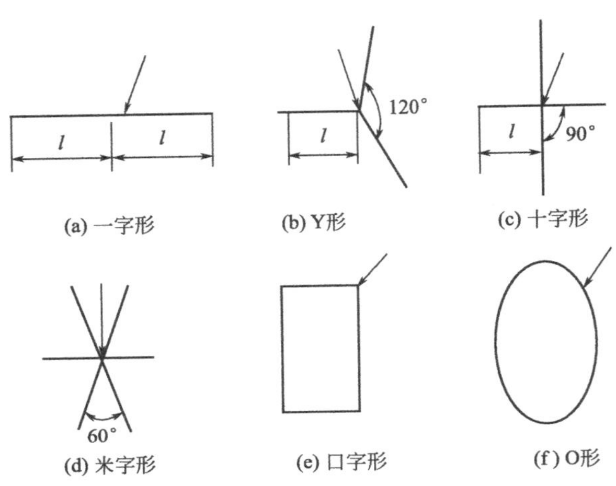

图 10-16　水平接地体的布置

10.2.10　土壤高电阻率($\rho > 5\times10^4\Omega\cdot cm$)地区降低接地电阻的技术措施

土壤电阻率较高地区，多出现于山洞或近山区变、配电工程中。为降低接地电阻，目前大致有以下技术措施。

① 增设接地体的总长度　应用增加垂直接地体长度（深埋）或增加水平接地体延伸长度，由经验可知，通常水平延伸效果较好些，但是对于山地多岩、深岩地区效果都不明显。

② 在原接地体周围进行换土　利用电阻串较低的土壤（如黏土、黑土）代替接地体周围的土壤，具体做法如图 10-17 所示。

③ 对接地体周围土壤进行化学处理　在接地体周围土壤中渗入炉渣（煤粉炉渣）、木炭、氮肥渣、电石渣、石灰、食盐等。由于这种方法所使用的渗渣法具有腐蚀性，并且容易流失，因此在永久性工程中不适宜使用，只能是在不得已情况下的临时措施。

④ 利用长效降阻剂　在接地体周围埋置长效固化型降阻剂，用来改善接地体周围土壤（或岩石）的导电性能，使接地体通过降阻剂的分子和离子作用形成高渗透区，可以与大地紧密结合降低土壤电阻，使接地体得到保护而不被氧化腐蚀，达到延年长效的目

的。目前国内较普遍推广使用的为“富兰克林-民生”长效降阻剂。这种降阻剂在固化后本身电阻率很低（约 5Ωm）施用后能显著降低接地体电阻。该降阻剂基本上呈中性，所以，加入接地体周围固化成型后，起到了防腐蚀作用，另外在按地体周围固化成型后，又加大了接地体的截面，所以，能改善接地网的均压效果。

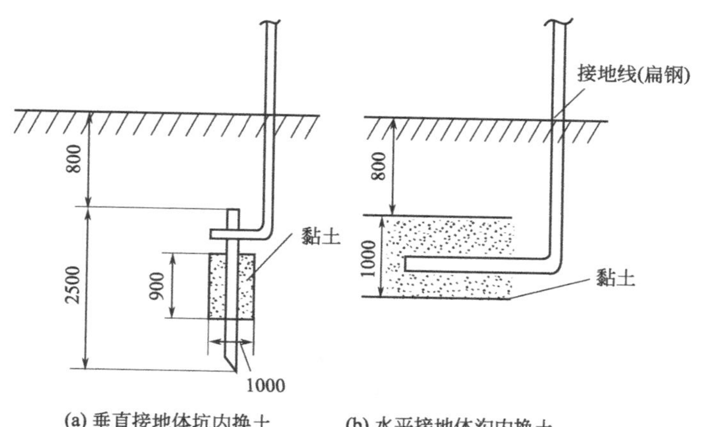

(a) 垂直接地体坑内换土　(b) 水平接地体沟内换土

图 10-17　接地体坑（沟）内换土示意图

10.3 防雷装置

10.3.1 接闪器

避雷针、避雷线、避雷带、避雷网以及建筑物的金属屋面（正常时能形成爆炸性混合物，电火花会引起爆炸的工业建筑物和构筑物的除外）均可作为接闪器。接闪器是利用具有高出被保护物的突出部位，把雷电引向自身，接受雷击放电。

接闪器所用材料的尺寸应能满足机械强度和耐腐蚀的要求，还要有足够的热稳定性，以能承受雷电流的热破坏作用。避雷针、避雷网（或带）一般采用圆钢或扁钢制成，最小尺寸应符合表 10-3 的规定。避雷线一般采用截面积不小于 $35mm^2$ 的镀锌钢绞线。为防止腐蚀，接闪器应镀锌或涂漆，在腐蚀性较强的场所，还应适当加大其截面或采取其他防腐蚀措施。接闪器截面锈蚀 30%以上时应更换。

表 10-3 接闪器常用材料的最小尺寸

<table>
<tr><th rowspan="2">类别</th><th rowspan="2">规格</th><th colspan="2">直径/mm</th><th colspan="2">扁钢</th></tr>
<tr><th>圆钢</th><th>钢管</th><th>截面/mm²</th><th>厚度/mm</th></tr>
<tr><td>避雷针</td><td>针长 1m 以下
针长 1～2m
针在烟囱上方</td><td>12
16
20</td><td>20
25
—</td><td>—
—
—</td><td>—
—
—</td></tr>
<tr><td>避雷网
（或带）</td><td>网格①6m×6m～10m×10m
网（或带）
在烟囱上方</td><td>8
12</td><td>—
—</td><td>48
100</td><td>4
4</td></tr>
</table>

① 对于避雷带，应为邻带条之间的距离。

接闪器的保护范围可根据模拟实验及运行经验确定。由于雷电放电途径受很多因素的影响，要想保证被保护物绝对不遭受到雷击是很不容易的。一般要求保护范围内被击中的概率在 0.1%以下即可。

(1) 避雷针 避雷针一般用镀锌圆钢或镀锌焊接钢管制成，其长度在 1.5m 以上时，圆钢直径不得小于 16mm，钢管直径不得小于 25mm，管壁厚度不得小于 2.75mm。当避雷针的长度在 3m 以上时，可将粗细不同的几节钢管焊接起来使用。避雷针下端要经引下线与接地装置焊接相连。如采用圆钢，引下线的直径不得小于 8mm；如采用扁钢，其厚度不得小于 4mm，截面积不得小于 $48mm^2$。

避雷针的作用是将雷云放电的通路由原来可能向被保护物体发展的方向，吸引到避雷针本身，由它及与它相连的引下线和接地装置将雷电流泄放到大地中去，使被保护物体免受直接雷击。因此，避雷针实际上是引雷针，它把雷电波引来大地，从而保护以上物体。

(2) 避雷网和避雷带 避雷网和避雷带可以采用镀锌圆钢或扁钢。圆钢直径不得小于 8mm；扁钢厚度不得小于 4mm，截面积不

小于 $48mm^2$。装设在烟囱上方时，圆钢直径不得小于 12mm；扁钢厚度不得小于 4mm，截面积不小于 $100mm^2$。

10.3.2　避雷器

避雷器用来防止雷电产生的大气过电压（即高电位）沿线路侵入变、配电所或其他建筑物内，危害被保护设备的绝缘。避雷器应与被保护的设备并联，如图 10-18 所示。当线路上出现危及设备绝缘的过电压时，它就对地放电，从而保护了设备的绝缘。

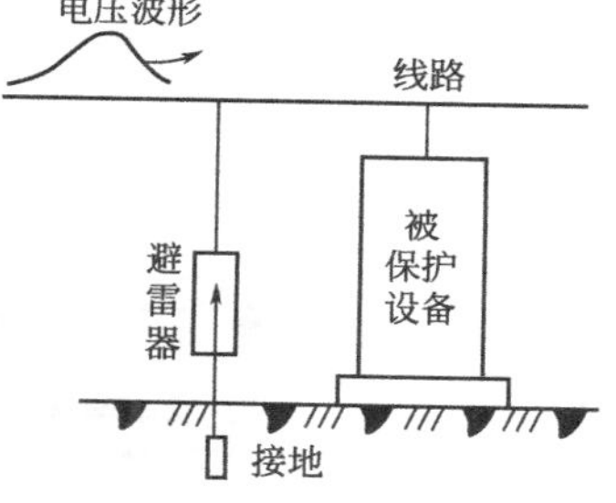

图 10-18　避雷器的连接

避雷器的型式有阀型、排气式和保护间隙等。

(1) 阀型避雷器　高压阀型避雷器和高压阀型避雷器都由火花间隙和阀电阻片组成，装在密封的磁套管内，火花间隙用铜片冲制而成，每对间隙用 0.5～1mm 厚的云母垫圈隔开，如图 10-19(a) 所示。

在正常情况下，火花间隙阻止线路工频电流通过，但在大气过电压作用下，火花间隙就被击穿而放电。阀电阻片由陶料粘固起来的电工用金刚砂（碳化硅）颗粒组成，如图 10-19(b) 所示。它具有非线性特性。正常电压时，阀片的电阻很大；过电压时，阀片的电阻变得很小，如图 10-19(c) 所示。

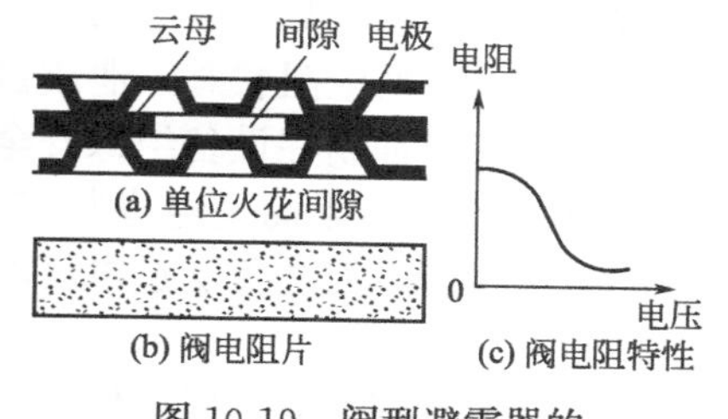

图 10-19　阀型避雷器的组成元件及特性

因此，当线路上出现过电压时，阀型避雷器的火花间隙被击穿，阀片能使雷电流畅通地向大地泄放。而当过电压一消失，线路上恢复工频电压时，阀片便呈现很大的电阻，使火花间隙绝缘迅速恢复，从而保证线路恢复正常运行。

高压阀型避雷器中串联的火花间隙和阀片少，电压升高时，阀型避雷器中串联的火花间隙和阀片也随之增多。

我国生产的FS4-10型高压阀型避雷器和FS-0.38型高压阀型避雷器的结构如图10-20所示。

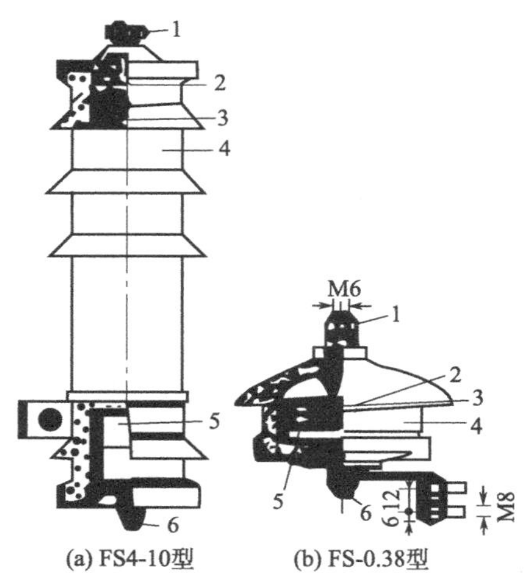

图10-20　高压阀型避雷器结构
1—上接线端；2—火花间隙；3—云母垫圈；4—磁套管；5—阀电阻片；6—下接线端

（2）氧化锌避雷器　氧化锌避雷器由具有较好的非线性伏安特性的氧化锌电阻片组装而成。在正常工作电压下，具有极高的电阻而呈绝缘状态；在雷电过电压作用下，则呈现低电阻状态，泄放雷电流，使与避雷器并联的电器设备的残压，被抑制在设备绝缘安全值以下。待有害的过电压消失后，迅速恢复高电阻而呈绝缘状态，从而有效地保护了被保护电器设备的绝缘性能，使之免受过电压的损害。

它与阀式避雷器相比具有动作迅速、通流容量大、残压低、无续流、对大气过电压和操作过电压都起保护作用、结构简单、可靠性高、寿命长、维护简便等优点。

在10kV系统中，氧化锌避雷器较多地并联在真空开关上，以便限制截流过电压。

由于氧化锌避雷器长期并联在带电的母线上，必然会长期通过泄漏电流，使其发热，甚至导致爆炸，因此，有的工厂已经开始生产带间隙的氧化锌避雷器，这样可以有效地消除泄漏电流。

（3）保护间隙　保护间隙是最简单经济的防雷设备。它的结构十分简单、成本低、维护方便，但保护性能差、灭弧能力小，容易造成接地或短路故障，引起线路开关跳闸或熔断器熔断，造成停电。因此对装有保护间隙的线路，一般要求装设自动重合闸装置（ZCH）或自动重合闸熔断器与它配合，以提高供电可靠性。

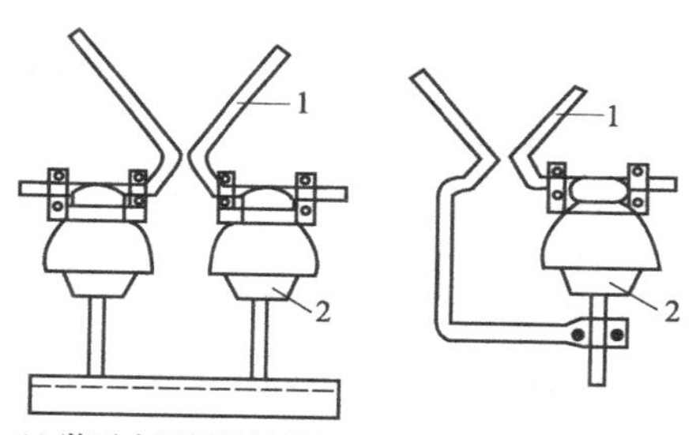

(a) 装于水泥杆的铁横担上　(b) 装于木杆的横担上

图 10-21　角型间隙

1—羊角型电极；2—支持绝缘子

常见的两种角型间隙的结构如图 10-21 所示。这种角型间隙俗称羊角避雷器。角型间隙的一个电极接线路，另一个电极接地，为了防止间隙被外物（如鼠、鸟、树枝等）短接而发生接地，在其接地引下线中通常再串联一个辅助间隙，如图 10-22 所示。这样，即使主间隙被外物短接，也不致造成接地短路事故。

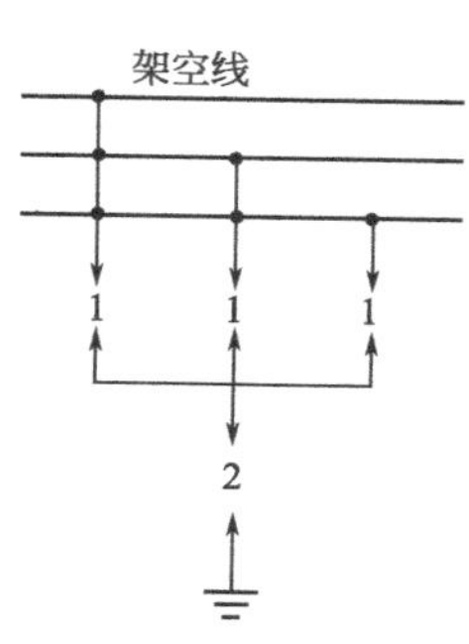

图 10-22　三相角型间隙和辅助间隙的连接

1—主间隙；2—辅助间隙

保护电力变压器的角型间隙，一般都应装在高压熔断器的内侧，即靠近变压器的一边。这样，在间隙放电时熔断器能迅速熔断，以减少变电所线路断路器的跳闸次数，并缩小停电范围。

保护间隙在运行中，应加强维护检查，特别要注意其间隙是否烧毁，间隙距离有无变动，接地是否完好等。

10.3.3 引下线

防雷装置的引下线应满足机械强度、耐腐蚀和热稳定的要求。一般采用圆钢或扁钢，其尺寸和腐蚀要求与避雷带相同。如用钢绞线，其截面不应小于 25mm^2。

引下线应沿建筑外墙敷设，并经短途径接地。建筑有特殊要求时，可以暗敷设，但截面应加大一级。建筑物的金属构件（如消防梯等）可用作引下线，但所有金属构件之间均应连成电气通路。采用多根引下线时，为便于测量接地电阻和检验引下线、接地线的连接情况，应在各引下线距地高约 1.8m 处设置断接卡。

在易受机械损坏的地方，如地面 1.7m 至地面下 0.3m 的一段引下线和接地线，应加竹管、角钢或钢管保护。采用角钢或钢管保护时，应与引下线连接起来，以减小通过雷电流时的阻抗。

互相连接的避雷针、避雷网、避雷带或金属屋面的接地引下线，一般不应少于两根，其间距不应大于表 10-4 所列数值。

表 10-4 引下线之间的距离

建筑物和构筑物类别	工业第一类	工业第二类	工业第三类	民用第一类	民用第二类
最大距离/m	18	24	30	24	—

10.3.4 接地装置

接地装置是防雷装置的重要组成部分，作用是向大地泄放雷电流，限制防雷装置的对地电压，使之不致过高。

防雷接地装置与一般接地装置的要求基本相同，但所用材料的最小尺寸应稍大于其他接地装置的最小尺寸。采用圆钢时最小直径为 10mm；扁钢的最小厚度为 4mm，最小截面为 100mm^2；角钢的最小厚度为 4mm，钢管最小壁厚为 3.5mm。除独立避雷针外，在接地电阻满足要求的前提下，防雷接地装置可以和其他接地装置共用。

为了防止跨步电压伤人，防雷接地装置距建筑物出入口和人行道的距离不应小于3m，距电气设备接地装置要求在5m以上。其工频接地电阻一般不大于10Ω，如果防雷接地与保护接地合用接地装置时，接地电阻不应大于1Ω。

10.4 线路及变压器的防雷措施

10.4.1 架空线路的防雷措施

(1) 装设避雷线 这是一种很有效的防雷措施。由于造价高，只在60kV及以上的架空线路上才沿全线装设避雷线。在35kV及以下的架空线路上一般只在进出变电所的一段线路上装设。

(2) 提高线路本身的绝缘水平 在架空线路上，采用木横担、瓷横担或高一级的绝缘子，以提高线路的防雷性能。

(3) 用三角形顶线作保护线 由于3～10kV线路通常是中性点不接地的，因此，如在三角形排列的顶线绝缘子上装以保护间隙，如图10-23所示，这在雷击时，顶线承受雷击，间隙被击穿，对地泄放雷电流，从而保护了下面的两根导线，一般也不会引起线路跳闸。

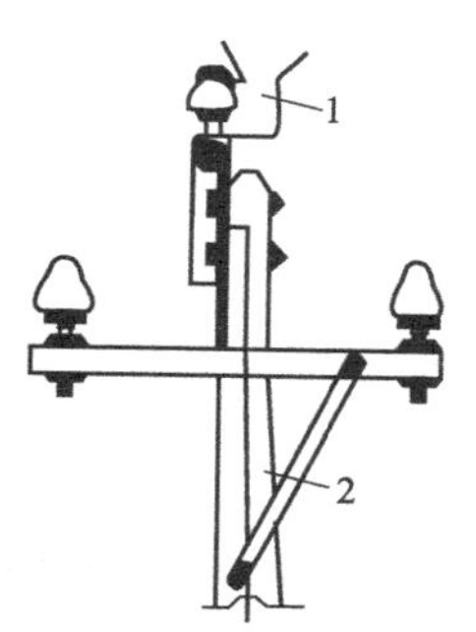

图10-23 顶相绝缘子附有保护间隙

1—保护间隙；2—接地线

(4) 装设自动重合闸装置或自动重合熔断器 线路上因雷击放电而产生的短路是由电弧引起的，线路断路器跳闸后，电弧就熄灭了。如果采用一次自动重合闸装置，使开关经0.5s，或更长一点时间自动合闸，电弧一般不会复燃，从而能恢复供电。也可在线路上装设自动重合熔断器，如图10-24所示。当雷击线路使常用熔体熔断而自动跌开时(其结构、原理与跌落式熔断器相同)，重合曲柄借助这一跌落的重力而转动，使重合触点闭合，备用熔体投入运行，恢复线路供电。供电中断时间大致只有0.5s，对一般用户影响不大。

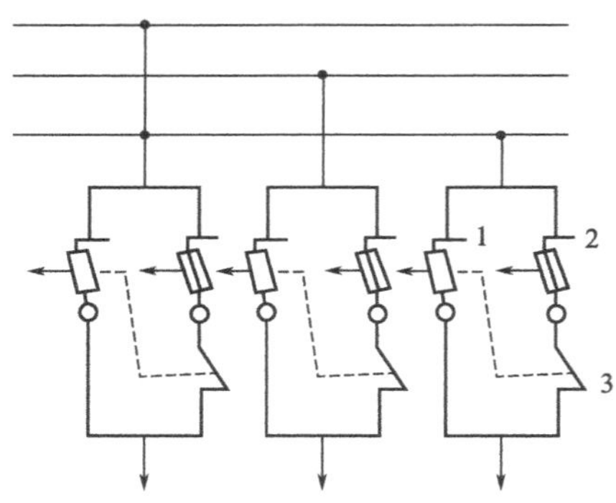

图 10-24 一次自重合熔断器原理图
1—常用熔体；2—备用熔体；3—重合熔点

(5) 装设避雷器和保护间隙 用来保护线路上个别绝缘最薄弱的部分，包括个别特别高的杆塔、带拉线的杆塔、木杆线路中的个别金属杆塔或个别铁横担电杆以及线路的交叉跨越处等。

10.4.2 变、配电所的防雷措施

(1) 装设避雷针 用来保护整个变、配电所建（构）筑物，使之免遭直接雷击。避雷针可单独立杆，也可利用户外配电装置的架构或投光灯的杆塔。但变压器的门型构架不能用来装设避雷针，以免雷击产生的过电压对变压器放电。避雷针与配电装置的空间距离不得小于 5m。

(2) 高压侧装设阀型避雷器或保护间隙 主要用来保护主变压器，以免高电位沿高压线路侵入变电所，损坏变电所这一最主要的设备，为此，要求避雷器或保护间隙应尽量靠近变压器安装，其接地线应与变压器高压中性点及金属外壳连在一起接地，如图 10-25 所示。

35/10kV 配电装置对高电位侵入的防护接线示意如图 10-26 所示。在每路进线终端和母线上，都装有阀型避雷器。如果进线是具有一段电缆的架空线路，则阀型或排气式避雷器应装在架空线路终端的电缆终端头处。

(3) 高压侧装设阀型避雷器或保护间隙 主要在多雷区使用，

以防止雷电波由高压侧侵入而击穿变压器的绝缘。当变压器高压侧中性点不接地时，其中性点也应加装避雷器或保护间隙。

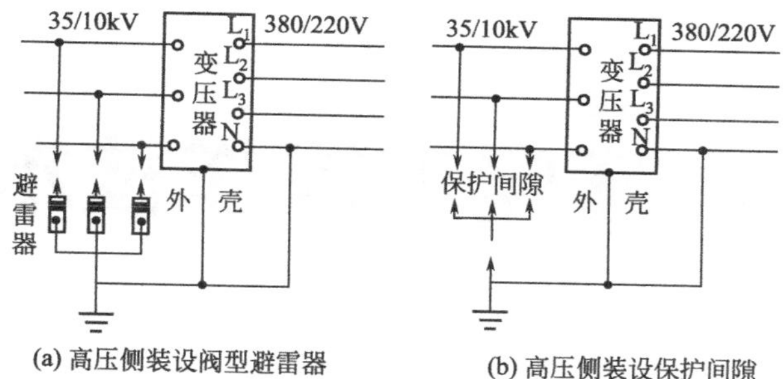

图 10-25 电力变压器的防雷保护

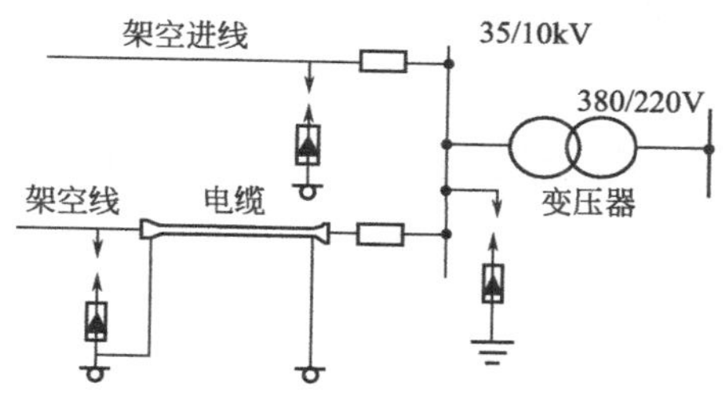

图 10-26 配电装置防止高电位侵入的接线示意图

第11章 高压电工操作技术

11.1 绝缘电阻的测试方法

11.1.1 变压器、电压互感器绝缘电阻的测试方法

（1）测试项目及标准 变压器、电压互感器绝缘电阻测试的项目及合格标准是相同的。

测试项目是高压绕组对于低压绕组与外皮间的绝缘电阻以及低压绕组对于高压绕组与外皮间的绝缘电阻。

测试合格的标准是：

① 这次测得的绝缘电阻值与上次测得的数值换算到同一温度下相比较，这次测得的数值比上次数值不得降低30%。

② 一次侧额定电压为10kV的变压器、电压互感器，其绝缘电阻的最低合格值和温度有关，可参照表11-1。

表11-1 变压器绝缘电阻与测试时温度的关系

温度/℃	0	20	30	40	50	60	70	80
绝缘电阻 R_{60}/MΩ	450	300	200	130	90	60	40	25

③ 吸收比 R_{60}/R_{15}，在10～30℃时应为1.3及以上。

（2）使用器材

① 10kV的变压器及电压互感器要选用2500V的兆欧表。

② 裸导线若干米，用来短接各相连接点以及作为屏蔽用导线（绕在瓷套管的裙上）。

③ 带绝缘柄的电工工具，放电棒。

(3) 接线方法 如图 11-1 所示，其中图（a）为摇测高压绕组对低压绕组以及外皮（以下简称对地）的接线图；图（b）为摇测低压绕组对高压绕组及外皮的接线图。

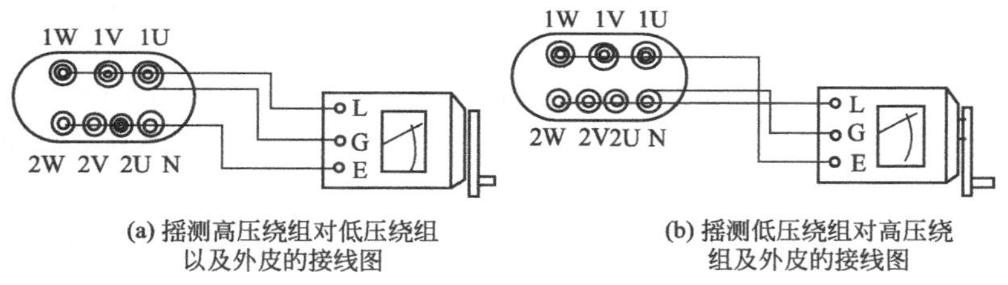

(a) 摇测高压绕组对低压绕组以及外皮的接线图

(b) 摇测低压绕组对高压绕组及外皮的接线图

图 11-1 变压器及互感器绝缘电阻测试接线图

为防止摇测时瓷套管表面漏电电流影响到测试结果，可在泄漏电流经过的各个途径上，即在各有关瓷套管的绝缘瓷裙上用裸导线缠绕几匝之后，再用绝缘导线接在兆欧表的 G（屏蔽）接线柱上。

(4) 操作步骤

① 将瓷套管擦干净，并检查兆欧表。

② 按照上述接线图接线。

③ 两人操作，一人转动兆欧表手柄，另一人用绝缘物将 L 端测试线挑起，将兆欧表摇至 120r/min，指针指向∞。

④ 将 L 测试线接在变压器出线端（又称连接点），在 15s 时读取一数（R_{15}），在 60s 时再读一数 R_{60}，记录摇测数据。

⑤ 撤出 L 测试线再停摇。

⑥ 必要时用放电棒将变压器绕组对地进行放电。

⑦ 再摇测另一项目。

⑧ 记录变压器温度。

⑨ 摇测工作全部结束以后，拆下相间短路线，恢复原状。

(5) 安全注意事项

① 已运行的变压器或者电压互感器，在摇测前，必须严格执

行停电、验电、挂地线等规定。还要将高、低压两侧的母线或导线拆除。

② 必须两人或者两人以上来完成上述操作。

11.1.2 并联电容器绝缘电阻测试

(1) 测试项目及标准 测试项目仅有极对壳一项（电容器三个连接点，单相为两个连接点用导线连在一起作为一方，外壳作为另一方）。

额定电压在 1kV 及以下的并联电容器，摇测时使用 1000V 或有 1000MΩ、2000MΩ、3000MΩ 刻度线的 500V 的兆欧表；额定电压在 3kV 及以上的，则使用 2500V 的兆欧表。

不管低压电容器还是高压电容器，其绝缘电阻的最低合格值都是一样的，旧规程中对交接试验和预防性试验其最低合格值不同，前者为 2000MΩ，后者为 1000MΩ。新规程则都规定为 3000MΩ。

(2) 使用器材

① 兆欧表一只，额定电压为 1000V 或 2500V 的。

② 放电棒两根。

③ 低压的或高压的一副绝缘手套，低压绝缘手套为摇测低压电容器用，高压绝缘手套为摇测高压电容器用。

④ 放电灯，将两只同瓦数的 220V 白炽灯串联，两端引线的端部，线芯裸露。这可用于低压并联电容器的放电。

⑤ 裸导线，用于连接已彻底放过电的各电极。

⑥ 绝缘棒或电工带绝缘手柄的工具，用来支持兆欧表 L 极引出的测试线的测试端。

⑦ 电工工具，用来拆、装导线的连接点。

(3) 接线图 如图 11-2 所示。

(4) 操作步骤

① 被测电容器经过停电、验电后，还要进行人工放电，首先是逐极对壳放电，其次进行极间放电。放电可用放电棒进行，单极对地放电用一根放电棒即可，极间放电则要用两根分别接地的接地棒。人工放电必须充分、反复进行，直到没有放电的火花和声响为止。一旦放完电，立即用裸导线将各极连在一起。

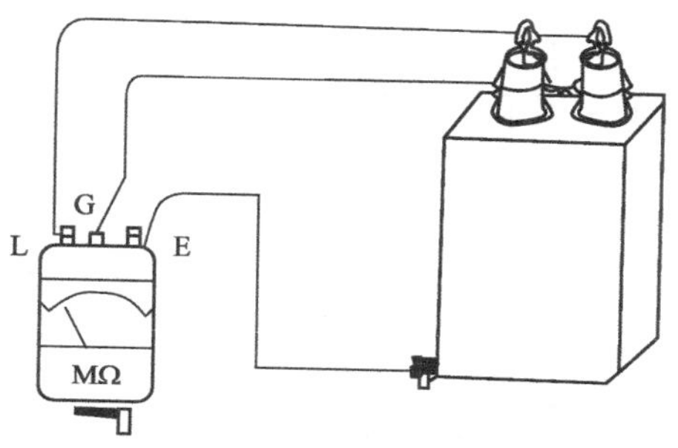

图 11-2 并联电容器绝缘电阻测试接线图

② 检查兆欧表，按图 10-2 接线，但 L 测试线先用绝缘物挑起。

③ 两人操作，将兆欧表摇至 120r/min，表针指∞。然后，将 L 测试线接触电容器电极，在 120r/min 摇速下经 1min 读数。

④ 离开 L 测试线再停摇。

⑤ 将电容器进行极对壳放电。

⑥ 记录电容器温度数值。

⑦ 测试完毕，拆除极间短路线，恢复原状。

（5）安全注意事项

① 两人操作，电容器的接线、拆线需要戴绝缘手套。

② 摇测前、摇测后都要进行彻底地放电。

③ 为了保证兆欧表的安全，一定要做到：摇起来再触接 L 线，读数后先分开 L 线再停摇。

④ 对于放电装置已失效的电容器，停电后有可能储有较多的残余电荷，在进行极间人工放电时，要通过电阻进行，以防止放电电流过大。然后再甩掉电阻直接短路放电，进行彻底放电。

⑤ 放电时勿在电容器出线螺杆上进行，以免放电火花击坏螺纹。

11.1.3 阀型避雷器绝缘电阻测试

（1）测试项目及标准 在 10kV 配电设备装置中，目前主要使用 FS 或 FZ 两种型号的避雷器。FS 是火花间隙无并联电阻的阀型避雷器，绝缘电阻一般在 10000MΩ 以上，最低不能低于 5000MΩ，线路用避雷器最低不能低于 2500MΩ。通过绝缘电阻测试来判断避雷器是否由于密封不良而引起内部受潮。FZ 型避雷器是火花间隙带有并联电阻的阀型避雷器，通过绝缘电阻进行测试，除检查内部是否受潮外，还要检查并联电阻有无断裂、老化现象。如果受潮，则绝缘电阻显著下降，若并联电阻断裂、老化，则绝缘电阻会比正常值大得多，FZ 型避雷器绝缘电阻的最低合格值不作具体规定，只能是相同规格型号的避雷器相互比较或与前一次测量值进行比较。测试的绝缘电阻值，实际是并联电阻本身的阻值，此电阻值受温度影响而变化，其温度在 5～35℃ 范围内，阻值变化较小，因此要求摇测时室温不能低于 5℃。

(2) 使用器材

① ZC 系列，额定电压为 2500V，量限为 10000MΩ 以上的兆欧表一只。

② 测试时用绝缘棒一套。

③ 接地用多股软铜芯线（截面为 4～6mm^2 塑料或其他绝缘铜芯导线）若干米。

(3) 接线图方法 如图 11-3 所示。

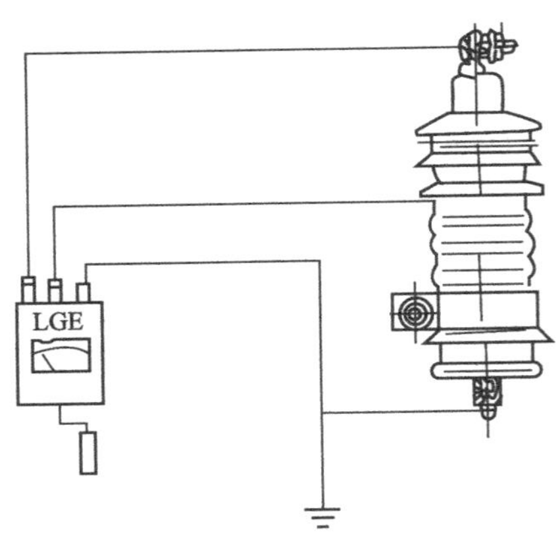

图 11-3 阀型避雷器绝缘电阻测试接线图

(4) 操作步骤

① 将避雷器停止运行，停电拆除电源侧连线。

② 用干净布将瓷套擦干净。

③ 将兆欧表置于水平位置，并检查兆欧表的完好情况（外观检查及开路、短路试验）。

④ 按图 11-3 接线。

⑤ 转动摇表至额定转速（120r/min），当指针稳定后读取数值。

⑥ 拆除连线，测试完毕。

如避雷器进行工频放电试验，则在工频放电前、后，均需测试绝缘电阻。

(5) 安全注意事项

① 必须在停电的情况下测试，测试工作中应注意保持与带电设备的安全距离。

② 测试绝缘电阻不合格的避雷器，不允许再投入运行，应进一步检查。

③ 测试时为降低瓷件表面泄漏电流的影响，可用软裸导线在瓷套裙部缠绕几圈（靠近测量部位的上瓷裙处），并且用绝缘导线引接于兆欧表的“屏蔽”（G）端上。

11.1.4 母线系统绝缘电阻测试

(1) 测试项目及标准 10kV 配电设备装置母线系统绝缘电阻的测试，除变压器、油浸电抗器、电压互感器、避雷器以及进出线电缆外，可将同一系统的断路器、隔离开关和电流互感器一起进行摇测。通常在母线系统耐压试验前、后分别测量并加以比较。由于绝缘电阻值与母线系统的大小有关，因此对绝缘电阻合格值标准不作规定，根据经验要对于长度小于 10m 的母线系统，在交接试验中各相对地及相间绝缘电阻不应小于 500MΩ，在耐压试验前、后不应有明显差别。运行中预防性试验，母线各相对地及相间绝缘电阻一般最低不能小于 300MΩ 并应与交接试验及历年大修前后的绝缘电阻值进行比较。

(2) 使用器材

① ZC 系列（ZC-7 或 ZC30-1 等）携带型兆欧表 I 块额定电压

为 2500V 或 5000V，最大为 10000MΩ。

② 专用测试绝缘棒一套。

③ 接地用多股软铜芯塑料或者其他绝缘导线（截面为 4～6mm²）若干米。

(3) 接线方法 如图 11-4 所示。

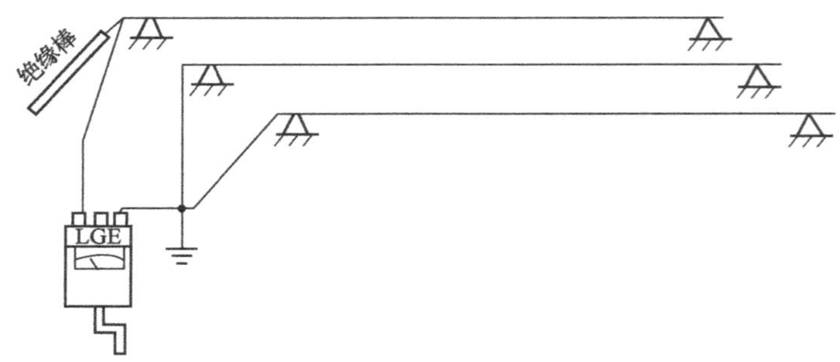

图 11-4 母线绝缘电阻测试接线图

(4) 操作步骤

① 执行停电安全技术措施，确保母线系统确实无电。

② 拆除被测试母线系统所有对外连线（包括进线和出线电缆头）。

③ 应用干燥、清洁、柔软的布，擦净瓷瓶和绝缘连杆等表面的污垢，应及时用去垢剂洗净瓷瓶表面的积污。

④ 兆欧表水平放置，在接线前先做仪表外观检查及开路和短路试验，确认兆欧表完好。

⑤ 按图 10-4 接线，转动兆欧表达额定转速至 120r/min，待指针指向∞时，然后用测试绝缘棒，将兆欧表火线（L 线）接至被测母线上，转速保持不变，待读数稳定，读取绝缘电阻值之后首先断开火线，然后再将兆欧表停止转动，以免母线系统分布电容在测量时所充的电荷经兆欧表放电而损坏兆欧表。

⑥ 利用放电棒，对被测母线进行放电。

⑦ 按上述操作步骤分别测量 L1 对 L1＋L3 及地，L2 对 L1＋L3 及地，L3 对 L1＋L2 及地的三相母线绝缘电阻值。如摇测的绝缘电阻值过低或三相严重不平衡时，应进行母线分段、分柜的解体

试验，找出绝缘不良部分。

(5) 安全注意事项

① 摇测母线系统绝缘必须是在断开所有母线电源的情况下进行（进线电源电缆必须停电）。

② 分段母线摇测绝缘电阻，如果一段母线已正式送电，需对另一段母线测试绝缘时，在它们之间的距离只有一个隔离开关相隔离的情况下，不能进行测试工作。

③ 每次摇测完毕后应充分放电，此项操作应使用绝缘工具（如绝缘放电棒、绝缘钳等），不得用手直接接触放电导线。

④ 阴雨潮湿的气候及环境湿度太大时，不能进行测试，测试环境温度一般不应低于5℃。

⑤ 每次测试应使用相同型号及规格的兆欧表。

11.1.5　电力电缆绝缘电阻测试

(1) 摇测项目及合格标准　摇测相间及对地（铅包、铝包、金属铠装即为地）的绝缘电阻值，即U—V、W、地；V—U、W、地；W—U、V、地共三次。

电缆的绝缘电阻值与电缆芯线的截面积、电缆长度等因素有关，因而对其合格值难以规定统一的标准。在实践中，经常将以下标准作为合格的参考依据。

① 长度在500m及以下的10kV电力电缆，用2500V兆欧表摇测，在电缆温度为＋20℃时，其绝缘电阻值一般不应低于400MΩ；实际温度不是＋20℃时，应将测出的数值换算到＋20℃时的数值。

② 三相之间，绝缘电阻值应比较一致，若不一致，则不平衡系数不得大于2.5。

③ 测定值与上次测定的数值，换算到同一温度下，其值不能下降30％以上。

(2) 使用器材

① 2500V兆欧表一只（带有测试线）。

② 放电棒两根。

③ 绝缘手套一副。

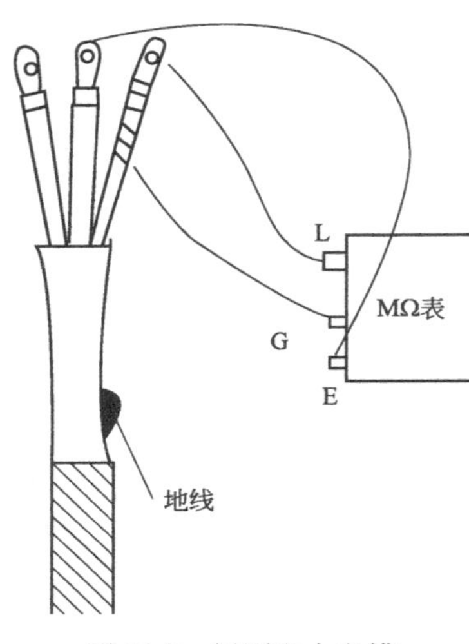

图 11-5 摇测电力电缆绝缘电阻

④ 裸铜线一段。

(3) 接线方法 如图 11-5 所示。

(4) 安全注意事项

① 被测试电缆停止运行，并且可靠地脱开电源，并经验电无误后，必须对地和相间进行反复地放电。每测试完一项也必须进行彻底放电。

② 电缆的另一端也必须做好安全措施，不要使人接近被测电缆，更不能造成反送电事故。

③ 为保证人身安全，测试工作最少由两人进行，做可能接触电缆的工作，必须戴绝缘手套。

④ 为保证仪表安全，要做到兆欧表 L 端子引线，在表摇至 120r/min 后，再接被测电缆芯线，撤开此引线后方可停止摇动手柄。

11.2 断路器导电回路电阻测试方法

测试断路器每相导电回路电阻值是断路器安装、检修、质量验收的一项重要环节。断路器导电回路电阻过大，容易使断路器在通过正常工作电流时发热，在通过故障短路大电流时影响切断性能。

11.2.1 准备工作

① 对于新装断路器，首先查阅生产厂家说明书及出厂试验证明资料，了解断路器主要技术性能和导电回路电阻值，对于检修后的断路器，要查明上一次检修后的测试结果，便于结合实际进行比较。

② 在现场再次检查仪表和导线是否完好，仪表要放平稳，导线截面保证足够大，接触要良好。

③ 检查被测断路器上、下、左、右环境情况，确保无误后，清除断路器连接点油污，确保无碳化物。

11.2.2 标准

常用的 10kV 断路器。每相导电回路电阻值，参见表 11-2。

表 11-2　断路器一相导电回路电阻值

断路器型号	额定电流/A	接触电阻/μΩ	断路器型号	额定电流/A	接线电阻/μΩ
SN1-10	400/600	95	SN10-10Ⅰ	600	100
SN2-20	600/1000	75	SN10-10Ⅱ	1000	50
SN3-10	2000/3000	26/16	DN1-10	200	350
SN4-10	4000/5000	50/60	DN1-10	400/600	180/150
SN4-10G	5000/6000	20	ZN-10	1000	80
SN5-10	600	100	ZN-10	600	100
SN6-10	600/100	80	ZN4-10/1000-16	1000	100
SN8-10	600/1000	100			

11.2.3 使用器材

断路器导电回路接触电阻采用直流双臂电桥测试比较准确。

① 直流双臂电桥。

② 测试用导线以及接线工具。

11.2.4 采用直流双臂电桥测试断路器接触电阻的接线方法

接线方法如图 11-6 所示。

11.2.5 操作步骤

① 使断路器处于合闸状态。

② 按图纸接线。

③ 按电桥说明书规定的方法逐步进行测试。

④ 如有必要，可分、合断路器，测得三次数据，取平均值。

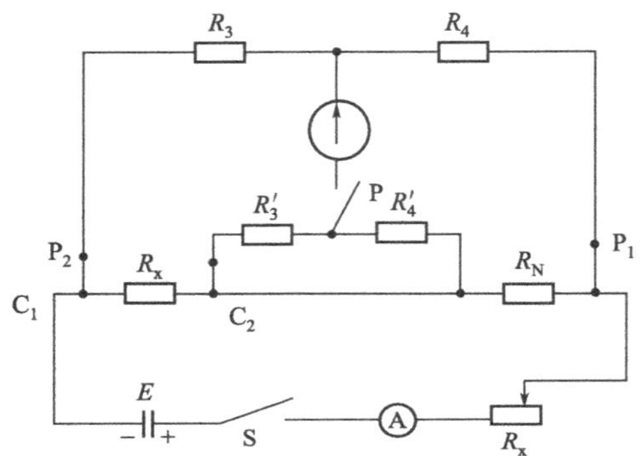

图 11-6 双臂电桥测试断路器接触电阻的接线

P—检流计；R_x—被测接触电阻；P_1,P_2—电压接头；C_1,C_2—电流接头；R_N—标准电阻

11.2.6 注意事项

① 测试前，检查并确认断路器调度编号无误，断路器主回路不带电。

② 测试后，测试用导线及时摘除断路器应恢复原来位置。

③ 如果采用电流表、电压表法测试，应注意，必须在电流回路接通后再接入电压表。在测试过程中，应注意防止断路器突然分闸，避免损坏电压表（毫伏表）。

11.2.7 处理

经过测试比较，如发现断路器导电回路接触电阻过大，要及时认真处理。处理时应注意：

① 对于触头麻点及寝面烧损痕迹，可用细锉或零号细砂纸磨光，如烧损严重，应考虑更换触头。

② 触头弹簧压缩力要均衡，压缩力不够大的要更换。

③ 与触头连接的各相关零件，应当安装牢固、紧密。

④ 动静触头中心，要与生产厂家要求保持一致。

11.3 接地电阻和土壤电阻率的测量方法

11.3.1 接地电阻的测量

（1）准备工作

① 将被测的设备与电源断开，然后做好相应的安全措施。

② 准备常用的工具和材料。

③ 准备好接地电阻测试仪和附件。

④ 选适当的位置，按要求距离打好接地电阻测试仪的钢钎（辅助极）。

⑤ 将被测设备的接地线拆下来进行测量。

⑥ 接地电阻测试仪进行短路试验（将C、P、E用铜线短接起来摇动仪表手把，检查表针偏转角度），用来证实测试仪完好。

（2）使用器材

① ZC-8或ZC-29型接地电阻测试仪一台。

② 辅助接地钢钎两根（仪器本身附带）。

③ 塑料绝缘软铜线三根，分别为40m、20m和5m，分三种颜色（红、黄、黑）。

④ 电工使用的工具和锤子。

（3）标准

① 电力供电系统中常用接地装置的工频接地电阻

a. 保护接地应在4Ω及以下。

b. 工作接地应在4Ω及以下。

c. 重复接地应在10Ω及以下。

② 防雷保护的接地装置工频接地电阻

a. 独立避雷针10Ω及以下。

b. 架空避雷线，根据土壤电阻率的不同，接地线电阻为10～30Ω。

c. 变、配电所母线上阀型避雷器的接地线电阻5Ω及以下。

d. 变电站架空进线段上的管型避雷器电阻应在10Ω及以下。

e. 低压进户线绝缘子铁脚接地的接地线电阻 30Ω 及以下。

f. 烟囱或水塔上避雷针的接地引下线接地电阻值应在 10～30Ω。

(4) 接线 接地电阻的测量，其接线如图 11-7 所示。

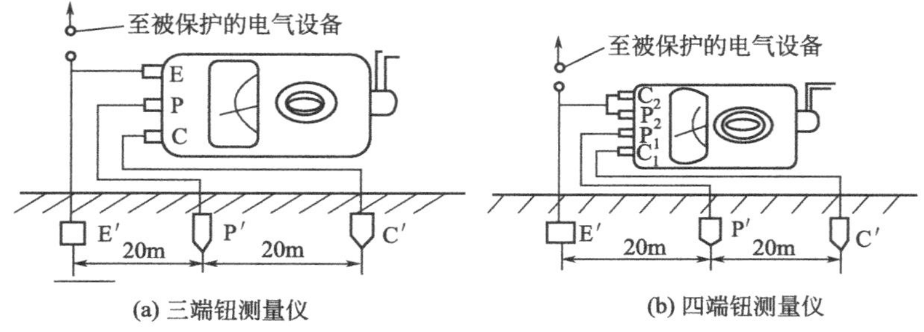

(a) 三端钮测量仪　　(b) 四端钮测量仪

图 11-7 测量接地电阻的接线

(5) 测试步骤

① 按图接线，放于接地电阻测试仪，调整机械调零旋钮，使检流计指针指在中心线 0 位上。

② 检查测试线并要求分布于一条直线上，测试探针深度是否满足其长度的$\frac{1}{3}\sim\frac{1}{2}$。

③ 选择适当倍率，转动测量标度盘的同时摇动手把。观测指针偏转角度，当指针近于 0 位时，以 120r/min 的转速摇动手把，调节测量标度盘，使指针指到零位。

④ 读数，将测量标度盘的指示值乘以倍率就得到被测接地装置的接地电阻值。

⑤ 拆除测量线，恢复接地装置的连接线，检查是否接触良好，收好测试仪准备下次测量。

(6) 安全注意事项

① 严禁带电测试接地装置的接地电阻值。

② 测量时，测试用探针要选择土壤较好的地段，如测量时发现表针指示不稳，可适当调整埋入地中的探针（辅助极钢钎）的深度，或在地中浇入适量的水，假如无效，说明该地下有其他管道或

电缆，应另选合适的地段。

③ 接地电阻测试仪不准开路摇动手把，要不然将损坏接地电阻测试仪。

11.3.2 土壤电阻率的测量

(1) 准备工作

① 检查接地电阻测试仪外观是否良好。

② 准备必要的工具、材料，例如锤子、铁锹等。

③ 对接地电阻测试仪进行短路试验，证明良好即可使用。

(2) 使用器材

① 适当长度的测试线。

② 钢钎四根。

③ 接地电阻测试仪（应使用有 4 个接线端钮的）。

④ 电工常用的工具，有钳子、改锥等。

(3) 标准 土壤电阻率与接地装置的接地电阻值的要求有关，接地装置的接地电阻 20Ω 以下，土壤电阻率为$(5\sim10)\times10^2\Omega\cdot m$；接地装置的接地电阻 30Ω 以下，土壤电阻率为 $20\times10^2\Omega\cdot m$。

(4) 接线方法 测量土壤电阻率按图 11-8 所示接线。

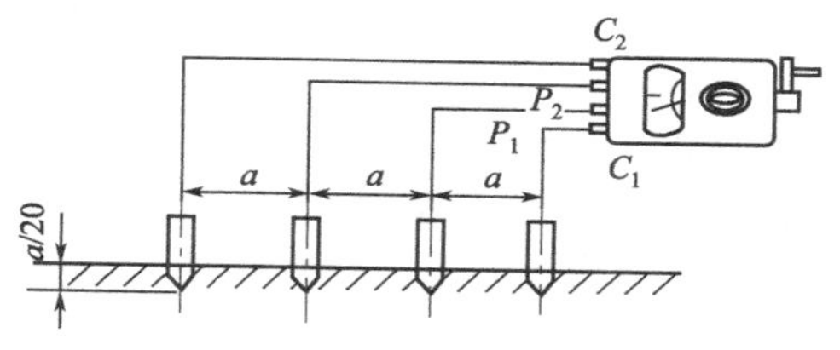

图 11-8 土壤电阻率测量

(5) 操作步骤 测量土壤电阻率时，将被测地区沿直线埋入地下四根探针（辅助极钢钎），相互之间的距离为 a，探针的埋入深度为距离 a 的$\frac{1}{20}$。

具体测量方法与测量接地电阻时相同。

被测地区的平均电阻率，可按下式计算：

$$p=2\pi aR$$

式中 ρ——实测土壤电阻率，Ω·m；

π——圆周率；

R——接地电阻测试仪的读数，Ω；

a——四探针之间的距离，m。

(6) 安全注意事项 在测试仪未接线时，不能手摇接地电阻测试仪的手把，测试时应将表放平，否则影响测量的准确。

11.4 高压系统接地故障的处理

10kV 系统多为不接地系统，在变、配电所中常常都装有绝缘监视装置。这套装置是由三相五柱式电压互感器、电压表、转换开关、信号继电器组成的。

11.4.1 单相接地故障的分析判断

① 10kV 系统发生一相接地时，接在电压互感器二次开口三角形两端的继电器发出接地故障的信号。值班人员根据信号指示宜迅速判明接地故障发生在哪一段母线，在母联断路器处于合闸的状态下，可以考虑断开母联断路器，并通过电压表的指示情况，判明接地故障发生在哪一相。

② 当系统发生单相接地故障时，故障相电压指示会有所下降，非故障相电压指示升高，电压表指针随故障发展而左右摆动。

③ 弧光性接地，接地相电压表指针摆动较大，非故障相电压指示升高。

11.4.2 处理步骤及注意事项

(1) 处理步骤

① 查找接地，原则上首先检查变、配电所内设备状况是否发生异常，判明接地故障点部位。检查的重点是有无瓷绝缘损坏、小动物电死后来移开以及电缆终端头有无击穿现象等。

② 变、配电所内未查出故障点，随后可通过试拉各路出线断路器的方法，查找出线故障。试拉路时，可根据现场规程的规定，

首先试拉不重要的出线，对重要负荷尽可能采取倒路方式，维持运行。

③ 如试拉出线断路器时，发现故障发生在电缆出线，可采用电桥环线法接线以及直流冲击法检查RA接地点。

④ 如试拉出线断路器，发现接地故障发生在出线架空线上，可派人沿线查找，以便从速处理。

(2) 注意事项

① 查找接地故障时，禁止用隔离开关直接断开故障点。

② 查找接地故障时，必须由两人协同进行，并穿好绝缘靴，戴绝缘手套，需要使用绝缘拉杆等安全用具，防止跨步电压伤人。

③ 系统接地时间，原则上不应超过2h，否则，有可能烧毁电压互感器。

④ 发现接地故障应马上报告供电局。

⑤ 通过拉路试验，确认与接地故障无关的回路应恢复运行，而故障路必须待故障消除后方可恢复运行。

11.5 高压电度计量装置的故障判断和测试技术

高压电度计量装置，是计量高压变、配电所有功、无功电能量的仪器设备的总称。高压电度计量装置包括：高压电压互感器及其控制与保护设备，如隔离开关，高、低压熔断器，电流互感器，有功电度表，无功电度表，峰、谷电度表，电力定量器及专用接线端子排、端子盒，二次线等。

目前，供电部门按照用户变、配电所的用电性质及规模，对用户提出配置不同型号国家定型的高压计量柜的要求。但是，如果以此作为向用户收取电费依据时，应将产权交给供电局而且由供电局负责定期校验和维护。

如果是用户内部的车间变电站、分厂变电站或各高压馈线柜安装的高压电度计量装置，产权则由用户所有，维护与校验也由用户负责，这样高压电度计量装置的故障判断和测试技术对用户高压电工来说，也是存在实用价值的。

11.5.1 高压电度计量装置常见故障的种类

运行中高压电度计量装置，发生错误计量和计量设备损坏等均属于计量装置的故障，例如：电度表错接线、互感器烧毁、电度表烧毁以及电压互感器熔丝熔断等都是高压电度计量装置的故障，常见的故障如下。

① 电度表和互感器烧坏。

② 计量用电压互感器熔丝熔断一相。

③ 计量用电压互感器熔丝熔断二相或三相。

④ 计量用电流互感器一相二次侧出现开路。

⑤ 计量用电流互感器两相二次侧出现开路。

⑥ 电流互感器极性接错。

⑦ 电度表按逆相序入表。

⑧ 电度表电压线圈相位或极性接错。

⑨ 电度表电流线圈相位或极性接错。

⑩ 电度表倍率算错或漏乘倍率。

此外，还有电度表本身的故障，例如电度表潜动、自走、计度器（字车）卡住等。

11.5.2 高压电度计量装置的故障判断

高压电度表计量不准确，主要是高压计量装置故障造成的。在实际工作中把上述故障现象总称为电度表的错接线。其后果是，电度表不走或转速慢、少计电量，严重时甚至会造成设备烧毁事故(例如，电流互感器二次回路开路，而且较长时间未进行处理)。为了保证电度计量的正确性和安全可靠地运行，应通过对电度计量装置的定期校验和经常性的检查来判断电度计量装置的故障，根据故障类别，将电度表错误计量的电度数乘以更正系数来获得正确值。电度表各种错接线对电度计量误差的影响和更正系数可参考表 11-3。

对于高压供电、低压计量的用户，电度计量应采用三相三元件有功电度表计量有功电量，当发现错误接线时，可参考表 11-4 查出错接线的更正系数以算出正确电量值。

表 11-3 三相三线二元件电度表错误接线更正系数（感性平衡负荷时）

错误接线性质	错误接线情况下各元件的情况						更正系数
	第一元件						
	电压	电流	功率	电压	电流	功率	
U相电压断路	0	I_0	0	U_{WV}	I_W	$UI\cos(30°-\varphi)$	$2\sqrt{3}$
U相电流断路或短路	U_{UV}	0	0	U_{WV}	I_W	$UI\cos(30°-\varphi)$	$\sqrt{3}+\tan\varphi$
U相电压互感器极性接反	U_{VD}	I_0	$-UI\cos(30°+\varphi)$	U_{WV}	I_W	$UI\cos(30°-\varphi)$	$\sqrt{3}$
U相电流互感器极性接反	U_{UV}	$-I_U$	$-UI\cos(30°+\varphi)$	U_{WV}	I_W	$UI\cos(30°-\varphi)$	$\tan\varphi$
W相电压断路	U_{UV}	I_U	$UI\cos(30°+\varphi)$	0	I_W	0	$2\sqrt{3}$
W相电流断路或短路	U_{UV}	I_U	$UI\cos(30°+\varphi)$	U_{WV}	0	0	$\sqrt{3}+\tan\varphi$
W相电流互感器极性接反	U_{UV}	I_U	$UI\cos(30°+\varphi)$	U_{VW}	I_W	$-UI\cos(30°-\varphi)$	$-\frac{\sqrt{3}}{\tan\varphi}$
W相电流互感器极性接反	U_{UV}	I_U	$UI\cos(30°-\varphi)$	U_{WV}	$-I_W$	$UI\cos(30°-\varphi)$	
V相电流断路或短路	$\frac{U_{UW}}{2}$	I_U	$\frac{1}{2}UI\cos(30°-\varphi)$	$\frac{U_{WU}}{2}$	I_W	$\frac{1}{2}UI\cos(30°+\varphi)$	2
V相电流断路或短路	U_{UV}	$\frac{I_{WU}}{2}$	$\frac{\sqrt{3}}{2}UI\cos(60°+\varphi)$	U_{WV}	$\frac{I_{WU}}{2}$	$\frac{\sqrt{3}}{2}UI\cos(60°-\varphi)$	
U、W相电压均接反或互感器极性均接反	U_{VD}	I_U	$-UI\cos(30°+\varphi)$	U_{VW}	I_W	$-UI\cos(30°-\varphi)$	-1

续表

错误接线性质	错误接线情况下各元件的情况						更正系数
	第一元件						
	电压	电流	功率	电压	电流	功率	
U、W相电流均接反或互感器极性接反	U_{UV}	$-I_U$	$-UI\cos(30°+\varphi)$	U_{WV}	$-I_W$	$-UI\cos(30°-\varphi)$	-1
电压U、V、W分别接入V、W、U	U_{VD}	I_U	$-UI\cos(90°-\varphi)$	U_{DW}	I_W	$-UI\cos(30°+\varphi)$	$\frac{2}{\sqrt{3}\tan\varphi-1}$
电压U、V、W分别接入W、U、V；电流互感器极性接反	U_{WU}	I_U	$UI\cos(30°-\varphi)$	U_{VD}	$-I_W$	$UI\cos(90°-\varphi)$	$\frac{2}{\sqrt{3}\tan\varphi-1}$
电压U、V、W分别接入V、U、W	U_{VD}	I_U	$-UI\cos(30°+\varphi)$	U_{WV}	I_W	$UI\cos(30°+\varphi)$	电表不转无更正系数
电压U、V、W分别接入V、U、W	U_{UW}	I_U	$UI\cos(30°-\varphi)$	U_{VW}	I_W	$-UI\cos(30°-\varphi)$	电表不转无更正系数
电压U、V、W分别接入W、V、U	U_{WV}	I_U	$UI\cos(90°+\varphi)$	U_{UV}	I_W	$-UI\cos(30°-\varphi)$	电表不转无更正系数
U、W相电流互相接反	U_{UV}	I_U	$UI\cos(90°-\varphi)$	U_{WU}	I_W	$-UI\cos(30°-\varphi)$	电表不转无更正系数

注：1. φ 为负荷功率因数角。

2. 正确电度数可用误接线情况下记录的电度数乘以更正数。

表 11-4　三相四线三元件电度表错误接线更正系数（感性平衡负荷时）

错误接线性质	错误接线情况	更正系数
一相电压断线或电流回路短路或断路	其中一元件功率为零	3/2
一相电流接反或电流互感器极性接反	其中一元件功率为负值	3
二相电压断线	其中二元件功率为零	3
二相电流接反或极性接反	其中二元件功率为负值	−3

11.5.3　用三相高压电度表测算电路测试技术

应用电度表测量有功功率、功率因数，还可以判断电度表的错接线，是一种简单的测试技术。现分述如下。

(1) 用三相高压电度表测算电路的有功功率　应用三相电度表测量有功功率时，不允许使用产权属供电部门的电度计量装置，而且不宜频繁测量。

① 测试仪器及工具　高压三相电度表是三相二元件电度表，即入表为三相电压、两相电流（多用 U 相电流和 W 相电流）。主要仪器和工具有：万用表和相序表各一只、秒表（又称跑表）一只、有绝缘柄的钳子和改锥、绝缘胶布。

② 测试方法和步骤　主要测试方法是利用秒表测量电度表铝盘每 10 转所需的秒数，通过计算得出实测有功功率。测试步骤：用万用表交流电压挡（量限 0～250V），在端子盒处测量三相电压，并记录实测电压，记录测量时的负荷电流，用相序表测量相序，观察其是否为正相序入表，用秒表测电度表每 10 转所需秒数，最好测三次取平均值，计算有功功率值。

③ 数据的计算　电度表实测有功功率值可按下式计算：

$$P_{js}=\frac{3600K_0K_1\eta}{KV_s}$$

式中　P_{js}——实测有功功率，kW；

K_0——电压互感器电压比；

K_1——电流互感器电流比；

η——实测铝盘转数，取 10 转；

K——电度表常数，V/(kW·h)；

V_s——实测秒数，s。

④ 安全注意事项

a. 严格执行安全工作规程的相关规定，制订相应的安全措施。

b. 工作中监护人注意力应集中，不得进行其他工作，不可谈论与测试无关的事。

c. 测量有功功率不准拆动电度表尾线及接线端子盒的连接线。

d. 操作人员应站在绝缘胶垫上进行。

e. 测试中发现设备有异常现象应马上停止工作，待解决后再进行。

(2) 用三相高压电度表测算负载功率因数

① 测试仪器和工具　与测试计算有功功率时相同。

② 测试方法与步骤　可以用以上测试计算有功功率的方法，测出有功功率，然后根据盘上电流、电压表实测数值，按以下公式计算：

$$\cos\varphi=\frac{P_{js}}{\sqrt{3}UI}$$

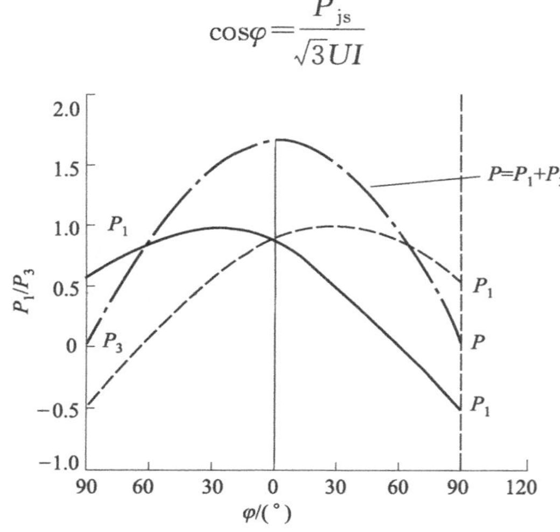

图 11-9　负荷功率因数角与功率比的关系曲线

除上述方法外，也可以用三相有功电度表按以下步骤进行：首先用万用表、相序表测试三相电压和相序，证明电度表的接线正确；其次在有人监护的条件下，用螺钉旋具在电度表表尾处或接线端子盒处，将入电度表的第三相（W 相）的电压线拆下，用秒表测电度表铝盘每 10 转所需用的时间（如负荷很小，铝盘转速很慢，也可测 1 转的秒数），用以上公式计算实测负荷值，即 P_1；再次将 W 相电压线重新接入后，再将入电度表 U 相的电压线拆下，并且用秒表测铝盘每 10 转所需的时间；最后同样计算出实测功率值，即 P_3，根据计算值画出曲线，如图 11-9 所示。

在实际工作中，常计算出 P_1 与 P_3 比值，然后根据它们的比值查表，即可得出实测功率因数值，见表 11-5。

表 11-5　功率因数

$\frac{W_1}{W_3}$	$\cos\varphi$	$\frac{W_1}{W_3}$	$\cos\varphi$	$\frac{W_1}{W_3}$	$\cos\varphi$	$\frac{W_1}{W_3}$	$\cos\varphi$
0.83	0.987	0.59	0.913	0.35	0.768	0.11	0.580
0.82	0.986	0.58	0.908	0.34	0.761	0.10	0.576
0.81	0.984	0.57	0.903	0.33	0.754	0.09	0.569
0.80	0.982	0.56	0.898	0.32	0.75	0.08	0.561
0.79	0.98	0.55	0.893	0.31	0.746	0.07	0.553
0.78	0.978	0.54	0.888	0.30	0.739	0.06	0.546
0.77	0.976	0.53	0.883	0.29	0.731	0.05	0.538
0.76	0.973	0.52	0.877	0.28	0.724	0.04	0.53
0.75	0.971	0.51	0.872	0.27	0.716	0.03	0.523
0.74	0.968	0.50	0.861	0.26	0.709	0.02	0.515
0.73	0.965	0.49	0.860	0.25	0.701	0.01	0.511
0.72	0.962	0.48	0.854	0.24	0.693	0	0.5
0.71	0.959	0.47	0.848	0.23	0.686	−0.01	0.493
0.70	0.956	0.46	0.842	0.22	0.670	−0.02	0.485
0.69	0.953	0.45	0.836	0.21	0.662	−0.03	0.478
0.68	0.95	0.44	0.829	0.20	0.655	−0.04	0.470
0.67	0.946	0.43	0.823	0.19	0.647	−0.05	0.463
0.66	0.942	0.42	0.816	0.18	0.639	−0.06	0.456
0.65	0.939	0.41	0.81	0.17	0.631	−0.03	0.449
0.64	0.935	0.40	0.80	0.16	0.623	−0.11	0.420
0.63	0.931	0.39	0.796	0.15	0.616	−0.12	0.413
0.62	0.926	0.38	0.789	0.14	0.608	−0.13	0.406
0.61	0.922	0.37	0.782	0.13	0.594		
0.60	0.918	0.36	0.772	0.12	0.584		

③ 测试的安全注意事项　除与测试电功率的安全注意事项的

相同部分外，还要注意以下事项：使用的改锥外露部分不能过长，为了防止操作中造成短路或接地故障，应将金属部分套上塑料管，仅露出很少的一部分金属端；拆下的电压线应使用绝缘胶布包好，以免与金属架构相碰，从而造成接地短路；注意决不可拆错线，否则会造成电流互感器二次侧开路；电压互感器如与低电压保护有关，应采取防止误掉闸的措施；在拆除电度计量二次回路线之前，应首先检查电压互感器和电流互感器的二次回路的一极接地是否可靠；拆动电度表时，应记录时间，以便推算和追补漏计电量，说明：表中 W_1 即文中所述 P_1，W_2 为 P_3。当 $\cos\varphi=1$，φ 角等于 $0°$ 时，$\frac{W_1}{W_3}=1$；当 $\varphi=30°$ 时，比值为 0.5；当 $\varphi=60°$ 时，$W_1=0$，比值等于 0；当 $\varphi<60°$ 时，W_1 为负值；当 $\varphi=90°$ 时，$\frac{W_1}{W_3}=-1$，电度表反转，在功率为容性，功率因数超前时，取 $\frac{W_3}{W_1}$ 的值（参见图 10-10 的曲线）。

第12章 高压柜与倒闸操作与高压供电系统图解

12.1 倒闸操作的基本概念

12.1.1 电气设备的状态

在电力系统运行的电气设备，经常需进行检修、调试及消除缺陷等工作，这就要改变电气设备的运行状态或改变电力系统的运行方式。变电站电气设备分为三种状态：运行状态、备用状态（冷备用、热备用）、检修状态。

（1）运行状态：是指设备的隔离开关及断路器都在合入位置带电运行。

（2）备用状态：是指设备隔离开关在合入位置，只断开断路器的设备。

（3）检修状态：是指设备的所有断路器、隔离开关均断开，在有可能来电端挂好地线。

倒闸操作的技术要求和技术规定因电气设备的状态不同有所不同，因此，运行人员必须熟悉掌握电气设备各种状态下的操作要领，严格贯彻《电业安全工作规程》，掌握《变电站现场运行规程》，执行有效的技术措施和组织措施。

当电气设备由一种状态转到另一种状态或改变电力系统的运行方式时，需要进行一系列的操作，这种操作叫做电气设备的倒闸操作。

12.1.2 倒闸操作的主要内容

（1）电力线路的停、送电操作。

（2）电力变压器的停、送电操作。

（3）发电机的启动、并列和解列操作。

（4）电网的合环与解环。

（5）母线接线方式的改变（倒母线操作）。

（6）中性点接地方式的改变。

（7）继电保护自动装置使用状态的改变。

（8）接地线的安装与拆除等。

上述绝大多数操作任务是靠拉、合某些断路器和隔离开关来完成的，断路器和隔离开关被称为开关电器。此外，为了保证操作任务的完成和检修人员的安全，需取下、装上某些断路器的操作熔断器和合闸熔断器，这两种被称为保护电器的设备，也像开关电器一样进行频繁操作。

12.1.3 倒闸操作的必备条件

（1）要有考试合格并经主管部门领导批准的操作人和监护人。

（2）值班人员必须经过安全教育、技术培训，熟悉业务和有关规程制度，考试合格，经有关主管领导批准后方能担任本站的一般操作和复杂操作，接受调度命令和监护工作。

（3）值班人员如调到别的站值班时，也必须按上述第（1）条执行。

（4）新进站的值班人员必须经过安全教育、技术培训，由站长组织考试并合格，经过实习，一般操作可在监护人和操作人双重监护下进行。

（5）值班人员在离开值班岗位 6 个月内，重新上岗前必须复习规程、制度，经站长考试合格后，方可担任原来的操作工作。离岗超过 6 个月者，重新上岗前必须按上述第（1）条要求执行。

（6）现场一、二次设备要有明显标志，包括调度编号、双重号、铭牌、转动方向、切换位置指示以及区别电气相别的颜色。

（7）要有与现场设备和运行方式相符合的一次系统模拟图和二次回路原理展开图。

（8）除事故处理外的正常操作要有确切的调度命令、工作任务和合格的操作票。

（9）要有统一的、确切的操作术语。

（10）要有合格的安全工器具、安全用具和安全设施。

12.1.4 倒闸操作的基本要求

电气设备的倒闸操作是一项十分严谨的工作，能否正确进行倒闸操作将直接影响着电网的稳定，关系到电力设备的安全运行。因此要求运行值班人员必须以高度负责的精神，严格按照倒闸操作要求，严肃认真地对待每一步操作，做到万无一失，确保安全。

倒闸操作必须由两人进行。通常由技术水平较高、经验丰富的值班员担任监护，另一人坦任操作。发电厂、变电站、调度所及用户，每个值班人员及电工的监护权、操作权应在岗位责任制中明确规定，通过考试合格后由领导以书面形式正式公布，并取得合格证。

经“三审”批准生效的操作票，在正式操作前，应在“电气模拟图”上按照操作票的内容和顺序模拟预演，对操作票的正确性进行最后检查、把关。每进行一项操作，都应遵循“唱票—对号—复诵—核对—操作”这5个程序进行。具体地说，就是每进行一项操作，监护人按操作票的内容、顺序先“唱票”（即下操作令）；然后操作人按照操作令核对设备名称、编号及自己所站的位置无误后，复诵操作令；监护人听到复诵的操作令后，再次核对设备编号无误，最后下达“对，执行！”的命令后，操作人方可进行操作。

操作票必须按顺序执行，不得跳项和漏项，也不准擅自更改操作票内容及操作顺序。每执行完一项操作，做一个记号“√”。除特殊情况外不得随意更换操作人或监护人。

操作中发生疑问或发现电气闭锁装置报警，应立即停止操作，报告值班负责人，查明原因后，再决定是否继续进行操作。

全部操作结束后，对操作过的设备进行复查，并向发令人回令。

12.2 倒闸操作的技术要求

12.2.1 隔离开关的使用

(1) 作用 在高压电网中，隔离开关的主要功能是，当断路器断开电路后，由于隔离开关的断开，使有电与无电部分形成明显的断开点，起辅助断路器的作用。虽然断路器的外部有“分、合”指示器，但不能绝对保证它的指示与触头的实际位置相一致，所以用隔离开关把有电与无电部分明显隔离是非常必要的。此外，隔离开关具有一定的自然灭弧能力，常用在电压互感器和避雷器等电流很小的设备投入和断开上，以及一个断路器与几个设备的连接处，使断路器经过隔离开关的倒换更为灵活方便。

(2) 操作要求 合入隔离开关时，开始应缓慢，而后应迅速果断，但在合闸终了不得有冲击，即使合入后造成接地或短路也不得再拉开；拉开隔离开关时，应迅速果断。当拉开空载变压器、空载线路、空载母线或系统环路时，更应快而果断，以使电弧迅速熄灭。

(3) 允许使用隔离开关进行的操作 各变电站的现场运行规程中，一般均明确规定本站允许用隔离开关进行操作的设备（回路）范围。这是因为在这些规定的情况下，用隔离开关拉、合时所产生的电弧可以自行熄灭。一般进行如下操作。

① 拉、合无故障的电压互感器和避雷器。

② 拉、合变压器中性点的接地开关，但当中性点接有消弧线圈时，只有在系统没有接地故障时才可进行。

③ 拉、合断路器的旁路电流。

④ 拉、合励磁电流不超过 2A 的空载变压器和电容电流不超过 5A 的空载线路，但当电压为 20kV 及以上时，应使用屋外垂直分

合式的三联隔离开关。

⑤ 用室外的三联隔离开关拉、合电压10kV及以下，电流15A以下的负荷电流。

⑥ 拉、合电压在10kV及以下，电流小于70A的环路均衡电流。

⑦ 在既有断路器，又有隔离开关的回路中，正常情况下必须用断路器来完成拉、合电路的任务。

(4) 禁止用隔离开关进行的操作　隔离开关没有灭弧装置，当开断的电流超过允许值或拉、合环路压差过大时，操作中产生的电弧超过本身"自然灭弧能力"，往往引起短路。因此，禁止进行下列操作：

① 当断路器在合入时，用隔离开关接通或断开负荷电路。

② 系统发生一相接地时，用隔离开关断开故障点的接地电流。

③ 拉、合规程允许操作范围以外的变压器环路或系统环路。

④ 用隔离开关将带负荷的电抗器短接或解除短接。

⑤ 在双母线中，当母联断路器断开分段运行时，用母线隔离开关将电压不相等的两母线系统并列或解列，即用母线隔离开关拉、合母线系统的环路。

(5) 技术规定

① 分相隔离开关，拉闸先拉中相，后拉边相，合闸操作相反。

② 拉、合隔离开关时，断路器必须在断开位置，并经核对编号无误后，方可操作。

③ 远方操作的隔离开关，不得在带电压情况下就地手动操作，以免失去电气闭锁，或因分相操作引起非对称开断，影响继电保护的正常运行。

④ 拉、合隔离开关操作后，应到现场检查其实际位置，以免传动机构或控制回路（指远方操作的）有故障，出现拒分或拒合。同时检查触头的位置是否正确，即：合入后，工作触头应接触良好；拉开后，断口张开的角度或拉开的距离应符合要求。

⑤ 隔离开关操作后必须检查隔离开关操作机构的定位销是否到位，防止滑脱。

⑥ 已装电气闭锁装置的隔离开关，禁止随意解锁进行操作。

⑦ 检修后的隔离开关，应保持在断开位置，以免送电时接通检修回路的地线或接地开关，引起人为的三相短路。

12.2.2 高压断路器的操作

高压断路器是电力系统重要的控制和保护设备之一，是进行倒闸操作的主要设备。高压断路器具有灭弧能力，在电网正常运行时，可以根据需要接通或断开负荷电流和空载电流，在电网发生故障时，与保护装置和自动装置相配合，能迅速、准确、自动切断故障电流，将故障设备从电网中切除，减少停电范围，防止事故扩大，保证系统的安全运行。

(1) 操作要求

① 拉、合控制开关，不得用力过猛或操作过快，以免合不上闸。

② 根据断路器机械指示位置、仪表指示、“红、绿灯”指示，检查判断断路器触头实际位置与外部指示应一致。

③ 对于外皮带电的断路器，倒闸操作时应与其保持安全距离，间隔门或围栏不得随意打开。

④ 断路器合闸送电或跳闸后试送，人员应远离现场，以免因带故障合闸造成断路器损坏，发生意外。

⑤ SF_6 断路器发生漏气时（在电弧作用下，SF_6 气体将生成有毒的分解物），操作人应远离现场，以免中毒。在室外，至少应离开漏气点 10m（戴防毒面具、穿防护服除外）并站在上风口；在室内，应立即撤离至室外，并开启全部通风机。

(2) 技术规定

① 远方（电动或气动）合闸的断路器，不允许带工作电压手动合闸，以免合入故障回路使断路器损坏或引起爆炸。

② 当断路器出现非对称分、合闸时，首先要设法恢复对称运行（三相全合或全开），然后再作其他处理。发电厂及变电站的运行规程应结合本单位的一次接线，明确规定断路器故障发生在不同回路（发电机或出线）时的具体处理步骤或方法。

③ 断路器经拉、合后，应到现场检查其实际位置，防止传动机构开焊时，绝缘拉杆折断（脱落）回路实际未拉开或未合上。

④ 对液压传动的断路器，操作后如油系统不正常，应及时查明原因并进行处理。处理时，要注意防止断路器发生“慢分”现象。

⑤ 对弹簧储能机构的断路器，停电后应及时释放机构中的能量，以免检修时发生人身事故。

⑥ 手车断路器的机械闭锁应灵活、可靠，防止带负荷拉出或推入，引起短路。

⑦ 断路器故障跳闸累计次数达到厂家规定次数时，应进行检修。禁止将超过开断次数的断路器继续投入运行。

⑧ 检修后的断路器，应保持在断开位置，以免送电时隔离开关带负荷合闸。

⑨ 检修后的断路器，在投运前应检查各项指标是否符合规定要求，禁止将修、试后不合格的断路器投入运行。

⑩ 电力系统运行方式改变时，应认真核对相关断路器安装处的开断容量是否满足要求，还要检查安装处的断路器重合闸容量是否符合要求。

12.2.3 在倒闸操作中继电保护及自动装置的投、退要求

（1）设备不允许无保护运行。新设备和检修后的设备，送电前，均应按照GB 14289—1993《继电保护和安全自动装置技术规程》的规定，配置足够的保护及自动装置，图纸、定值应正确，传动良好，连接片在规定位置。

（2）倒闸操作中或设备停电后，如无特殊要求，一般不必操作保护或断开保护连接片。但在下列情况下，倒闸操作前，必须采取措施：

① 倒闸操作将影响某些保护的工作条件或可能引起误动作，因此应提前停用相关保护。例如，电压互感器停用前，应先将低电压保护停用。

② 运行方式的变化将破坏某些保护的工作原理，有可能发生误动时，倒闸操作前必须将这些保护停用。例如，当双回线接在不同母线上，且母联断路器断开运行时，线路横联差动保护应停用。

③ 操作过程中可能诱发某些联动跳闸装置动作时，应预先停

用。例如，停母线时，应将联动跳闸的线路连接片断开。

④ 设备虽已停电，如该设备的保护动作（包括校验、传动）后，仍会引起运行设备断路器跳闸时，也应将有关保护停用、连接片断开。例如，一台断路器控制两台变压器时，应将停电变压器的重煤气保护连接片断开。

12.2.4 并、解列的操作

(1) 系统并解裂

① 两系统并列的条件：频率相同，电压相等，相序、相位一致。电网之间并列时，应调整地区小电网的频率、电压与主电网一致。如调整困难，两系统并列时频差不得超过 0.25Hz，电压差不允许超过 15%。

② 系统并列应使用同期并列装置。必要时也可使用线路的同期鉴定重合闸来并列，但投入时间一般不超过 15min。

③ 系统解列时，必须将解列点的有功电力调到零，电流调到最小方可进行，以免解列后频率、电压异常波动。

(2) 拉、合环路

① 合环路前必须确定并列点两侧相位正确，处在同期状态。否则，应进行同期检查。

② 拉合环路前，必须考虑潮流变化是否会引起设备过负荷（过电流保护跳闸），或局部电压异常波动（过电压），以及是否会危及系统稳定等问题。为此，必须经过必要的计算。

③ 如估计环流过大，应采取措施进行调整或改变环路参数加以限制，并停用可能误动的保护。

④ 必须用隔离开关拉、合环路时，应事先进行必要的计算和试验，并严格控制环路内的电流，尽量降低环路拉开后断口上的电压差。

(3) 变压器并、解裂

① 变压器并列的条件：连接组别相同；电压比及阻抗电压相等。符合规定的并列条件，方准并列。

② 送电时，应由电源侧充电，负荷侧并列。停电时操作相反。当变压器两侧或三侧均为电源时，应按继电保护运行规程的规定，

由允许充电的一侧充电。

③ 必须证实并列的变压器已带负荷，方可拉开（解列）运行的变压器。

④ 单元连接的变压器组，正常解裂前应将运行的站用变压器的负荷倒由备用站用变压器带；事故解列后要注意运行的站用变压器是否为一个电源系统，倒停变压器要防止在站用电系统发生非同期并列。

12.2.5　母线倒闸操作

（1）倒母线必须先合入母联断路器，检查母联断路器是否合好，并取下控制熔断器，以保证母线隔离开关在并、解列时满足等电位操作的要求。

（2）倒母线的操作必须按先合入、后拉开的顺序操作。在母线隔离开关的合、拉过程中，为避免发生较大火花，应依次先合靠近母联断路器的母线隔离开关，拉闸的顺序则与其相反。

（3）拉开母线断路器前，母联断路器的电流表应指示为零，同时，母线隔离开关辅助接点、位置指示器应切换正常。以防“漏”倒设备或从母线电压互感器二次侧反充电，引起事故。

（4）倒母线的过程中，母线差动保护的工作原理如不遭到破坏，一般均应投入运行。应考虑母线差动保护非选择性开关的拉、合及低电压闭锁母线差动保护连接片的切换。

（5）合入母联断路器时，应尽量减小两条母线的电位差。

（6）当拉开工作母线隔离开关后，若发现合入的母线隔离开关接触不好或放弧，应立即将拉开的隔离开关再合入，查明原因。

12.2.6　操作票的填写和规定

（1）操作票的填写规定

① 电气倒闸操作票应严格按照《电业安全工作规程》（发电厂和变电所电气部分）和有关填票规定执行。

② 操作票应统一编号。一律用蓝黑墨水的钢笔填写，字迹必须清楚，按照《电业安全工作规程》规定格式逐项填写，并进行审核，亲笔签名。

③ 操作票执行结束后，应加盖“已执行”章。作废的操作票应加盖“作废”章。

④ 填写倒闸操作票必须使用统一的调度术语和操作术语。

⑤ 为统一调度术语并有利于严格执行操作票制度，当电气设备（线路）停电检修时，调度下达该操作任务命令。

a. 对线路检修。调度命令最后发布到设备处于检修状态，然后发布检修开工令。

b. 对电气设备检修。调度命令发布到冷备用状态，并发布转入检修状态的许可令。接到该许可令后，应按照《电业安全工作规程》和工作票的要求填写安全操作票，做好安全措施。其接地线（接地隔离开关）的装设地点和数量由现场负责。工作结束后，发电厂、变电所应自行拆除上述安全措施，之后，方可向调度员报竣工。

(2) 操作票填写的有关说明

① 下列各项应作为单独的项目填入操作票内：

a. 应拉合的断路器和隔离开关。

b. 断路器操作后，检查其分、合闸位置。

c. 隔离开关操作后，检查其确已拉开，或合闸接触良好。

d. 断路器由冷备用转运行或热备用，操作隔离开关前，检查断路器确在分闸位置。

e. 投入、切出转换断路器。

f. 拉、合二次电源隔离开关。

g. 取下、投入控制回路、电压互感器的二次熔断器。同时取放同一设备多组二次熔断器，可以并项填写，操作时分项打勾。

h. 为防止误操作，在操作前必须对其所要操作的设备进行的项目检查，并应做到检查后立即进行该项操作。操作后检查操作情况是否良好；除有规定外，可不作为单独的项目填写，而只要在该项操作项目的后面说明即可。

i. 验电及装、拆接地线的明确地点及接地线（拉、合接地隔离开关）编号，其中每项验电及装接地线（合接地隔离开关）应作为一个操作项目填写。

j. 设备（线路）检修结束后，由冷备用或检修转运行（热备用）前，应检查送电范围内确无遗留接地线（接地隔离开关）。

k. 两个并列运行的回路，当需停下其中一回路而将负荷移到另一回路时，操作前对另一回路所带负荷情况是否正常应进行检查。

l. 退投保护回路连接片，在测量连接片两端确无电压后投入保护回路连接片（包括重合闸出口连接片），同时投入或退出多块连接片可作为一个操作项目填写，但每操作完一块连接片应分别打勾。

m. 保护定值更改，电流、电压、时间等应分项填写。同一定值同一套保护三相可以合为一项填写，但执行时应分别打勾。

② 设备名称的填写，在操作任务栏内应写双重名称，在操作项目栏中只要填写设备编号即可（隔离开关只要写编号），同一保护的连接片编号不应相同。

③ 倒闸操作顺序。停电拉闸必须按照断路器、负荷侧隔离开关、电源侧隔离开关顺序依次操作，送电合闸顺序与此相反。

④ 在一个操作任务中，如需要同时拉开几路断路器时，允许在先行拉开几个断路器后再分别拉隔离开关，但拉隔离开关前必须在每检查一个断路器确在分闸位置后，再分别拉开其对应的两侧隔离开关。

⑤ 对有旁路隔离开关的分路，在其线路隔离开关线路侧挂接地线（合接地隔离开关）前，除检查线路隔离开关应在分闸位置外，还应检查其旁路隔离开关确在分闸位置（主变隔离开关、主变侧挂接地线或合接地隔离开关要求同上）。

⑥ 断路器在运行状态时，改保护定值应退出相应的保护连接片，如需改串、并联，还要先将电流互感器二次回路在适当地点短接。

⑦ 操作任务栏中保护定值，除写出一次值外，还应填写二次折算值，其格式：一次值/二次值，操作项目栏可以只写二次值。

⑧ 断路器由运行改非自动，只需将其操作电源断开即可。

⑨ 母线由检修（或冷备用）转运行，应在将电压互感器改为运行状态后，对母线进行充电。检查母线充电情况包括母线电压互感器，故对电压互感器充电情况检查可不另列一项。

⑩ 填写检查项目的几点说明：

a. 接地线的装拆不需填检查内容，但拉合接地隔离开关应填写检查内容。

b. 断路器由热备用转运行，不需检查断路器确在热备用状态后，再操作断路器（倒闸操作具有连续性，可不进行不必要的重复检查）。

c. 断路器分、合闸后，操作票中只要填写“检查断路器分、合闸位置”。其含义包括三个方面：表计指示、位置指示灯、本体机械位置指示。不必要再填写检查表计、灯光等。

d. 母线电压互感器由运行转冷备用，可不填写检查电压表指示情况，而由冷备用转运行应检查电压表指示情况，便于及时发现电压互感器工作是否正常，以及可能存在的问题。

e. 对二次操作：连接片、熔断器、二次电源刀闸、空气开关、切换开关等，操作后不要求填写检查内容，因为这些操作本身比较直观、明了、简单。

f. 检查送电范围内确无遗留接地线，送电范围的含义是：变电所可见范围，不包括线路及对侧情况。送电指由电源侧向检修后的设备送电（充电），并非指仅仅对用户送电。

⑪ 操作票中下列四项不得涂改：

a. 设备名称编号。

b. 有关参数和时间。

c. 设备状态。

d. 操作动词。

其他如有个别错、漏字允许进行修改，但应做到被改的字和改后的字均要保持字迹清楚，原字迹用“\”符号划去，不得将其涂、擦、划掉。

⑫ 操作项目填写结束，应用“#”符号作终止标志，并标在操作项目末尾的序号栏内（此行无任何操作内容），若操作票一页正好填完，“#”符号标在最末一栏序号的下方。

⑬ 操作票必须统一印刷编号，并保持连号，已使用的操作票，应保存一年备查。

⑭ 操作票中的签名：

a. 填票人、审核人由填写操作票的运行班依次分别签名，并对所填操作票的正确性负责，不经签名，不得向下班移交。

b. 操作人、监护人在执行操作任务前，应对操作票审核无误，在调度员正式发令后依次分别签名，并对操作票和所要进行操作的任务正确性负全部责任，如审核发现错误应作废并重新填写。

c. 操作票上“值班负责人”栏，指设值班负责人的变电所，在操作票执行前，应审核并签名，未经当班负责人签名，不得进行操作，不设值班负责人的此栏空格。

d. 操作票上不得漏签名或代签名。

⑮ 操作票执行结束，应加盖“已执行”印章，作废操作票应加盖“作废”印章。

⑯ 每张操作票只能填写一个操作任务。一个操作任务，指根据一个调度命令所进行的不间断的操作。一个操作任务填写票数超过页时，应在各页的备注栏中注明“转下页 No. ×××”和“接上页 No. ×××”。

(3) 倒闸操作票填写的有关规定和注意事项 下面介绍几种倒闸操作票填写的原则要求及注意事项。

① 线路倒闸操作票的填写及有关规定 线路倒闸操作票分为两类：一类是断路器检修，另一类是线路检修。根据规定，断路器检修调度员发令仅发到将断路器改为冷备用状态，由冷备用状态改为检修状态则由运行人员根据工作票填写安全措施填写操作票；线路检修，调度员将发令到线路检修状态。

a. 断路器检修操作票的填写。根据线路停送电的原则，停电时断开断路器后要先拉负荷侧隔离开关，后拉母线隔离开关，送电时则先合母线侧隔离开关后合负荷侧隔离开关，填票时必须遵循这一原则。这样规定的目的是因为以往的事故经验告诉我们，停电时可能会有两种误操作：一是油断路器没断开或经操作实际来断开，应拉停电线路的隔离开关；二是油断路器虽已断开，但拉隔离开关时走错位置错拉不应停电线路的隔离开关，两种情况均造成带负荷拉隔离开关。

假设断路器未断开，先拉负荷侧隔离开关，弧光短路发生在断路器保护范围以内，线路断路器跳闸，可切除故障，缩小事故范围。

倘若先拉母线侧隔离开关，弧光短路发生在线路断路器保护范围以外，由于误操作而引起的故障电流并未通过电流互感器，该线路断路器保护不动作，线路断路器不会跳闸，这样将造成母线短路并使上一级断路器跳闸，扩大事故范围。

送电时，如果断路器在误合位置便去合隔离开关，比如先合负荷侧隔离开关，后合母线侧隔离开关，这就等于用母线侧隔离开关带负荷操作，一旦发生弧光短路便造成母线故障。

以检修方面考虑，即使由误操作发生的事故，检修负荷侧隔离开关时只需停一条线路，而检修母线侧隔离开关却要停用母线，造成大面积停电。

例如：操作票的填写（线路接线如图 12-1 所示）。

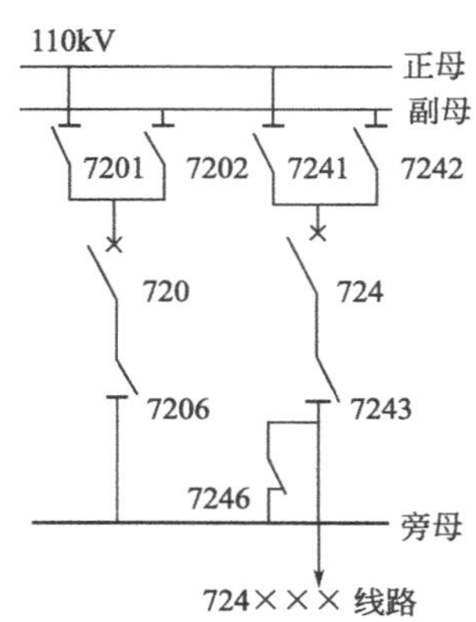

图 12-1　线路接线图

操作任务：×××线 724 断路器运行于正母线改冷备用。

操作顺序：

• 拉开 724 断路器。

• 检查 724 断路器确在分闸位置。

• 拉开 7243 隔离开关，检查分闸良好。

• 检查 7242 隔离开关在断位。

• 拉开 7241 隔离开关，检查分闸良好。

到此设备已由运行状态改为冷备用状态，此时调度员将发布该设备可以转入检修状态的许可令。值班员得调度的许可后，根据安全措施票进行如下操作：

操作顺序：

• 检查 724 断路器确在冷备用状态。

• 取下 724 断路器操作电源熔断器。

• 拉开 724 断路器信号电源小隔离开关。

• 取下 724 断路器合闸电源熔断器。

• 在 724 断路器与 7241 隔离开关之间验明三相确无电压后挂

接地线一组（$1^{\#}$）。

• 在 724 断路器与 7243 隔离开关之间验明三相确无电压后挂接地线一组（$2^{\#}$）。

安全措施操作票，是按工作票的工作要求填写的操作票。

b. 线路检修操作票的填写及其他有关操作事项。电气设备的运行状态中已提到线路冷备用时，将接在线路上的电压互感器、所用变压器、高低压熔断器一律取下。高压隔离开关拉开，如高压侧无法断开，则应断开低压侧。

因是直接从运行状态改为检修状态，所以拉开线路断路器与隔离开关后应在其操作把手上面挂上“禁止合闸，线路有人工作”的标示牌，以提示操作人员。

总结上述操作票的要点是设备停电检修必须把此设备各方面电源完全断开，禁止在只经断路器断开的电气设备上工作，且被检修设备与带电部分之间应有明显的断开点；安排操作项目时要符合倒闸操作的基本规律和技术原则，各操作项目不允许出现带负荷拉隔离开关的可能；装设接地线前必须先在装设地点验电，确无电压后，应立即装设接地线。装设时应接接地端，后接导体端，且在可能送电到停电检修设备的各端均必须装设接地线。

c. 新线路送电应注意的问题除应遵守倒闸操作的基本要求外，还应注意：

• 双电源线路或双回线，在并列或合环前应经过定相。

• 分别来自两母线电压互感器的二次电压回路（经母线隔离开关辅助触点接入），也应定相。

• 配合专业人员，对继电保护自动装置进行检查和试验。特别是当用工作电压、负荷电流检查保护特性（如检查零序电流保护的方向）时，要防止二次电压回路短路及电流回路开路。

• 线路第一次送电应进行全电压冲击合闸，其目的是利用操作过电压来检验线路的绝缘水平。

d. 线路重合闸的停用。一般在下列情况下将线路重合闸停用：

• 系统短路容量增加，断路器的开断能力满足不了一次重合的要求。

• 断路器事故跳闸次数已接近规定，若重合闸投入，重合失败，跳闸次数将超过规定。

• 设备不正常或检修，影响重合闸动作。一是为了防止错误重合，无压检定的电压抽取装置故障（回路无电压）或同期检定来自母线电压互感器的二次电压不正常，应将有关的重合闸停用；二是断路器合闸动力电源系统及其回路检修时；三是断路器的气压或油压降低到不允许重合闸运行的数值（有的设计上已装闭锁，可自动停用重合闸）。

• 重合闸临时处理缺陷。

• 线路断路器跳闸后进行试送或线路上有带电作业。

e. 投入和停用低频率减载装置电源时应注意：投入和停用低频率减载装置，瞬时有一反作用力矩，能将触点瞬时接通，因直流存在，会使继电器误动。所以投入时先合交流电源，进行预热，并检查触点应分开，再合直流电源，停用时先停直流电源后停交流电源，不致造成低频率减载装置误动作。

倒换电压互感器时应保证不断开低频率减载装置的电源。先将两台电压互感器并列后，再断开停用的电压互感器，可以保证低频率减载装置不失去电源。当两台电压互感器不能并列时，倒换电压互感器前应先停低频率减载装置的直流电源。

② 变压器倒闸操作票的填写　变压器操作注意事项：

a. 变压器投入运行时，应选择励磁涌流影响较小的一侧送电，一般先从电源侧充电，后合上负荷侧断路器。

b. 向空载变压器充电时，应注意：

• 充电断路器应有完备的继电保护，并保证有足够的灵敏度。同时应考虑励磁涌流对系统继电保护的影响。

• 大电流直接接地系统的中性点接地隔离开关应合上（对中性点为半绝缘的变压器，则中性点更应接地）。

• 检查电源电压，使充电后变压器各侧电压不超过其相应分接头电压的 5%。

c. 运行中的变压器，其中性点接地的数目及地点，应按继电保护的要求设置，但应考虑到：

• 变压器本身的绝缘要求。

• 在大电流直接接地系统中，电源侧（大型调相机以电源考虑）至少应有一台变压器中性点接地。

d. 运行中的双绕组或三绕组变压器，若属直接接地系统，则该侧中性点接地隔离开关应合上。

e. 运行中的变压器中性点接地隔离开关如需倒换，则应先合上另一台变压器的中性点接地隔离开关，再拉开原来一台变压器的中性点接地隔离开关。

f. 110kV 及以上变压器处于热备用状态时（开关一经合上，变压器即可带电），其中性点接地隔离开关应合上。

g. 新投产或大修后的变压器在投入运行时应进行定相，有条件者应尽可能采用零起升压。对可能构成环路运行者应进行核相。

h. 变压器新投入或大修后投入，操作送电前应考虑除应遵守倒闸操作的基本要求外，还应注意以下问题：

• 摇测绝缘电阻。若绝缘电阻下降到前次（新投入或大修后）测量结果的 1/3～1/5，或吸收比 R60/R15＜1.3 时，应查明原因并加以消除。

• 对变压器外部进行检查。呼吸器、散热器、热虹吸装置以及储油柜与本体之间的阀门，均应打开；套管、储油柜油位正常；分接开关位置符合有关规定，且三相一致；防爆门完整；压力释放阀不漏油；外壳接地良好；导体连接紧固。

• 对冷却系统进行检查及试验。两路通风冷却电源定相正确，联动试验正常；启动风扇及潜油泵，检查电动机转动方向正确，无剧烈振动；油系统、水系统运行方式符合要求，阀门在正确位置；导向水冷的变压器、冷却绕组及铁芯的油量分配符合厂家规定；维持一定数量的潜油泵运行，使油路循环；在煤气继电器、套管、升高座等处放气，直到排尽为止；变压器冷却系统断水、断电、断油的保护，在现场进行核对。

• 对有载调压装置进行传动。增、减分接头动作应灵活、切换可靠，无连续调整的现象。

• 仪表应齐全。继电保护接线应正确，定值无误，传动良好，连接片在规定位置。

• 对变压器进行全电压冲击合闸 3～5 次，若无异常即可投入运行。

i. 变压器停送电操作时的一般要求：

• 对强油循环冷却的变压器，不启动潜油泵不准投入运行。变压器送电后，即使是处在正常运行状态也应按厂家规定启动一定数量潜油泵，保持油路循环，使变压器得到冷却。

• 变压器送电时的要求：送电前应将变压器中性点接地。由电源侧充电，负荷侧并列。

• 对有载调压装置进行传动。增、减分接头动作应灵活、切换可靠，无连续调整的现象。

• 仪表应齐全。继电保护接线应正确，定值无误，传动良好，连接片在规定位置。

• 对变压器进行全电压冲击合闸 3～5 次，若无异常即可投入运行。

j. 三绕组升压变压器高压侧停电操作：

• 合上该变压器高压侧中性点接地隔离开关。保证高压侧断路器拉开后，变压器该侧发生自相短路，差动保护、零序电流保护能够动作。

• 拉开高压侧断路器。

• 断开零序过流保护跳其他主变压器的跳闸连接片。

• 断开高压侧低电压闭锁连接片（因主变压器过流保护一般采用高、低两侧电压闭锁）。避免主变压器过负荷时过流保护误动作。

k. 现代大型变压器为了防止误动，重煤气保护在下列情况下应由跳闸改为信号：

• 变压器停电或处于备用，其重煤气动作，可能使运行中的设备跳闸。

• 变压器运行中带电加油、滤油或换硅胶时，潜油泵或冷油器（散热器）放油检修后投入。

• 需要打开呼吸系统的放气门或放油塞子，或清理吸湿器。

• 有载调压开关油路上有人工作。

• 煤气继电器或其连接电缆有缺陷时，或保护回路有人工作。

③ 电压互感器倒闸操作票的填写　进行该项操作前，有时要考虑继电保护的配置问题，如退出低电压等保护装置，以防因其失压而误动，另外还有计量问题等，有的变电所在操作前即对电压互

感器进行人工切换，倒出电压互感器负荷，对于两台电压互感器能自动切换的变电所，不考虑上述问题，可直接进行电压互感器的停电。

因变电所的每个电压等级均设置了电压互感器，为明确区分不致混淆，故在电压互感器名称前均增写相应的电压等级及母线名称。

④ 母线操作

a. 向母线充电，应使用具有能反应各种故障而灵敏动作的断路器进行，向母线充电时，必须确认母线无故障。对母线充电，应考虑母线故障跳闸时系统的稳定性，必要时先降低有关线路的潮流。

b. 用断路器向母线充电前，应将母线电压互感器、避雷器、厂（所）用变压器等先投入。

c. 110kV 及以上空母线的充电或停电操作，应注意母线及其他电源断路器为热备用时，其断口电容与母线上电磁式电压互感器有构成串联谐振的可能，必须采用消谐措施。若对母线充电时发生谐振，可迅速将热备用状态的断路器改为冷备用，或重新合上热备用状态的断路器，等谐振消失后，再进行母线操作。

d. 无母联断路器（或母联断路器不能启用）的双母线，当需要启用备用母线、停用运行母线时，应尽可能另用外来电源对备用母线试充电，若无其他手段，则应对备用母线进行外部检查，在确认无故障的情况下，先合上备用母线上需运行的所有隔离开关，再拉开原运行母线上的所有隔离开关。

e. 用变压器向 110kV 母线充电时，该变压器 110kV 中性点必需接地，向不接地或经消弧线圈接地系统的母线充电时，可能出现铁磁谐振或母线三湘对地电容不平衡而产生的过电压，一般宜采用以下措施：

• 先将线路接入母线。

• 再将变压器中性点及消弧线圈接地。

• 在母线电压互感器二次侧开口三角回路并接 200～500W 的白炽灯。

进行母线操作时，应注意以下几点：

• 倒母线操作，在拉合母线隔离开关时，母联断路器应改为非自动。

• 母差保护不得停用，并做好相应调整。

• 各组母线上电源与负荷分布的合理性，应使母联上潮流尽量小。

• 一次接线与电压互感器二次负载是否相符。

• 一次接线与保护二次直流回路是否对应。

• 双母线改单母线运行时，拉开母联断路器前，应先拉开停用母线电压互感器、所用变压器二次侧断路器，避免电压互感器、所用变压器低压侧向停电母线充电。

• 备用母线、旁路母线应充电运行。

在倒母线结束前，拉母联断路器时应注意：

• 对要停电的母线再检查一次，确认设备已全部倒至运行母线上，防止因“漏”倒引起停电事故。

• 拉母联断路器前，检查母联断路器电流表应指示为零，拉母联断路器后，检查停电母线的电压表应指示零。

• 当母联断路器的断口（均压）电容 C 与母线电压互感器的电感 L，可能形成串联铁磁谐振时，要特别注意拉母联断路器的操作顺序：先拉电压互感器的隔离开关（切断 L），后拉母联断路器（破坏构成 L-C 谐振的条件）。

⑤ 系统并列操作　应用手动准同期装置并列前的检查及准备：检查中央同期开关，手动准同期开关均在断开位置；并列点断路器在断开位置，母线电压互感器及待并列电压互感器回路熔断器应完好；投入并列点断路器两侧的隔离开关；停用并列点断路器的重合闸连接片。

操作步骤：

a. 合上手动同期开关。

b. 中央同期开关在粗略同期位置，检查双方电压及频率，向调度汇报，一般情况下电压允许相差不超过 10%～15%，两侧频率相差不得大于 0.5Hz。

c. 将中央同期开关切至准确同期位置，整步表开始转动。

d. 当整步表以缓慢的速度顺时针转动时可准备并列，待指针缓慢趋于同期点时，操作人员即可合闸。

e. 合闸成功后，断开中央同期开关及手动同期开关，立即向调度汇报。并列后如表针摆动过大，1～2min 内不能消除即进行解列。

注意事项：如果整步表的指针转动过快时，不可合闸；整步表的指针走过零位时，不很平稳，有跳动现象时不准合闸；并列装置每次使用时限为 20min，如在 20min 以内未能并列成功，应将整步表停用冷却 10min 后再进行；如系统情况无法并列或仪表误差过大不得勉强操作。

⑥ 更改二次保护定值操作的有关规定　随着一次设备运行方式的改变，与之相对应的二次继电保护定值也要随之调整，改变定值时除上面提及的几点注意事项外，还需注意以下几点。

a. 当值运行人员接到定值通知单或调度命令，需改变保护定值时，应首先核对继电器的规范是否相符。

b. 继电器刻度盘上应有经专业继电保护人员校验合格的定值整定点，这点对于时间继电器的定值调整尤为重要。电流保护、上下级的配合是按时间阶梯原则进行的，如配合不当将会造成越级跳闸，扩大事故。因此依据经校验合格的整定点来调整定值是定值调整操作中必须遵循的原则之一。

c. 因调整定值的需要有时需改变继电器线圈的串、并联接线方式。当一次设备在运行状态下，在改变电流继电器线圈串、并联时，为防止电流互感器开路出现危险的高电压，必须将其二次回路短接。短接时应使用专用的接线叉且接触可靠。不得使用熔断器或用铜线临时缠绕。另外，必须要了解并熟记继电器刻度盘上数值，电流继电器线圈串联时以及电压继电器线圈并联时直读数值。

d. 在设备不停电情况下更改保护定值，为防止误动、误碰致使出现人为事故，故在操作继电器前应先断开相应的跳闸连接片。

e. 运行中调整保护定值的操作顺序规定如下。

• 事故时反映数值上升的保护（如过电流保护）定值由大改小时，一般在方式改变后调整，顺序从动作时间最小值开始逐级调整；由小改大时则在方式改变前调整，顺序从动作时间最大值开始逐级调整。

• 事故时反映数值下降的保护（如电压保护）定值的改变顺序

与上述相反。

• 对电压闭锁电流保护，按电流保护原则进行。

• 时间由大改小时，一般在方式改变前调整，顺序从动作时间最小侧开始；由小改大时则相反。

• 调整母差保护方式的顺序：母差保护从有选择性改非选择性时，在一次方式调整前进行，反之在一次方式调整后进行。

• 横差保护的投入与停用的顺序：

停用：在一次方式改变之前操作；

投入：在一次方式改变之后操作。

• 由于运行方式调整为单侧电源供电的进线断路器需停用其保护、重合闸时，在一次方式调整后进行；反之需投入其保护及重合闸时，则在一次方式调整前进行。

• 分段或母联断路器因兼供一段母线负荷需要停用其保护时，在一次方式调整前进行，反之需投入其保护时则在一次方式调整后进行。

例：110kV 正、副母线分列运行、旁路 720 断路器在冷备用时，用旁路断路器代线路断路器时的操作（以×××线 724 断路器为例，参见图 12-1）。

⑦ 操作顺序

• 检查旁路断路器保护定值及连接片与所带线路对应。

• 退出旁路断路器重合闸连接片。

• 调整旁路电流端子至带出线位置。

• 母差保护跳旁路断路器连接片及闭锁旁路断路器重合闸连接片在投入位置。

• 检查母差端子箱内旁路电流端子在投入位置。

• 查 720 断路器在断位。

• 查 7202 隔离开关在断位。

• 合上 7201 隔离开关，查已合上。

• 合上 7206 隔离开关，查已合上。

• 合上 720 断路器（向旁路母线充电），查充电正常。

• 拉开 720 断路器，查已拉开。

• 合上 7246 隔离开关，查已合上。

• 合上 720 断路器，查已合上（电流表应有指示）。
• 拉开 724 断路器，查已拉开（电流表指示为零）。
• 拉开 7243 隔离开关，查已拉开。
• 检查 7242 隔离开关在断位。
• 拉开 7241 隔离开关，查已拉开。
• 投入旁路断路器重合闸连接片。

12.3 110kV常用的供电系统图图解

12.3.1 有两台主变压器的降压变电所的主电路

电路如图 12-2 所示，该变电所的负荷主要是地区性负荷。变电所 110kV 侧外桥接线，10kV 侧采用单母线分段接线。这种接线要求 10kV 各段母线上的负荷分配大致相等。

① 主变压器　1 主变压器与 2 主变压器的一、二次侧电压为 110/10kV，其容量都是 10000kV・A，而且两台主变压器的接线组别也相同，都为 Y，d5 接线。主电路图一般都画成单线图，局部地方可画成多线图。由这些情况得知，这两台主变压器既可单独运行也可并列运行。电源进线为 110kV。

② 主变压器的一次侧（电源进线）　两台主变压器一次侧的接线方式是相同的。两台主变压器各经断路器、电流互感器和隔离开关与电源相连，电源电压为 110kV。两台主变压器一次侧还能通过“外桥”路（隔离开关—断路器—隔离开关）接通或断开，以提高变电所供电的灵活性和可靠性。

在 110kV 电源入口处，都装有避雷器、电压互感器和接地隔离开关（俗称接地刀闸），供保护、计量和检修之用。

③ 主变压器的二次侧　两台主变压器的二次侧母线各经电流互感器、断路器和隔离开关，分别与两段 10kV 母线相连。这两段母线由母线联络开关（由两个隔离开关和一个断路器组成）进行联络。正常运行时，母线联络开关处于断开状态，各段母线分别由各自主变压器供电。当一台主变压器检修时，接母线联络开关，于是

两段母线合成一段，由另一台主变压器供电，从而保证不间断向用户供电。

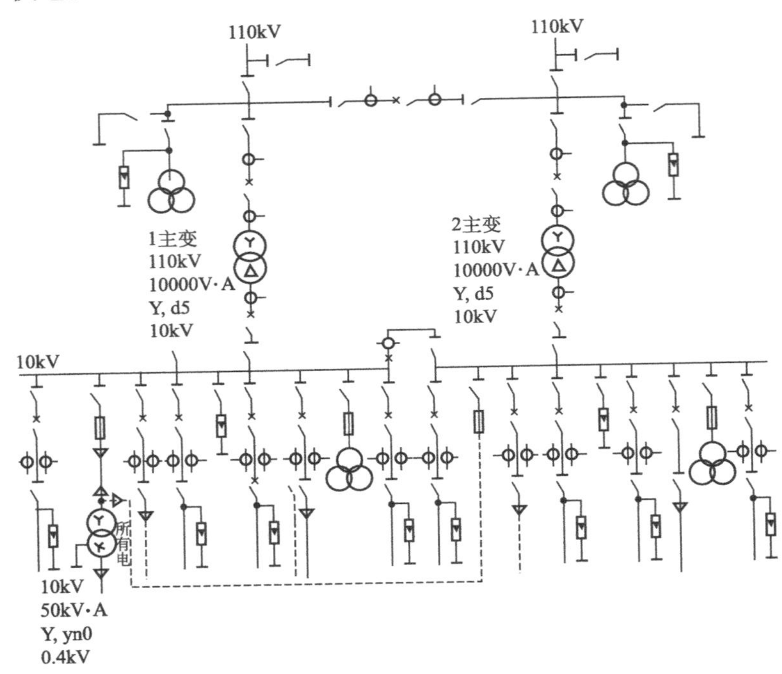

图 12-2 两台主变压器的降压变电所主电路

④ 配电出线 在每段母线上接有 4 条架空配电线路和 2 条电缆配电线路。在每条架空配电线路上都接有避雷器，以防线路雷击损坏。变电所用电由所用变压器供给，这是一台容量为 50kV・A、接线组别为 Y，yn0 的三相变压器，它可由 10kV 两段母线双路受电，以提高用电的可靠性。此外，在两段母线上还各接有电压互感器和避雷器，作为计量和防雷保护用。

12.3.2 有一台主变附备用电源的降压变电所主电路

对不太重要、允许短时间停电的负荷供电时，为使变电所接成简单、节省电气元件和投资，往往采用一台主变并附备用电源的接线方式，其主电路如图 12-3 所示。

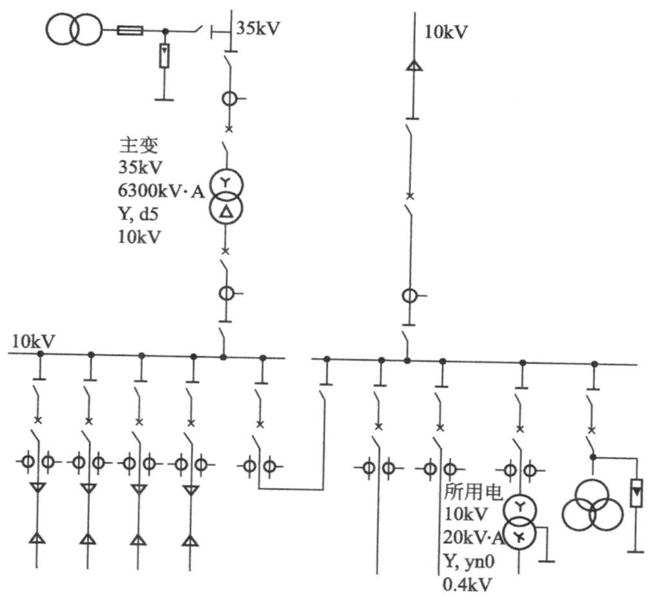

图 12-3 一台主变附备用变电所主电路

① 主变压器 主变压器一、二次侧电压为 35/10kV，额定容量为 6300kV·A，接线组别为 Y，d5。

② 主变压器一次侧 主变压器一次侧经断路器、电流互感器和隔离开关与 35kV 架空线路连接。

③ 主变压器二次侧 主变压器二次侧出口经断路器、电流互感器和隔离开关与 10kV 母线连接。

④ 备用电源 为防止 35kV 架空线路停电，备有一条 10kV 电缆电源线路，该电缆经终端电缆头变换成三相架空线路，经隔离开关、断路器、电流互感器和隔离开关也与 10kV 母线连接。正常供电时，只使用 35kV 电源，备用电源不投入；当 35kV 电源停用时，方投入备用电源。

⑤ 配电出线 10kV 母线分成两段，中间经母线联络开关联络。正常运行时，母线联络开关接通，两段母线共同向 6 个用户供电。同时，还通过一台 20kV·A 三相变压器向变电所供电。此

外，母线上还接电压互感器和避雷器，用作测量和防雷保护。电压互感器为三相户内式，由辅助二次线圈接成开口三角形。

12.3.3 组合式成套变电所

组合式成套变电所又叫箱式变电所（站），其各个单元部分都是由制造厂成套供应，便于在现场组合安装。组合式成套变电所不需建造变压器室和高、低压配电室，并且易于深入负荷中心。如图 12-4 所示为 XZN-1 型户内组合式成套变电所的高、低压主电路图。

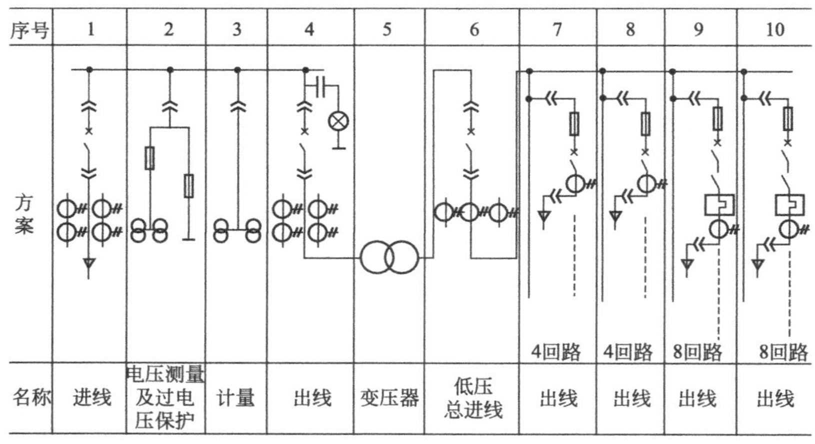

序号
1
2
3
4
5
6
7
8
9
10
方案
4回路
4回路
8回路
8回路
名称
进线
电压测量及过电压保护
计量
出线
变压器
低压总进线
出线
出线
出线
出线

图 12-4　XZN-1 型户内组合式成套变电所的高、低压主电路

其电气设备为分高压开关柜、变压器柜和低压柜 3 部分。高压开关柜采用 CFC-10A 型手车式高压开关柜，在手车上装有 ZN4-10C 型真空断路器；变压器柜主要装配 SCL 型环氧树脂浇注干式变压器，防护式可拆装结构，变压器装有滚轮，便于取出检修；低压柜采用 BFC-10A 型抽屉式低压配电柜，主要装配 ME 型低压断路器等。

12.3.4 低压配电线路

低压配电线路一般是指从低压母线或总配电箱（盘）送到各低

压配电箱的低电线路。图 12-5 所示为低压配电线路。电源进线规格型号为 BBX-500，3×95＋1×50，这种线为橡胶绝缘铜芯线，三根相线截面积为 95mm^2，一根零线的截面积为 50mm^2。电源进线先经隔离开关，用三相电流互感器测量三相负荷电流，再经断路器作短路和过载保护，最后接到（100×6）的低压母线上。在低压母线排上接有若干个低压开关柜。可根据其使用电源的要求分类设置开关柜。

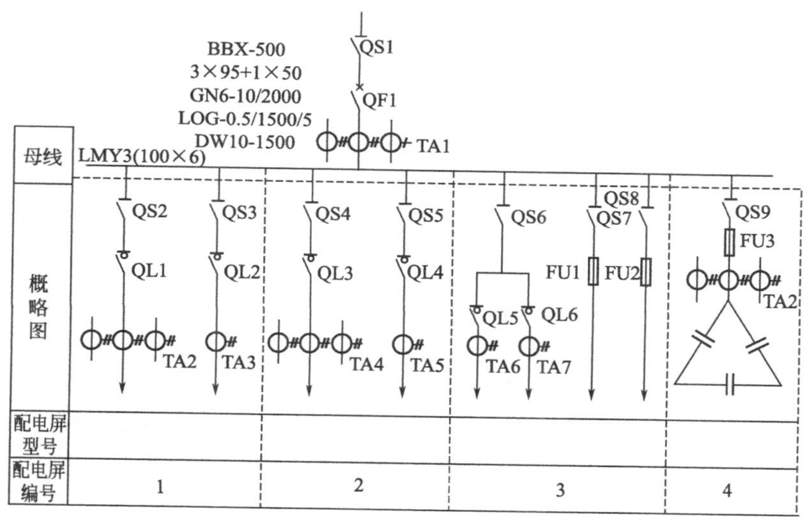

图 12-5　低压配电线路

配电出线回路上所接的电流互感器，除用作电流测量外，还可供电能计量用。

该线路采用放射式供电系统。从低压母线上引出若干条支路直接接去路配电箱（盘）或用电设备配电，沿线不再接其他负荷，各支路间无联系，因此这种供电方式线路简单，检修方便，适合于负荷较分散的系统。

母线上方是电源及进线。380/220V 三相四线制电源，经隔离开关 QS1、断路器 QF1 送至低压母线。QF1 用作短路与过载保护。三相电流互感器 TA1 用来测量三相负荷电流。

在低压母线排上接有若干个低压开关柜，在配电回路上都接有隔离开关、断路器或负荷开关，作为负荷的控制和保护装置。

12.4 识读供配电系统二次电路图

12.4.1 二次设备

(1) 二次设备的重要性 为了保证一次设备运行可靠和安全，需要有许多辅助电气设备为之服务，这些设备就是二次设备。二次设备是电气系统中不可缺少的重要组成部分，这是因为：

一台设备是否已带电，甚至一台开关是否已闭合送电，在许多情况下，从外表是分辨不清的，这就需要通过各种视听信号，如灯光、音响等来反映。

灯光与音响信号仅能表明设置的大致工作状态，如果需要详细地、定量地监视电气设备的工作情况，还需要用各种仪表、测量设备来监视电路的各种参数，如电压、频率的高低，电流、功率大小，发出或消耗电能的多少等。

电气设备与线路在运行过程中有时会产生故障，有时会超过设备、线路允许工作范围与限度，这就需要有一套检测这些故障信号并对线路、设备的工作状态进行自动调整（断开、切换等）的保护设备。

小型的低开关可以用手进行操作，但是高压、大电流开关设备的体积是很大的，手动操作是很困难的。特别是当设备出了故障，需要用开关切断电路时，手动操作更是不行的，这就需要有一套能进行自动控制的电气操作设备。

上述这些对一次设备进行监视、测量、保护与控制的设备称为二次设备或者称为辅助设备。通常，二次设备的工作电压是比较低的，工作电流也比较小。

(2) 二次设备的种类

① 控制设备。指用以控制高电压、大电流开关设备的电气自动控制与电气操作系统，如 CD10 型电磁操作机构、CT18 型弹簧操作机构中的控制开关、合闸接触器、分合闸线圈、储能电动机、

位置开关等。

② 保护设备。对电气设备（变压器、高低压电动机等）、线路发生故障及其他不正常状态进行保护的设备，如继电保护，低压断路器的短路、过流、失电压保护，熔断器保护等设备。

③ 测量设备。为了监视一次设备的运行状态和计量一次系统消耗的电能，保证供配电系统安全、可靠、优质和经济合理地运行，要配置、安装各种电工测量仪表，如电流表、电压表、功率表、功率因数表、有功及无功电能表等。

④ 监察设备。主要是对 6～10kV、35kV 中性点不接地系统发生单相接地故障进行监察，通过 3 只电压表分别测量三相相电压及 Y0/Y0/△连接的 3 只单相三绕组电压互感器、电压继电器电路来实施。

⑤ 指示设备。即信号系统。用来指示一次设备的运行状态。有位置信号、事故信号和预靠信号。设备有指示灯、光字牌、音响装置（电铃、警笛、蜂鸣器）等。

⑥ 操作电源。供电给继电保护装置、自动装置、信号装置、断路器控制等二次电路及事故照明的电源，统称为操作电源。操作电源有交流操作电源和直流操作电源两大类。

交流操作电源一般引自高压进线电源计量柜的电压互感器二次侧，经控制变压器将 100V 电压升高为 220V，其接线简单，投资少，运行维护方便，但直接受系统交流电源影响，可靠性较差。一般常用在小型工厂的变配电所。

直流操作电源有晶闸管整流电容储能电源、碱性镉镍蓄电源等。电压有 220V、110V 和 48V 等。

12.4.2　二次设备电路图及其特点

将二次设备按照一定顺序绘制的电路图，称为二次电路图，也称为辅助电路图。二次电路图是电气工程图的重要组成部分，较其他电气图显得更复杂。其主要特点有下列几项。

(1) 二次设备数量多　一次电路的设备一般只有为数不多的几台（件），而监视、测量、控制、保护用的二次设备元件多达数十种。随着电压等级的提高，设备容量的增大，需要自动化控制和保护的系统也越来越复杂，二次设备的种类与数量也就越多。

(2) 连接导线多 由于二次设备数量多，因此连接二次设备之间的导线必然也很多，而且二次设备之间的连线不像一次线那么简单。通常情况下，一次设备只要相邻设备之间连接，而且连接导线的数量仅限于单相两根线、三相三根线或三相四根线，最多也不过三相五根线（三根相线、一根中性线和一根保护线）。二次设备之间的连线不限于相邻设备之间，而是可以跨越较远的距离，相互之间往往交错相连。另外，某些二次设备接线端子很多，如一个中间继电器除线圈外，触头有的多达十几对，这意味着这个中间继电器引入/引出的导线可达二十余根。

(3) 二次设备动作程序多，工作原理复杂 大多数一次设备的动作过程只是通或断、带电或不带电等，而大多数二次设备的动作过程程序多，工作原理复杂。以一般保护电路为例，通常由感受地元件感受被测参量，再将被测量送到执行电气元件，或立即执行，或延时执行，或同时作用于几个电气元件动作，或按一定次序作用于几个元件分别动作；动作之后还要发出动作信号，如音响、灯光显示、数字和文字指示等，这样，二次电路图必然要复杂得多。

(4) 二次设备工作电源种类多 在某一确定的系统中，一次设备的电压等级是很少的，如 10kV 配电变电所，一次设备的电压等级只有 10kV 和 380/220V，但二次设备的工作电压等级和电源种类却可能有多种，有直流，有交流，有 380V 以下的各种电压等级，如 380V、220V、100V、36V、24V。

由于二次回路使用范围广，电气元件多、安装分散，因此为了设计、运行和维修方便，常将二次回路分成以下几类：按二次回路电源的性质可分为交流回路和直流回路。交流回路包括电流互感器、电压互感器、厂（所）用变压器供电的全部回路；直流回路由直流电源正极到负极的全部回路。按二次回路的用途可分为操作电源回路、测量仪表回路、断路器控制和信号回路、继电保护和自动装置回路等。

常见的二次回路图有 3 种形式，即集中式二次电路图、分开式二次电路图和安装接线图。本节主要介绍如何识读二次电路图。

12.4.3　集中式（整体式）二次电路图和分开式（展开式）二次电路图

二次电路图的绘制方法视其二次设备接线的复杂程序而定。较简单的采用集中表示法（即过去俗称的整体式电路图），较复杂的采用分开表示法（即过去俗称的展开式电路图）。二次电路图只是反映二次回路的工作原理，不能用来指导二次设备的安装，与二次电路图配套的就是描述装接关系的接线图，二次设备接线图是现场装配工人不可缺少的重要图纸。

分开式二次电路图图线清晰，横向排列，符合人们的阅读习惯，便于按图接线、查线。对于比较复杂的二次系统，通常采用分开式表示方法。

(1) 集中式二次电路图　集中式二次电路图通常将二次接线和一次接线中的有关部分画在一起，所有的仪表、继电器和其他电气元件都以整体形式的图形符号表示，不画出内部的接线，而只画出接点的连接，并按它们之间的相互关系，把二次部分的电流回路、电压回路、直流回路和一次接线绘制在一起。这种图的特点是能对整个装置的构成有一个整体的概念，并可清楚地了解二次回路各元件间的电气联系和动作原理。

如图 12-6 所示为 6～10kV 线路过电流保护的集中式二次电路图。整套过电流保护装置由 4 只继电器组成。其中 KA1、KA2 为电流继电器，其线圈分别接于 L1、L2 相电流互感器 TA1、TA2 的二次侧。当电流超过动作值时，其动合触头 KA1（1-2）、KA2（1-2）闭合，启动时间继电器 KT，经一定延时后，KT 的动合触头 KT（1-2）闭合，直流操作电流正端经 KT 的动合触头 KT（1-2)—信号继电器 KS 线圈—断路器的辅助动合触头 QF（1-2）—断路器跳闸线圈 YR—操作电源的负端。当跳闸线圈 YR 和信号继电器 KS 的线圈中有电流流过时，两者同时动作，一方面断路器 QF 跳闸，另一方面信号继电器 KS 的动合触头 KS（1-2）发出信号。断路器跳闸后，辅助触头 QF（1-2）切断跳闸线圈 YR 中的电流。

从以上分析可知，集中式二次电路图中的一次接线仅与二次连线直接有关的部分，如电流互感器，以三线图的形式表示，其余则以单线图的形式表示。二次接线部分表示交流回路的全部，直流回路的电源只标出正、负两极。图中，所有的电气设备都应采用国家标准统一规定的图形符号表示，设备之间的联系应按照实际的连接顺序画出。

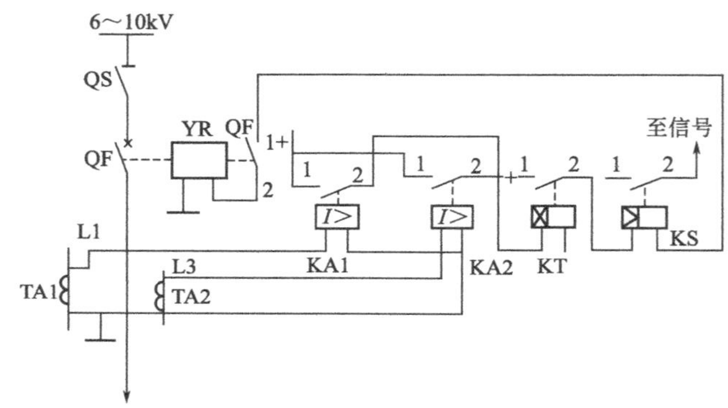

图 12-6 6～10kV 线路过电流保护集中式二次电路

QF—隔离开关；QF—断路器；TA1，TA2—电流互感器；
KA1，KA2—电流继电器；KT—时间继电器；
KS—信号继民器；QF—断路器；YR—跳闸线圈

集中式二次电路图具有以下特点。

① 在集中式二次电路图中，往往把有关的主电路（一次回路）及主要的一次设备简要地绘制在二次电路图的一旁，用以表示二次电路对主电路的监视、测量、保护等功能，在集中式二次电路图中，主要是突出二次电路的工作原理，不考虑具体设备元件的内部结构及排列。

一次设备和二次设备的相关部分画在一起，且二次设备采用整体的形式表示，继电器和线圈与触头画在一起，并且机械连接线（虚线）对应连接。因此二次设备的构成、数量及其之间的相互关系比较直观，能给读图者一个明确的整体概念。

② 集中式二次电路图是以设备、元件为中心绘制的图，图中各设备、元件均用统一的图形符号和文字符号以集中的形式表示，按动作顺序画出。例如，继电器的线圈与触头、断路器的主触头和辅助触头以及跳闸线圈等都分别集中绘制在一起。这种表示方法便

于清楚地显示设备、元件之间的连接关系，比较形象直观，便于分析整套装置的动作原理，是绘制分开式二次电路图等其他工程图的原始依据。

③ 为了图面清晰、简明起见，整体式原理电路图中表示的一次设备，一般用单线图表示，除非二次设备非用三相表示不可。

④ 无论一次设备还是二次设备（主要是那些带有触头的开关、继电器、按钮等），它们所表示的状态都是未带电或非激励、不工作的状态；如不是表示这一状态，则必然有注明。

⑤ 图上各设备之间的联系是以整体连接来表示的，没有给出设备的内部接线，一般也不给出设备引出线端子的编号和引出线的编号，控制电源仅标出电源的极性和符号，没有具体表示是从何处引来的。因此，这种图大多情况下不具备完整的使用价值，还不能用来安装接线、查找故障等。

(2) 分开式二次电路图 分开式二次电路图，同样也是用来表示二次回路构成的基本原理的，但与集中式二次电路图的表达方式有所不同。其特点是将二次回路的设备展开，即把线圈和触头按交流电流回路、交流电压回路和直流回路为单元分开表示。同时，为避免回路的混淆，属于同一线圈作用的触头或同一电气元件的端子，需标注相同的文字符号。此外，回路的排列按动作次序由左到右、由上到下逐行有序地排列。这样，阅读和查对回路就比集中式图方便。这种分开式图回路次序非常清晰明显，因此现场使用极为普遍。

分开式图的绘制一般是将电路分成几部分，如交流电流回路、交流电压回路、直流操作回路和信号回路等，每一部分又分为很多行。交流回路按 L1、L2、L3 的相序，直流回路按继电器的动作顺序自上至下排列。同一回路内的线圈和触头，按电流通过的路径自左向右排列。在每一行中，各元件的线圈和触头是按照实际连接顺序排列的。在每一个回路的右侧配有文字说明。

如图 12-7 所示为根据集中式图而绘制的分开式图。图中左侧为示意图，表示主接线及保护装置所连接的电流互感器在一次系统中的位置；右侧为保护回路的分开式图，由交流回路、直流操作回路、信号回路 3 部分组成。交流回路由电流互感器的二次绕组供

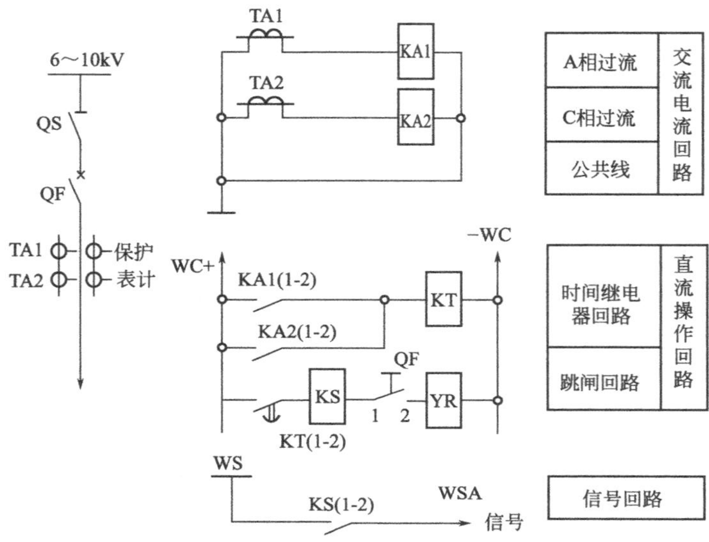

图 12-7　6～10kV 线路继电器展开式二次电路图

电。电流互感器只装在 L1、L2 两相上，每相分别接入一只电流继电器线圈，然后用一根公共线引回，构成不完全的星形接线。直流操作回路两侧的竖线表示正、负电源，上面两行为时间继电器的启动回路；第三行为跳闸回路。其动作过程为：当被保护的线路发生过电流时，电流继电器 KA1 或 KA2 动作，其动合触头 KA1(1-2)、KT2(1-2) 闭合，接通时间继电器 KT 的线圈回路。时间继电器 KT 动作后，经过整定时限后，延时闭合的动合触头 KT(1-2) 闭合，接通跳闸回路。断路器在合闸状态时与主轴联动的常开辅助触头 QF(1-2) 是处于闭合位置的。因此，在跳闸线圈 YR 中有电流流过时，电流继电器 KA1 和 KA2 动作，其动合触头 KA1(1-2)、KA2(1-2) 闭合，接通时间继电器 KT 的线圈回路。时间继电器 KT 动作后，经过整定时限后，延时闭合的动合触头 KT(1-2) 闭合，接通跳闸回路。断路器在合闸状态时与主轴联动的常开辅助触头 QF(1-2) 是处于闭合位置的。因此，在跳闸线圈 YR 中有电流流过时，断路器跳闸。同时，串联于跳闸回路中的信号继电器 KS

动作并掉牌，其在信号回路中的动合触头 KS（1-2）闭合，接通信号小母线 WS 和 WSA。WS 接信号正电源，而 WSA 经过光字牌的信号灯接负电源，光字牌点亮，给出正面标有“掉牌复归”的灯光信号。

分开式图与集中式图是一种图的两种表示方法。分开式二次电路图是以电路（即回路）为中心绘制的，各个电气元件不管属于哪一个项目，只要是同一个回路的，都要画在一个回路中。将电器、继电器以及仪表的线圈，触头分开，分别画在所属的电路中，并将整个电路按交流电流回路、交流电压回路、直流电压回路、直流信号回路等，且按不同电压等级画成几个独立的部分。

分开式图与集中式图是等效的，但展开图电路清晰，易于读图，便于了解整套装置的动作程序和工作原理，特别是在一些表现复杂装置的电气原理时，其优点更突出。

展开图具有以下特点。

① 根据供给二次电路的电源的不同类型划分为不同的独立部分。如交流回路，又分交流电流回路和交流电压回路；直流回路，又分信号回路、控制回路、测量回路、合闸回路、保护回路等。每一回路又分成若干行，行的排列顺序是从上至下或从左到右，交流电按第一相 L1、第二相 L2、第三相 L3、中性线或公共线 N 的顺序排列；其他电路按电器的动作顺序自上而下、自左至右排列。

② 分开式二次电路图通常排列成平行的行，按系统的因果、动作顺序自上而下排列。例如，图中电流继电器 KA 动作后，时间继电器 KT 动作，因此 KA 回路在 KT 回路之上。对于多相电路，通常按从上而下或从左至右排序。每一行元件的排列顺序一般也按从左到右排列，但对于负载元件（如图所示 KA、KT、KM、YR 等线圈）通常上下对齐。

为了说明回路的特征、功能，以加深对图的原理的理解，通常在每一回路的右侧标注简要的文字说明，用以说明回路的名称、功能。例如，图中标注的“交流电流回路”“直流电压回路”“延时回路”“直流跳闸回路”“信号回路”等。这种文字说明，必须简明扼要、条理清楚。这些文字说明是分开式电路图的重要组成部分，读图时切不可忽视。通过阅读这些文字说明，就可知道这个回路的功能或作用。

③ 同一仪表的各种线圈、电器以及继电器的线圈，触头是分开画在不同电源的电路中的，属于同一电气元件的触头、线圈，都标以同一个文字符号。

④ 展开图中各种独立电路的供电电源除了交流电流电路由电流互感器直接表示外，一般都是通过各种电源小母线引入的，在分开式二次电路图中，各种小母线按照电源类别和功能的不同，分别采用不同的名称符号。

12.4.4 识读二次电路图的方法和步骤

由于二次电路图比较复杂，识读二次电路图时，通常应掌握以下要领。

① 概略了解图的全部内容。例如，图的名称、设备或元器件表及其对应的符号、设计说明等，然后粗略纵观全图。重点要识读主电路以及它与二次回路之间的关系，以准确地抓住该图所表达的主题。

例如，断路器的控制回路电路图主要表达该电路是怎样使断路器合闸、跳闸的。同样，信号回路电路图表达了发生事故或不正常运行情况时怎样发生光报警信号；继电保护回路表达了怎样检测出故障特征的物理量及怎样进行保护的等等。抓住了主题后，一般采用逆推法，就能分析出各回路的工作过程或原理。

② 掌握制图规则。在制图规则里规定，电路图中各触头都是电气元件在没有外激励的情况下的原始状态。例如，按钮没有按下、开关未合闸、继电器线圈没有电、温度继电器在常温状态下、压力继电器在常压状态下等。这种状态称为图的原始状态。但识图时不能完全按原始状态来分析，否则很难理解图样所表现的工作原理。因此在识图时，必须假定某一个激励，如某一个按钮被按下，将会产生什么样的一个或一系列反应，并以此为依据来分析。

如果在一张复杂的图中，为了识读图样的方便以及不会忘记或遗失所假定的激励及它的反映，可将图样的一部分改画成某种激励下的状态图（称为状态分析图）。这种状科是识图过程绘制的一种图，通常不必十分规整地画出，还可用铅笔在原图上另加标记。

③ 在电路图中，同一设备的各个电气元件位于不同回路的情况比较多。在分开式二次电路图中，往往将各个电气元件画在不同的回路，甚至不同的图纸上，识图时应从整体观念出发，去了解各设备的功能。辅助开关的开合状态从主开关的开合状态去分析，如断路器的辅助触头状态应从主触头（断路器的断开、闭合）状态去分析；继电器的状态应从继电器线圈带电状态去分析。一般来说，继电器触头是执行元件，因此应从触头看线圈的状态，不要看到线圈再去找触头。

④ 任何一个复杂的电路都是由若干基本电路、基本环节构成的。识读复杂电路图时一般要化整为零，一般按图注功能块来划分，把它分成若干个基本电路或部分。然后，先看主电路，后看二次回路，由易到难，层层深入，分别将各部分、各个回路看懂，最后将其贯穿，整个电路的工作原理和过程就能看懂。

识图时先识读主电路，再识读二次回路。识读二次回路时，一般从上至下，先识读交流回路，再识读跳闸回路，然后识读信号回路；先识读单元组合电路，后识读整体。如果某个环节一时读不懂，可先读懂其他环节，然后根据有关知识和其他环节的工作原理，就可推测出这一部分的功能。

⑤ 二次图的种类很多。如集中式二次电路图、分开式二次电路图、混合式二次电路图及二次接线图等。对于某一设备、装置和系统，这些图实际上是从不同的使用角度和不同侧面对同一对象采用不同的描述手段，显然这些图存在着内部的联系。因此，识读各种二次图时应将各种图联系起来。例如，读集中式电路图，可以与分开式图相联系；读接线图可以与电路力相联系。掌握各类图的互换，即绘制方法，是阅读二次图的一个十分重要的环节。

12.4.5 识图示例

(1) 基本的断路器控制电路

① LW2 型控制开关　LW2 型控制开关有两个固定位置（垂直和水平）和两个操作位置（由垂直位置再顺时针转 45°和水平位置再逆时针转 45°）。由于具有自由的行程，因此开关的触头位置共有 6 种状态，即“预备合闸”“合闸”“合闸后”“预备跳闸”“跳

闸”“跳闸后”。如图 12-8 所示为 LW2-Z 型控制开关触头图表，用于表明控制开关的操作手柄在不同位置时各触头通/断情况。

当断路器为断开状态，操作手柄置于“跳闸后”的水平位置，需进行合闸时，首先将手柄顺时针旋转 90°至“预备位置”，再旋转 45°至“合闸位置”，此时触头 5-8 接通，发合闸脉冲。断路器合闸后，松开手柄，操作手柄在复位弹簧作用下，自动返回至垂直位置“合闸后”。进行跳闸操作时，是将操作手柄从“合闸后”的垂直位置逆时针旋转 90°至“预备跳闸”位置，再继续旋转 45°至“跳闸”位置，此时触头 6-7 接通，发跳闸命令脉冲。断路器跳闸后，松开手柄使其自动复归至水平位置“跳闸后”。合、跳闸分两步进行，其目的是防止误操作。

控制开关的图形符号如图 12-8 所示。图中 6 条垂直虚线表示控制开关手柄的 6 个不同的操作位置，即 PC（预备合闸）、C（合闸）、CD（合闸后）、PT（预备跳闸）、T（跳闸）、TD（跳闸后）。水平线即端子引线，水平线下方位于垂直虚线上的粗黑表示该对触头在此操作位置是闭合的。

② 灯光监视的断路器控制电路　电磁操作机构的断路器控制信号电路如图 12-9 所示。图中 L+、L－分别为控制小母线和合闸小母线；100L（+）为闪光小母线；708L 为事故音响小母线；708L-为信号小母线（负电源）；SA 为 LW2-Z-1a、4、6a、4a、20、20/F8 型控制开关；HC、HR 为绿、红色信号灯；FU1～FU4 为熔断器；R 为附加电阻、KCF 为防跳继电器；KM 为合闸接触器；YC、YT 为合闸、跳闸线圈。控制信号电路动作过程如下：

断路器的手动控制。手动合闸前，断路器处于跳闸位置，控制开关置于“跳闸后（TD）”位置，SA 的触头（11-10）闭合。由正电源 L+经 FU1—SA 的触头 SA(11-10)—绿灯 HG—附加电阻 R1—断路器辅助动断触头 QF(1-2)—合闸接触器 KM—负电源 L－，形成通路，绿灯发平光。此时，合闸接触器 KM 线圈两端虽有一定的电压，但由于绿灯及附加电阻的分压作用，不足以使合闸接触器动作。在此，绿灯不但是断路器的位置信号，同时对合闸回路起了监视作用。如果回路故障，绿灯 HG 将熄灭。

有“跳闸后”位置的手柄(正面)的样式和触头盒(背面)接线图	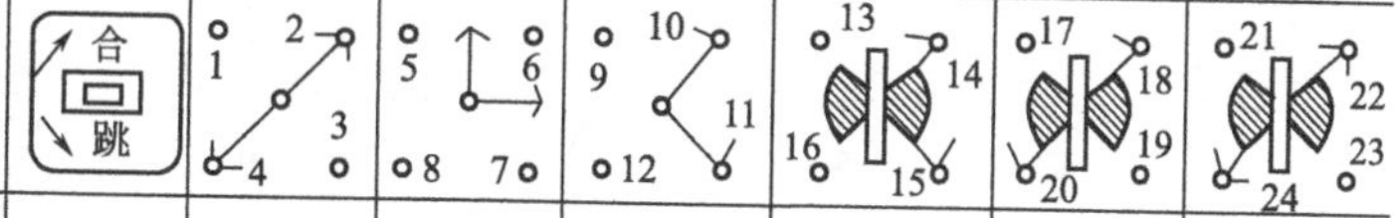 合 跳															
手柄和触头盒型式		1a		4		6a			40			20		20		
位置 ＼ 触头号	–	1~3	2~4	5~8	6~7	9~10	9~12	10~11	13~14	14~15	13~16	17~19	18~20	21~23	21~22	21~24
跳闸后(TD)		–	×	–	–	–	–	×	–	×	–	–	×	–	–	×
预备合闸(PC)		×	–	–	–	×	–	–	×	–	–	–	–	–	×	–
合闸(C)		–	–	×	–	–	×	–	–	–	×	×	–	×	–	–
合闸后(CD)		×	–	–	–	×	–	–	–	–	×	×	–	×	–	–
预备跳闸(PT)		–	×	–	–	–	–	×	×	–	–	–	–	–	×	–
跳闸(T)		–	–	–	×	–	–	×	–	×	–	–	×	–	–	×

注:×表示触头接通;–表示触头断开。

(a)

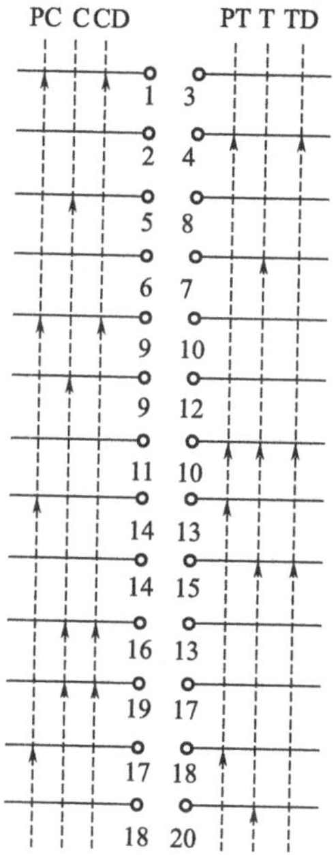

(b)

图 12-8　LW2-Z 型触头通/断情况及图形符号

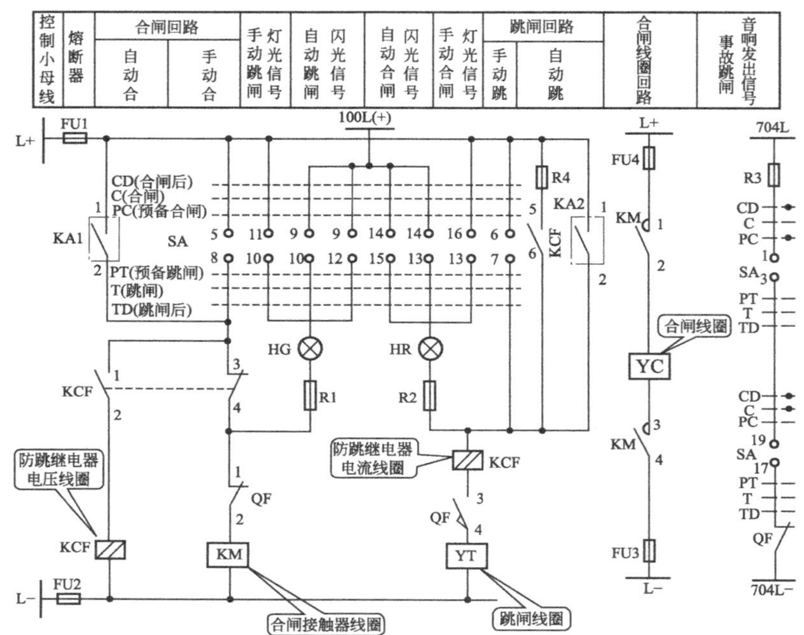

图 12-9 电磁操作机构的断路器控制信号电路

在合闸回路完好的情况下，将控制开关 SA 置于“预备合闸（PC）”位置，此时 SA 的触头 SA(11-10）断开，而触头 SA(9-10）闭合，绿灯 HG 经 SA 的触头 SA(9-10）接至闪光小母线 100L（+）上，HG 闪光。此时可提醒运行人员核对操作对象是否有误。核对无误后，将 SA 置于“合闸（C）”位置，SA 的触头 SA(5-8）闭合，而触头 SA(9-10）断开。SA 的触头 SA(5-8）闭合，由正电源 L＋经过 FU1—SA 的触头 SA(5-8）—KCF 的动断触头 KCF(3-4)—断路器辅助动断触头 QF(1-2)—合闸接触器 KM—负电源 L—，形成通路，合闸接触器 KM 得电，其动合触头 KM(1-2)、KM(3-4）闭合，使合闸线圈 YC 得电，断路器合闸。SA 的触头 SA(9-10）断开，绿灯 HG 熄灭。

合闸完成后，断路器辅助动断触头 QF(1-2）断开，使 KM 失电释放，断开合闸回路，控制开关 SA 自动复归至“合闸后

(CD)”位置，SA 的触头 SA(16-13) 闭合，由正电源 L＋经 FU1—SA 的触头 SA(16-13)—红灯 HR—附加电阻 R2—KCF 线圈—断路器辅助动合触头 QF(3-4)(已闭合)—跳闸线圈 YT—负电源 L－，形成通路，红灯立即发平光。同理，红灯发平光表明跳闸回路完好，而且由于红灯及附加电阻的分压作用，跳闸线圈不足以动作。

手动跳闸操作时，先将控制开关 SA 置于“预备跳闸 (PT)”位置，SA 的触头 SA(14-13) 闭合。由闪光小母线 100L(＋) 经 FU1—SA 的触头 SA(14-13)—红灯 HR—附加电阻 R2—KCF 线圈—断路器辅助动合触头 QF(3-4)(已闭合)—跳闸线圈 YT—负电源 L－，形成通路，红灯 HR 经 SA 的触头 SA(13-14) 接至闪光小母线 100L(＋) 上，HR 闪光，表明操作对象无误，再将 SA 置于“跳闸 (T)”位置，SA 的触头 SA(6-7) 闭合，由正电源 L＋经 FU1—SA(6-7)—KCF 线圈—断路器辅助动合触头 QF(3-4)(已闭合)—跳闸线圈 YT—负电源 L－，形成通路，跳闸线圈 YT 得电，断路器跳闸。跳闸后，断路器辅助动合触头 QF(3-4) 断开，切断跳闸回路，红灯熄灭，控制开关 SA 自动复归至“跳闸后”位置，绿灯发平光。

断路器的自动控制。当自装置动作，继电器 KA 的动合触头 KA1(1-2) 闭合，SA 的触头 SA(5-8) 被短接，由正电源 L＋经 FU1—KA1 的触头 KA1(1-2)—KCF 的动断触头 KCF(3-4)—断路器辅助动断触头 QF(1-2)—合闸接触器 KM—负电源 L－，形成通路，合闸接触器 KM 得电吸合，其动合触头 KM(1-2)、KM(3-4) 闭合，使合闸线圈 YC 得电，断路器合闸。此时，控制开关 SA 仍为“跳闸后”位置，触头 SA(14-15) 仍闭合。由闪光电源 100L(＋) 经 SA 的触头 SA(14-15)—红灯 HR—附加电阻 R2—KCF 线圈—断路器辅助动合触头 QF(3-4)—跳闸线圈 YT—负电源 L－，形成通路，红灯闪光。因此，当控制开关手柄置于“跳闸后”的水平位置，若红灯闪光，则表明断路器已自动合闸。

若一次回路发生故障，继电保护动作，保护出口继电器 KA2 的动合触头 KA2(1-2) 闭合后，SA 的触头 SA(6-7) 被短接。由正电源 L＋经 KA2 的动合触头 KA2(1-2)—KCF 线圈—断路器辅助动合触头 QF(3-4)—跳闸线圈 YT—负电源 L—，形成通路，跳闸线圈 YT 得电，使断路器跳闸。此时，控制开关为“合闸后(CD)”位置，SA 的触头（9-10）闭合，由 100L+—SA 的触头 SA（9-10）—绿灯 HG—附加电阻 R1—断路器辅助动断触头 QF（1-2）—合闸接触器线圈 KM—负电源 L—，形成通路，绿灯闪光。与此同时，SA 的触头（1-3）、SA(19-17) 闭合，接通事故跳闸音响信号回路，发事故音响信号。因此，当控制开关置于“合闸后”的垂直位置，若绿灯闪光，并伴有事故音响信号，则表明断路器已自动跳闸。

断路器的“防跳”。当断路器合闸后，在控制开关 SA 的触头 SA(5-8) 减自动装置触头 KA1（1-2）被卡死的情况下，如遇到一次系统永久性故障，继电保护动作使断路器跳闸，则会出现多次“跳闸—合闸”现象，称这种现象为“跳跃”。如果断路器发生多次跳跃现象，会使其损坏，造成事故扩大。因此，在控制回路中增设了由防跳继电器构成的电气防跳回路。

防跳继电器 KCF 有两个线圈，一个是电流启动线圈，串联于跳闸回路中；另一个是电压自保持线圈，经自身的动合触头 KCF（1-2）并联于合闸回路中，其动断触头 KCF(3-4) 则串入合闸回路中。当利用控制开关 SA 的触头 SA(5-8) 或自动装置的触头 KA1（1-2）进行合闸时，如合在短路故障上，继电保护动作，KA2 的触头 KA2(1-2) 闭合，使断路器跳闸。跳闸电流流过防跳继电器 KCF 的电流线圈使其启动，并保持到跳闸过程结束。其动合触头 KCF(1-2) 闭合，如果此时合闸脉冲未解除，即 SA 的触头 SA(5-8) 或 KA1 的触头 KA1(1-2) 被卡死，则防跳继电器 KCF 的电压线圈得以自保持。动断触头 KCF(3-4) 断开，切断合闸回路，使断路器不再合闸。只有在合闸脉冲解除，防跳继电器 KCF 的电压线圈失电后，整个电路才能恢复正常。

此外，防跳继电器 KCF 的动合触头 KCF(5-6) 经电阻 R4 与保护出口继电器触头 KA2(1-2) 并联，其作用是：断路器由继电保护动作跳闸后，其触头 KA2(1-2) 可能较辅助动合触头 QF(3-4) 先断开，从而烧毁触头 KA2(1-2)。动合触头 KCF(5-6) 与之并联，在保护跳闸的同时，防跳继电器 KCF 动作并通过动合触头

KCF(5-6) 自保持。这样，即保护出口继电器触头 KA2(1-2) 在辅助动合触头 QF(3-4) 断开之前就复归，也不会由触头 KA2(1-2) 来切断跳闸回路电流，从而保护了 KA2(1-2) 触头。R4 是一个阻值只有 1～4Ω 的电阻，对跳闸回路无多大影响。当继电保护装置出口回路串有信号继电器线圈时，电阻 R4 的阻值应大于信号继电器的内阻，以保证信号继电器可靠动作。当继电保护装置出口回路无串接信号继电器时，此电阻可以取消。

(2) 定时限过电流保护电路 带时限的过电流保护，按其动作时间特性分，有定时限过电流保护和反时限过电流保护两种。定时限，就是保护装置的动作时间是固定的，与短路电流的大小无关。

定时限过电流保护电路如图 12-10 所示，由启动元件（电磁式电流继电器 KA1、KA2）、时限元件（电磁式时间继电器 KT）、信号元件（电磁式信号继电器 KS）和出口元件（电磁式中间继电器

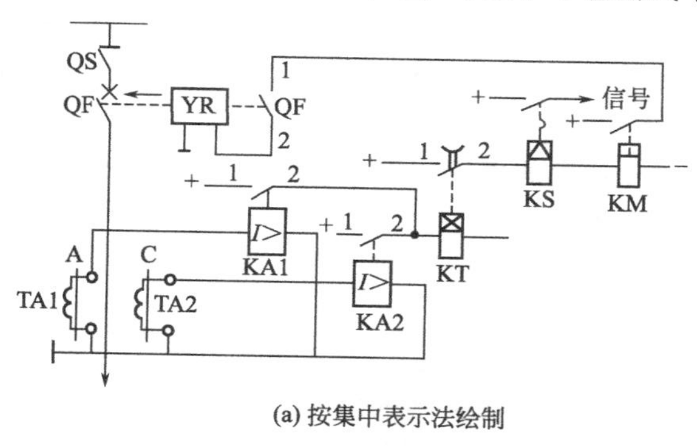

(a) 按集中表示法绘制

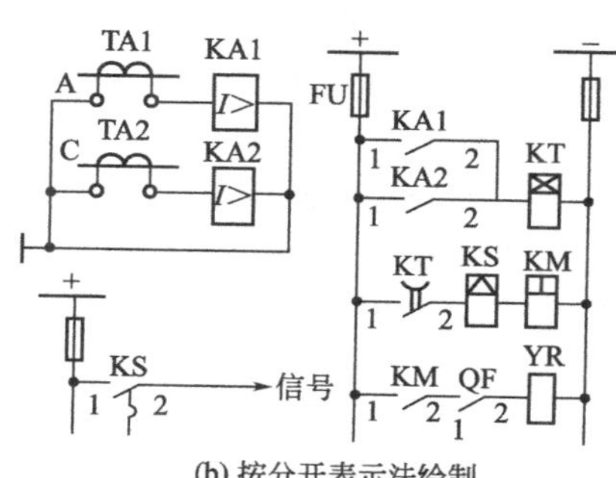

(b) 按分开表示法绘制

图 12-10 定时限过电流保护电路

KM）4 部分组成。其中，YR 为断路器跳闸线圈，QF(1-2）为断路器 QF 操纵机构的辅助触头，TA1、TA2 为装于 L1 相和 L3 相上的电流互感器。

保护电路的动作原理：当一次电路发生相间短路时，电流继电器 KA1、KA2 中至少有一个瞬时动作，其动合触头 KA1(1-2)、KA2(1-2）闭合，使时间继电器 KT 启动。KT 经过整定的时限后，其延时闭合的动合触头 KT(1-2）闭合，使串联的信号继电器 KS 和中间继电器 KM 动作。KM 动作后，其动合触头 KM(1-2）闭合，接通断路器的跳闸线圈 YR 的回路，由于 QF 合闸位置时，动合触头 QF(3-4）已闭合，使断路器 QF 跳闸，切除一次电路的短路故障。与此同时，KS 动作，其信号指示牌掉下，其动合触头 KS(1-2）闭合，接通信号回路，给出灯光和音响信号。在断路器跳闸时，QF 的辅助触头 QF(1-2）随之断开跳闸回路，以减轻中间继电器触头的工作，在短路故障被切除后，继电保护电路除 KS 外的其他所有继电器 KA1、KA2 和 KT 均自动回到起始状态，而 KS 可手动复位。

(3) 反时限过电流保护电路　反时限，就是保护电路的动作时间与反应到继电器中的短路电流的大小成反比关系，短路电流越大，动作时间越短，因此反时限特性也称为反比延时特性或反延时特性。

反时限过电流保护由 GL 型电流继电器组成。图 12-11 为两相两继电器式接线的去分流跳闸的反时限过电流保护电路。

当一次电路发生相间短路时，电流继电器 KA1、KA2 至少有一个动作，经过一定时限后（时限长短与短路电流大小成反比关系)，其动合触头闭合，紧接着其动断触头断开，这时断路器跳闸线圈 YR1 或 YR2 因“去分流”而得电，从而使断路器跳闸，切除短路故障部分。在继电器去分流跳闸的同时，其信号牌自动掉下，指示保护装置已经动作。在短路故障被切除后，继电器自动返回，信号牌则需手动复位。

电流继电器的一对动合触头，与跳闸线圈 YR 串联，其目的是用来防止继电器动断触头在一次电路正常时，由于外界震动等偶然因素使之意外断开而导致断路器误跳闸的事故。增加这对动合触头后，即使动触头偶然断开，也不会造成断路器误跳闸。

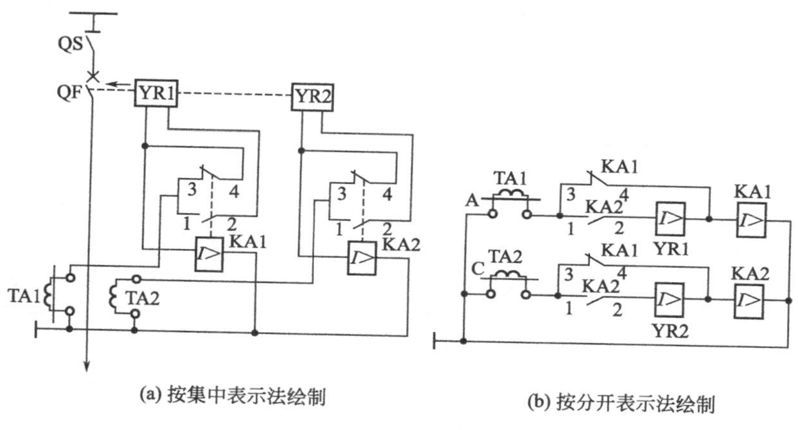

图 12-11 反时限过电流保护电路

这种继电器的动合、动断触头，动作时间的先后顺序必须是：动合触头先闭合、动断触头后断开；而一般转换触头的动作顺序是动断触头先断开后，动合触头再闭合。这里采用具有特殊结构的先合后断的转换触头，不仅保证了继电器的可靠动作，而且还保证了继电器触头转换时，电流互感器二次侧不会造成带负荷开路。

(4) 电流速断保护 电流速的保护是指一种瞬时动作的过电流保护。采用 DL 系列电流继电器的速断保护，应相当于在定时限过电流保护中抽去时间继电器，如图 12-12 所示。

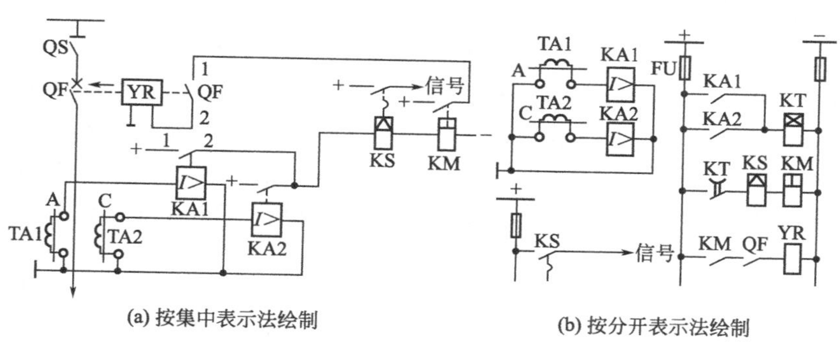

图 12-12 定时限过电流保护的原理电路图

当一次电路发生相间短路时，电流继电器 KA1 或 KA2 瞬时动作，接通信号继电器 KS 和中间继电器 KM。KS 给出信号，KM 接通断路器的跳闸线圈 YR 的回路，使断路器 QF 跳闸，快速切除短路故障。

(5) 变压器的煤气保护 变压器的煤气保护是保护油浸式变压器内部故障的一种基本保护。在变压器的油箱内发生短路故障时，由于绝缘油和其他绝缘材料受热分解而产生气体（煤气），因此利用这种气体的变化情况使继电器动作来作为变压器内部故障的保护。煤气保护的主要组成元件是煤气继电器，是非电量继电器，装在变压器油枕与油箱之间的联通管上。煤气继电器有两副动、静触头。变压器煤气保护电路如图 12-13 所示。

在变压器正常工作时，煤气继电器 KG 的两副动、静触头 KG(1-2)、KG(3-4) 都处于断开状态。

当变压器内部发生轻微故障（轻煤气）时，煤气继电器 KG 的上触头 KG(1-2) 闭合，接通轻煤气动作信号电路 KS1，KS1 的动合触头 KS1（1-2）闭合，接通信号回路发生报警信号。

当变压器内部发生严重故障（重煤气）时，KC 的下触头 KG(3-4) 闭合，经信号继电器 KS2、连接片 XB，启动出口继电器 KM，其动合触头 KM（3-4）闭合，接通断路器 QF 的跳闸线圈 YR，使断路器 QF1 跳闸。同时，KS2 的动合触头 KS2（1-2）闭合，接通信号回路，发生重煤气报警信号。若不要断路器 QF1 跳闸，可把连接片 XB 切换，经限流电阻 R，使 KS2 动作，则只发出报警信号。

为了避免由于油流剧烈冲击使煤气继电器 KG 的下触头 KG(34) 发生接触时的抖动现象，使断路器可靠地跳闸，而利用中间继电器 KM 的动合触头 KM(1-2)，使 KM 自锁。在 QF1 跳闸后，其辅助动合触头 QF1(1-2)、QF1(3-4) 复位断开，QF1(1-2) 断开跳闸回路、QF1(3-4) 断开 KM 的自锁回路，KM 自动返回初始状态。

(6) 6～10kV 高压线路的绝缘监视装置 绝缘监视装置主要用来监视小接地电流系统相对地的绝缘情况。图 12-14 为采用一个三相五芯柱三线圈电流互感的绝缘监察装置。

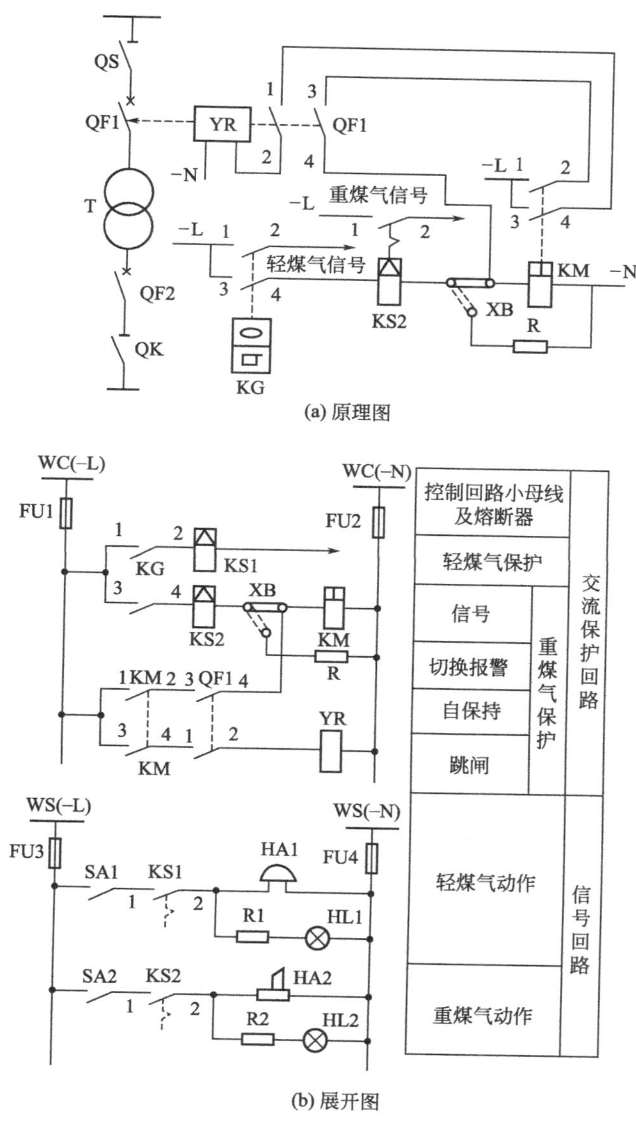

(a) 原理图

(b) 展开图

图 12-13　变压器煤气保护电路

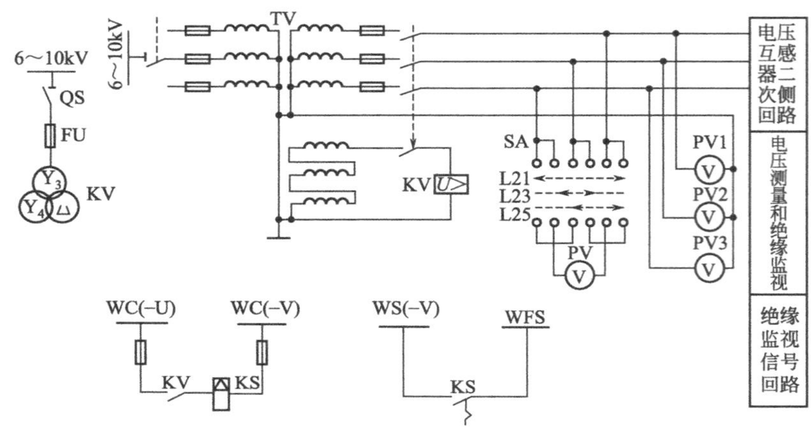

图 12-14　绝缘监察装置

三相五芯柱三线圈电流互感器二次侧有两组线圈，一组接成星形，在它的引线上接 3 只电压表 PV1～PV3，系统正常运行时，反映各相的相电压；在系统发生一相接地时，则对应相的电压表指示零，而另两只电压表读数升高到线电压。另一组接成开口三角形（也称辅助二次绕组），构成零序电压过滤器，在开口接一过电压继电器 KV。系统正常运行时，三相电压对称，开口三角形开口处电压接近于零，继电器 KV 不会动作。但当系统发生单相接地故障时，接地相的电压为零，另两个互差 120°的相电压叠加，则使开口处出现近 100V 的零序电压，使电压继电器 KV 动作，发出报警的灯光和音响信号。

此外，还可通过转换开关 SA，测量一次电压的 3 个线电压。

(7) 直流操作电源的变压器综合保护电路　图 12-15 为采用直流操作电源的 35kV 或 10kV、容量在 800kV·A 及以上的油浸电力变压器综合电路。该电路的保护配置有：有时限过电流保护、电流速断保护、温度保护及煤气保护。其回路有直流回路和交流回路，而直流回路中包含有控制、保护和信号回路。

① 主接线　由 6～10kV 电源进线经隔离开关 QS、断路器 QF1、电流互感器 TA1、TA2 和 TA3、TA4，供给变压器 T1，降

压为230/400V向低压负荷配电。其TA1、TA2的二次侧接电测仪表。TA3、TA4接电流继电器，KA1、KA3，作电流保护。

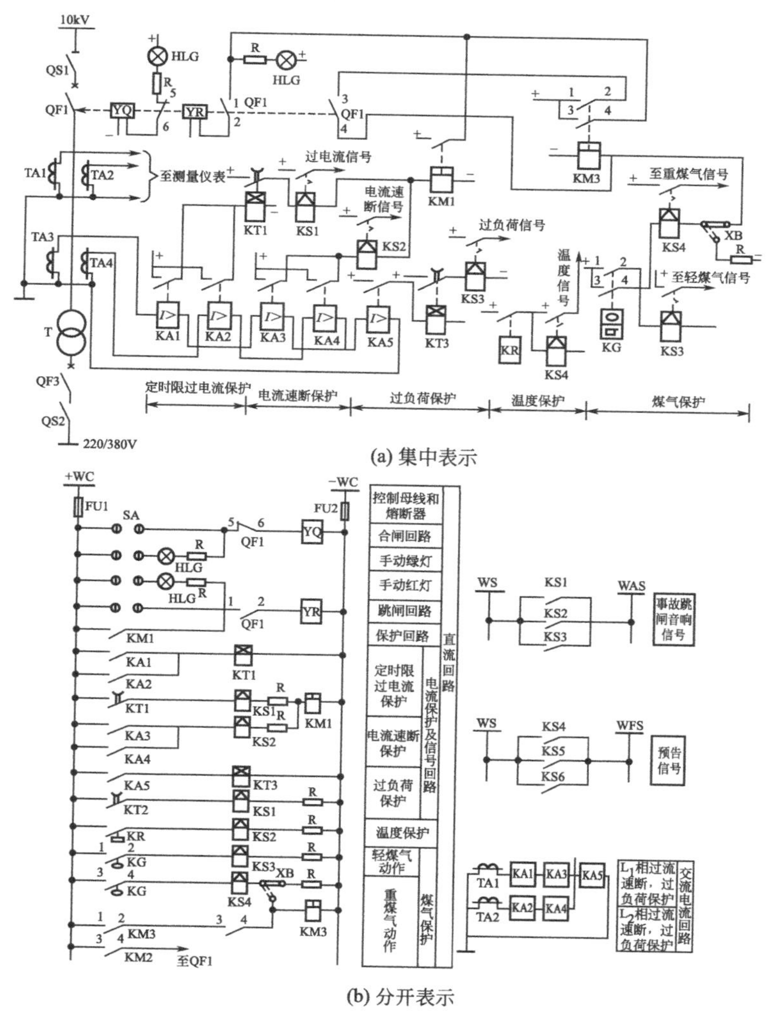

(a) 集中表示

(b) 分开表示

图12-15　直接操作电源的变压器综合保护电路

②继电保护装置　反时限过电流保护由电流互感器TA3、

TA4、电流继电器 KA1、KA2 构成的两相继电器式电路，通电延时时间继电器 KT1 组成延时电路。电流速断保护电路由 TA3、TA4、TA3、TA4 组成。过负荷保护由电流互感器 KA5 组成。煤气保护由煤气继电器 KG 和信号继电器 KS5 组成。温度保护由温度继电器 KR 及信号继电器 KS4 组成。

参考文献

［1］ 朱德恒. 中国电力百科全书：高压电技术基础. 北京：中国电力出版社，1995.
［2］ 肖达川. 中国电力百科全书：电工技术基础. 北京：中国电力出版社，1995.
［3］ 周泽存. 高压电技术. 北京：中国电力出版社，2004.
［4］ 郭仲礼，于曰浩. 高压电工实用技术. 北京：机械工业出版社，1992.
［5］ 刘光源. 实用维修电工手册. 上海：上海科学技术出版社，2004.
［6］ 鲁铁成，关根志. 高电压工程. 北京：中国电力出版社，2006.
［7］ 赵玉林. 高电压技术. 北京：中国电力出版社，2008.
［8］ 张一尘. 高电压技术. 第 2 版. 北京：中国电力出版社，2007.

化学工业出版社专业图书推荐

ISBN	书　　名	定价
30600	电工手册(双色印刷+视频讲解)	108
30660	电动机维修从入门到精通(彩色图解+视频)	78
30520	电工识图、布线、接线与维修(双色+视频)	68
28982	从零开始学电子元器件(全彩印刷+视频)	49.8
28918	维修电工技能快速学	49
28987	新型中央空调器维修技能一学就会	59.8
28840	电工实用电路快速学	39
29154	低压电工技能快速学	39
28914	高压电工技能快速学	39.8
28923	家装水电工技能快速学	39.8
28932	物业电工技能快速学	48
28663	零基础看懂电工电路	36
28866	电机安装与检修技能快速学	48
28459	一本书学会水电工现场操作技能	29.8
28479	电工计算一学就会	36
28093	一本书学会家装电工技能	29.8
28482	电工操作技能快速学	39.8
28480	电子元器件检测与应用快速学	39.8
28544	电焊机维修技能快速学	39.8
28303	建筑电工技能快速学	28
28378	电工接线与布线快速学	49
25201	装修物业电工超实用技能全书	68
27369	AutoCAD 电气设计技巧与实例	49
27022	低压电工入门考证一本通	49.8
26890	电动机维修技能一学就会	39
26619	LED 照明应用与施工技术 450 问	69
26567	电动机维修技能一学就会	39
26330	家装电工 400 问	39
26320	低压电工 400 问	39
26318	建筑弱电电工 600 问	49
26316	高压电工 400 问	49

续表

ISBN	书　　名	定价
26291	电工操作 600 问	49
26289	维修电工 500 问	49
26002	一本书看懂电工电路	29
25881	一本书学会电工操作技能	49
25291	一本书看懂电动机控制电路	36
25250	高低压电工超实用技能全书	98
27467	简单易学 玩转 Arduino	89
27930	51 单片机很简单——Proteus 及汇编语言入门与实例	79
27024	一学就会的单片机编程技巧与实例	46
10466	Visual Basic 串口通信及编程实例(附光盘)	36
19200	单片机应用技术项目化教程(陈静)	49.8
19939	轻松学会滤波器设计与制作	49
21068	轻松掌握电子产品生产工艺	49
21004	轻松学会 FPGA 设计与开发	69
20507	电磁兼容原理、设计与应用一本通	59
20240	轻松学会 Protel 电路设计与制版	49
22124	轻松学通欧姆龙 PLC 技术	39.8
20805	轻松学通西门子 S7-300 PLC 技术	58
20474	轻松学通西门子 S7-400 PLC 技术	48
21547	半导体照明技术技能人才培养系列丛书(高职)——LED 驱动与智能控制	59
21952	半导体照明技术技能人才培养系列丛书(中职)——LED 照明控制	49
20733	轻松学通西门子 S7-200PLC 技术	49
19998	轻松学通三菱 PLC 技术	39
25170	实用电气五金手册	138
25150	电工电路识图 200 例	39
24509	电机驱动与调速	58
24162	轻松看懂电工电路图	38
24149	电工基础一本通	29.8
24088	电动机控制电路识图 200 例	49
24078	手把手教你开关电源维修技能	58
23470	从零开始学电动机维修与控制电路	88

续表

ISBN	书　　　名	定价
22847	手把手教你使用万用表	78
22827	矿山电工与电路仿真	58
22515	维修电工职业技能基础	79
21704	学会电子电路设计就这么容易	58
21122	轻松掌握电梯安装与维修技能	78
21082	轻松看懂电子电路图	39
20494	轻松掌握汽车维修电工技能	58
20395	轻松掌握电动机维修技能	49
20376	轻松掌握小家电维修技能	39
20356	轻松掌握电子元器件识别、检测与应用	49
20163	轻松掌握高压电工技能	49
20162	轻松掌握液晶电视机维修技能	49
20158	轻松掌握低压电工技能	39
20157	轻松掌握家装电工技能	39
19940	轻松掌握空调器安装与维修技能	49
19939	轻松学会滤波器设计与制作	49
19861	轻松看懂电动机控制电路	48
19855	轻松掌握电冰箱维修技能	39
19854	轻松掌握维修电工技能	49
19244	低压电工上岗取证就这么容易	58
19190	学会维修电工技能就这么容易	59
18814	学会电动机维修就这么容易	39
18736	风力发电与机组系统	59
18015	火电厂安全经济运行与管理	48
16565	动力电池材料	49